普 通 高 等 教 育 教 材

环境监测技术及应用

第二版

韩芸　聂麦茜　主编

U0243746

化学工业出版社

·北京·

内 容 简 介

本书共分四篇十二章。第一篇环境监测基础知识包括环境监测分析一般程序、仪器分析在环境监测中的应用；第二篇环境监测分析方法包括水环境监测实验、大气环境监测实验、土壤环境监测实验；第三篇环境监测自动化技术包括水环境常用监测仪表与设备、大气环境常用监测仪表与设备、其他环境监测常用仪表与设备、自动化技术在环境监测中的应用；第四篇环境监测方案制订及综合评价包括环境监测方案制订、环境监测结果综合评价、环境监测方案实施案例等。本书重视传统的实验室监测技术，同时重点突出了现代环境监测技术的发展和环境监测自动化仪器的使用。

本书为高等院校环境工程、环境科学、环境生态等环境科学与工程类专业本科生或研究生的教材，也可供从事环境监测及相关工作的人员参考。

图书在版编目（CIP）数据

环境监测技术及应用/韩芸，聂麦茜主编．—2版．
—北京：化学工业出版社，2022.6
普通高等教育教材
ISBN 978-7-122-40914-0

Ⅰ.①环… Ⅱ.①韩… ②聂… Ⅲ.①环境监测-高
等学校-教材 Ⅳ.①X83

中国版本图书馆 CIP 数据核字（2022）第 037819 号

责任编辑：王文峡 文字编辑：汲永臻
责任校对：张茜越 装帧设计：韩 飞

出版发行：化学工业出版社（北京市东城区青年湖南街 13 号 邮政编码 100011）
印 刷：北京云浩印刷有限责任公司
装 订：三河市振勇印装有限公司
787mm×1092mm 1/16 印张 14½ 字数 360 千字 2022 年 8 月北京第 2 版第 1 次印刷

购书咨询：010-64518888 售后服务：010-64518899
网 址：http://www.cip.com.cn
凡购买本书，如有缺损质量问题，本社销售中心负责调换。

定 价：49.00 元

前　言

随着环境科学研究的深入，环境监测技术也随之不断更新与发展，已由前期单一的实验室分析为主转向实验室与现场应急、快速及连续自动在线监测相结合，并同时采用化学、物理、生物及遥感卫星监测等技术多方面全方位地开展环境监测工作。为了能够更好地理解与掌握现代环境监测技术及应用，我们编写了这部教材。

本书重视传统的实验室监测技术基础知识，同时重点突出了现代环境监测技术的发展和环境监测自动化仪器的使用，使用自动监测设备能获得污染源实时监测结果，数据更加及时可靠，为污染治理和环境管理提供科学依据。污染源在线监测系统能够实时自动采集、储存和传输在线监测得到的数据信息，并能够同步分析和处理各类在线监测数据，做出精准统计和分析，提高环境监测工作的安全性和时效性。

全书共分四篇十二章，第一篇包括第一章、第二章，主要介绍了环境监测基础知识，涵盖环境监测分析一般程序和仪器分析在环境监测中的应用，增加了环境监测应急预案、环境监测预处理设备及现代监测仪器的相关内容。第二篇包括第三章到第五章，主要介绍了环境监测实验和监测指标的测定方法，在原来的水环境和大气环境监测实验的基础上，增加了土壤环境监测的相关实验。第三篇包括第六章到第九章，主要针对环境监测自动化技术，系统介绍了水、大气、土壤等环境监测常用的仪表与设备，并通过实际案例介绍自动化技术在环境监测中的应用。第四篇包含第十章到第十二章，新增了环境监测方案制订以及监测结果综合评价，并以实际监测案例进行讲述，附有教师编写的引导性环境监测案例及学生完成的环境监测实习报告供教师和学生参考。本书附录部分附有西安建筑科技大学环境工程专业的环境监测实验和环境监测实习教学大纲，便于高校教师参考。本书部分内容以二维码形式呈现，包括第三章、第四章、第六章中部分环境指标的测定，第四篇为环境监测方案制订及综合评价的全部内容。

本书由西安建筑科技大学韩芸和聂麦茜担任主编。参加本书编写工作的有西安建筑科技大学聂麦茜和聂红云（第一章、第二章、二维码中第十一章和附录）、西安建筑科技大学王会霞（第三章、第五章、二维码中的第十二章）、西安建筑科技大学韩芸和卓杨（第四章、第六章、第七章、二维码中的第十章）和陕西省环境监测中心站王蕾（第八章、第九章）。全书由韩芸统稿，由西安交通大学和玲主审。

由于作者水平有限，疏漏或不当之处，敬请读者和专家惠予指正。

编者

2022 年 1 月

目　录

第三篇　环境监测自动化技术　　　　　　　157

第四篇　环境监测方案制订及综合评价　　　220

附录 224

参考文献 225

第一篇

环境监测基础知识

第一章

环境监测分析一般程序

第一节 环境监测一般程序

接到监测任务后对监测对象进行现场调查（调查一切与监测对象有关、能直接或间接影响监测对象的物理、化学及生物特性的因素及各因素对监测对象的影响程度等信息）→制订出环境监测方案（即对监测项目的确定；采样点的布设、采样方法、采样量和频率、采样设备材质等与采样有关的事项的选择和确定；样品预处理方法的选择和确定；分析方法的选择；样品有效组分或待测组分的保护方法及运送保存相关事项的确定；监测过程费用的预算等）→按照监测方案进行样品的采集→样品的预处理→样品的分析→数据处理→综合评价。

环境监测的对象一般都是复杂的混合物样品，并且常有不确定性或随机性。所以，监测过程中每一步操作是否规范都会直接影响监测结果的准确性。一般来说，在保证监测实验室条件和监测人员素质的前提下，环境监测过程中应规范操作，这样才能保证监测结果的准确性，并使来自不同实验室的监测数据具有可比性。

在环境样品分析监测过程中，首先应保证所**采集样品具有代表性**，这是保证分析监测结果准确性的一个重要环节。所以，在样品采集前，有关采样点的布设、采样时间及频率的安排、送检样品的类型（采用综合或混合水样，或其他形式）等问题都需要在样品采集实施方案中加以考虑，样品采集方案中还必须包括避免样品中待测组分损失或受到污染的措施。

对于样品的来源、要求分析的项目、分析目的以及样品中所含其他成分等应尽可能全面地调查和了解，这也是保证监测结果准确性的一个环节。环境样品组成复杂，各组分浓度差别大（有时某一种污染因子的含量在常量分析范围内，有些则在微量甚至痕量分析范围内），并且同一个样品中待测组分或污染因子处在不同的状态（比如同一大气样品中有分子态物质、悬浮颗粒态物质及其表面吸附的污染因子、乳化的气溶胶微粒；同一水样中有游离的离子和分子、固体悬浮颗粒、吸附在悬浮颗粒表面的吸附态分子、乳化的固体颗粒物及分子态物质等），对样品相关信息的了解，有助于制订合理的样品预处理方案以及选择合适的分析方法。

由于从各种环境系统（大气环境系统、水环境系统及土壤环境系统）中所采集的样品，是各种废弃物质和系统固有物质的"大杂烩"，加之目前环境监测分析的测试手段和技术的选择性、灵敏度等的限制，大多数情况下，环境样品分析监测前需要对样品进行预处理。在**样品预处理**过程中应保证待测组分的原始性（即预处理时不能损失待测组分，也不能使待测组分的浓度增加。如果这种增加和损失是不可避免的，应保证在允许误差范围内）。所以，必须选择合适的预处理方法，并且熟练掌握各种预处理操作，以保证监测结果的准确性。

合适的分析方法和正确的操作也是保证监测结果准确性的重要因素。目前已有的分析手段很多，不同的分析方法有不同的选择性和分析检测限。有时监测样品中同一种组分可以选用不同的分析手段和技术，所以，监测前要充分了解各种分析方法的原理，以便根据具体情况选择合适的方法。在选择方法时，应尽量地选择标准方法。

环境监测的目的是掌握环境质量的状况，环境监测结果应该能客观地反映环境质量状况。所以客观的现场调查、科学制订监测方案以及在操作过程中科学的态度和一丝不苟的作风是监测质量保证的关键。

思考题

1. 环境监测的一般程序是什么？
2. 如何保证环境监测结果的准确性？
3. 在环境监测过程中，影响采集样品代表性的因素有哪些？

第二节　环境样品的采集和制备

在分析实验中，通常测定所需要的试样量最多为数克，而这样少量试样的分析结果却常常要代表几吨甚至几百吨物质组分的平均状态及组分含量。这就要求在进行测定时所使用的分析试样能代表全部物料的平均成分，即**试样应具有高度的代表性**，否则分析结果再准确也毫无意义。因此，在进行分析测定之前，必须根据具体情况，做好试样的采集和制备工作。**所谓试样的采集和制备**，是指从大批物料中采集最初试样（原始试样），然后再制备成具有代表性的、能供分析用的最终试样（分析试样）。当然，对于一些比较均匀的物料，采样时可直接取少量作为分析试样，不需要再进行制备。

对于在环境监测过程中所遇到的各种分析对象，根据其形态差异，可分为气态（一般是空气和废气）、液态（一般是水样和水溶液等）、固态（一般是固体废弃物和土壤样品等）三种形态。不同形态的物料其采样方法也各不相同。

一、气体样品的采集

采集大气（空气）或废气样品的方法可归纳为直接采样法和富集（浓缩）采样法两类。

（一）直接采样法

当大气中的待测组分浓度较高，或者监测方法灵敏度高时，从大气中直接采集少量气体即可满足监测分析的要求。这种方法测得的结果是瞬时浓度或短时间内的平均浓度，能较快地测定结果。常用的采样容器有注射器、塑料袋、真空瓶（管）等。

使用这些装置采样时，首先要用待采气体抽洗 2～3 次，保证样品不被污染，并保证待采气体样品不能与装置发生吸附或其他化学反应，以免损失有效成分。一般来说这种方法采集的样品应尽快分析。

（二）富集（浓缩）采样法

大气中的污染物浓度一般都比较低（$10^{-9} \sim 10^{-6}$ 数量级），直接采样法往往不能满足分析方法检测限的要求，故需要用富集采样法对大气中的污染物进行浓缩。富集采样时间一般比较长，所测结果代表采样时段的平均浓度，更能反映大气污染的真实情况。这种采样方法有溶液吸收法、固体阻留法、低温冷凝法和自然积集（沉降）法等。

1. 溶液吸收法

该方法是采集大气中气态、蒸气态及某些气溶胶污染物质的常用方法。采样时，用抽气装置将待测空气或废气以一定流量抽入装有吸收液的吸收管（瓶）。采样结束后，倒出吸收液进行测定，根据测得结果及采样体积计算大气中污染物的浓度。

溶液吸收法的吸收效率主要取决于吸收速度及气体样品与吸收液的接触面积。

欲提高吸收速度，必须根据被吸收污染物的性质选择效能好的**吸收液**。常用的吸收液有水、水溶液和有机溶剂等。按照它们的吸收原理可分为两种类型，一种是由于待测气体分子在吸收液中溶解度大，从而被富集在吸收液中。例如用 5％的甲醇或其他极性有机溶剂吸收有机农药，用 10％的乙醇吸收硝基苯等。另一种吸收原理是基于化学反应。例如用氢氧化钠（或氯化锌）溶液吸收大气中的硫化氢是基于中和（或沉淀）反应，用四氯汞钾溶液吸收二氧化硫是基于络合反应，还有氮氧化物的吸收是基于一系列复杂的化学反应等。一般来说，伴有化学反应的吸收液，其吸收速度及效率比单靠溶解作用的吸收液吸收速度快、效率高。因此，除采集溶解度非常大的气态物质外，一般都选用伴有化学反应的吸收液。吸收液的选择原则为：

① 与被采集的物质发生化学反应的速率快或对其溶解度大；
② 污染物质被吸收液吸收后，要有足够的稳定时间，以满足分析测定所需时间的要求；
③ 污染物质被吸收后，应有利于下一步分析测定，最好能直接用于测定；
④ 吸收液毒性小、价格低、易于购买，且尽可能能被回收利用。

提高吸收液与气体样品接触面积的主要措施是吸收瓶及相关装置的合理设计。

2. 填充柱阻留法

填充柱是用一根长 6～10cm、内径 3～5mm 的玻璃管或塑料管，内装颗粒状填充剂制成。采样时，让气体样以一定流速通过填充柱，则被测组分因吸附、溶解或化学反应等作用被阻留在填充剂上，达到浓缩采样的目的。采样后，通过解吸或溶剂洗脱，使被测组分从填充剂上释放出来进行测定。根据填充剂阻留作用的原理不同，可分为吸附型、分配型和反应型三种类型。

常用的吸附剂有**硅胶**（属于极性表面，对于极性气体有较强的吸附能力，其阻留样品的原理是物理吸附、化学吸附和毛细凝集等的混合作用）、**活性炭**（属于非极性的表面，主要用来采集非极性或弱极性的有机气体和蒸气，吸附容量大、吸附力强，沸点低于 0℃的气体及极性气体分子不宜用这种吸附剂）、**高分子多孔微球**（适合于采集分子量较大、沸点较高、又有一定挥发性的蒸气态或蒸气和气溶胶共存于空气中的有机化合物，如多氯联苯、有机氯、有机磷、多环芳烃等）。

常用反应型阻留柱中充满了具有化学惰性表面的多孔性颗粒物，颗粒物的表面常涂有能与待测气体进行化学反应的物质，或有时将能与待测气体反应的物质制备成合适的颗粒直接装在阻留柱中。一般来说，这种柱子的选择性较好，采集到的样品在后续分析过程比较容易。所以，开发研究反应型阻留采样方法，在气体样品采集过程中具有很重要的意义。

3. 滤料阻留法

该方法是将过滤材料（滤纸、滤膜等）放在采样夹上，用抽气装置抽气，则空气中的颗粒物被阻留在过滤材料上，称量过滤材料上富集的颗粒物质量，根据采样体积，即可计算出空气中颗粒物的浓度。

4. 低温冷凝法

大气中某些沸点比较低的气态污染物质，如烯烃类、醛类等，在常温下用固体填充剂等方法富集效果不好，而低温冷凝法可提高采集效率。低温冷凝法采样是将 U 形或蛇形采样管插入冷阱，当大气流经采样管时，被测组分因冷凝而凝结在采样管底部。如用气相色谱法测定，可将采样管与仪器进气口连接，移去冷阱，在常温或加热情况下汽化，进入仪器测定。

5. 自然积集（沉降）法

这种方法是利用物质的自然重力、空气动力和浓差扩散作用采集大气中的被测物质，如自然降尘量、氟化物等大气样品的采集。这种采样方法不需要动力设备，简单易行，且采样时间长，测定结果能较好地反映大气污染情况。

（三）大气采样质量保证

目前实验室内分析的质量控制一般可达到要求，但由于种种原因现场采样仍缺乏严格的质量保证，对最终的监测结果影响很大。大气采样效率是影响采样质量的一个关键因素。常规监测时大气样品的采集一般都使用标准采样方法，所以在规范操作的前提下，采样效率应达到要求。采样流量、采样仪器的放置高度、距离、设计的采样瓶气体样品的进入方式以及采样介质（滤料及吸收液）等均需采取严格的质量保证措施，才能获得具有代表性的、客观反映大气质量的样品。

大气采样量的准确与否直接影响到采样质量。采样量是采样流量和采样时间的乘积，时间的测量可用较准确的秒表，流量的准确测定需要抽气时电压稳定，气压、气温及气流受到的阻力保持恒定不变。为保证大气采样过程中的质量，一般可选用恒流采样方法，恒流采样器上安装保持流量恒定的电路装置。由于流量易受外界环境的影响，所以在采样前，对于采样器进行流量校准是很必要的。

两台采样器平行采样时，应保持一定距离，以防相互干扰，小流量采样器，仪器间距以 1m 为宜；中流量采样器，仪器间距以 2m 为宜；大流量采样器，仪器间距以 3～4m 为宜。一般来说，采样器应高于地面 3～15m，距基础面 1.5m 以上的相对高度比较适宜。另外，采样前应检查是否漏气，采样的滤膜是否有孔、折痕，是否有其他缺陷，吸收液是否浑浊或因变质而出现较重的颜色等。如果出现不正常的现象，则及时更换。大气样品采集后，一般是直接测定，不需要再对样品进行处理。

二、水样的采集

水样的采集比气体样品的采集要简单，易于操作。根据已经学过的知识，规范地制订出水样监测方案，布设采样点。在采样前，根据监测项目的性质和采样方法的要求，选择适宜材质的盛水容器和采样器。如测定矿物油或其他水溶性差的有机物时，不能选用以塑料为材质的采样瓶，因为它容易吸附油类物质；测定含硅碱性化合物或其他碱性化合物时，应避免使用以二氧化硅为材质或含二氧化硅的采样瓶；测定金属离子时，则应避免使用玻璃采样瓶，因为玻璃对游离的金属离子有一定的吸附作用。采样前应将采样瓶清洗干净。

采集表层水时，可用桶、瓶等容器直接采取。一般将其沉至水面下 $0.3 \sim 0.5m$ 处采集。采集深层水时，可用带重锤的采样器沉入水中采集。

装在大容器里的水样，只要在容器的不同深度取样混合均匀后即可作为分析试样，对于分装在小容器里的液体，应从每个容器里取样，然后混合均匀作为分析试样。如采集水管中的水时，取样前要将水龙头打开放水 $10 \sim 15min$，再用干净瓶子收集水样至满瓶。从河池等水源中取样，应尽可能在背阴的地方，离水面以下 $0.5m$ 深度，离岸 $1 \sim 2m$ 处取样。

以上采样方法主要适合于清洁水样。工业废水的成分经常变化，这主要是由生产工艺、产品种类及特点的变化而造成的。因此，采集工业废水水样时，应首先了解生产情况，然后再决定取样方法。如果废水流量比较恒定，则只要取平均水样，即每隔相同的时间取等量水样混合而成。如果废水的流量不恒定，则需要取平均比例组合水样，即每隔一定时间，根据废水流量的大小，取一定量的水样，流量大时多取，流量小时少取，然后混合在一起作为分析水样。不管是平均水样或平均比例组合水样，一般都取一昼夜的。如果废水不是连续排放而是间断的，则应取排放时的瞬间水样，分析结果只代表取样时废水的成分。如果要考察废水处理效果时，应取废水处理系统总进水和总出水的水样。总之，工业废水的取样是由生产工艺特点及分析的要求所决定的，取样时应分析具体情况，使所取水样具有充分的代表性。水样保存方法如表 1-1 所示。

表 1-1　水样的保存方法

测定项目	容器类别	保存技术	推荐可保存时间
色度	P,G	暗处,冷藏,尽量现场测定	12h
气味	G	$1 \sim 5℃$ 冷藏	6h
浊度、SS、pH	P,G	尽量现场测定	12h
电导率	P,BG	冷藏,尽量现场测定	12h
酸度、碱度	P,G	暗处,冷藏	30d/12h
氨氮	P,G	冷藏,加 H_2SO_4 至 $pH \leqslant 2$	24h
溶解氧	溶解氧瓶	现场固定,暗处,冷藏	24h
BOD_5	P/溶解氧瓶	$-20℃$ 冷冻/$1 \sim 5℃$ 冷藏	1月/12h
高锰酸盐指数	P/G	$-20℃$ 冷冻/$1 \sim 5℃$ 冷藏	1月/2d
总氰化物	P,G	$1 \sim 5℃$ 冷藏,加 NaOH 至 $pH \geqslant 9$	7d,如有硫化物 12h
酚类	G	避光,加磷酸至 $pH \leqslant 2$,加抗坏血酸除余氯	24h
COD	P/G	$-20℃$ 冷冻/加 H_2SO_4 至 $pH \leqslant 2$	1月/2d
六价铬	P,G	用 NaOH 调 pH 至 $8 \sim 9$	14d
汞	P,G	加 1% HCl,如水样中性,加浓 HCl	14d
余氯	P,G	避光	5min
细菌总数、大肠杆菌	G	冷藏	尽快
总铝	P,G,BG	加 HNO_3 至呈酸性	1月
总铬、钴	P,G	加 HNO_3 至呈酸性	1月
硬度、镉、铜、总铁、铅、锰、镍、银、锌、钾、钠	P,G	加 HNO_3 至呈酸性	14d

注：P 代表聚乙烯瓶，G 代表硬质玻璃瓶，BG 代表硼硅酸盐玻璃瓶。

不论是清洁水还是工业废水，取样后，均应立即在水样瓶上贴好标签，标明水样名称、取样地点、时间、水温、气温、分析项目、取样人姓名及其他必要的说明。

三、固体试样的采集和制备

环境监测过程中，固体样品一般有固体废物、土壤及水下底泥等。为了使采集样品具有代表性，在采集之前要调查研究产生固体废物的生产工艺过程、废弃物类型、排放数量、堆积历史、危害程度和综合利用情况。如采集有害废物则应根据其有害特性采取相应的安全措施。

对于固体废物来说，常进行监测的是工业有害固体废物以及城市固体生活垃圾。工业有害固体废物约占工业固体废物总量的 10%。有害固体废物中因含有病菌、重金属、酸性或碱性物质、易爆易燃物质、放射性物质长期堆放其内部不断进行各种化学反应及生物反应而放出的大量气体或其他反应产物等，严重地影响着环境质量。这类物质在采样时首先要注意采样人员的安全。由于同一类工业有害固体废物中有害成分相对单一，如果堆放均匀、松散或粉末状，可在不同部位取少量试样混匀，即可作为分析试样；如果堆放不均匀，样品为大的块状结构，则应详细调查固体废物堆放规律及结构，规范布点，采集样品，再按一定比例混合样品，即可得分析试样。

对于生活固体废物，采样比较复杂。一般来说，堆放的城市固体生活垃圾是多种物质组成的混合物，包括有用废品类（属于应该回收的固体废物，但目前仍存在于城市垃圾中），如金属、玻璃碎片、废塑料橡胶、废纤维类、废纸类和瓦片类；厨房类废物，如谷物废物、蔬菜水果类废物、肉类等；灰土类，如煤灰、木炭余燃物等。在城市生活垃圾采样时，布点应均匀，不同深度层面上都应该布设采样点，不同点采样量应基本相同，最后进行混合，获得待测样品。

在土壤样品采集时，要根据具体监测目的选择采样单元。若监测目的是了解工业排放有害气体对土壤的污染状况，则以工厂为中心，根据当地气象条件以及工厂车间或工业企业在当地的分布情况选择采样单元（一定要是污染范围内）；若想了解污水灌溉对土壤的污染状况，采样单元则应选在污水流经的土地面积范围内，在采样单元中布设采样点，布点时应均匀。在土壤样品采集时，根据具体监测目的，可将采样断面设置在不同深度处。对于污染状况的调查，一般在 0~15cm 或 0~20cm 范围内采样。

水、水体底泥及水生生物是一个完整的水环境系统。底泥的监测能提供许多关于水质及其变化的信息。在采集水体底泥时，用勺或钩类器具进行表层底泥的采样，用管（如竹竿或硬质塑料管）状器具进行深层底泥的采样。

固体样品采集后，有时需要粉碎，一般用机械或人工方法把全部样品逐级破碎，通过5mm 筛孔。粉碎过程中，不可随意丢弃难以破碎的颗粒。

在对粉碎后的固体样品进行缩分时，将样品置于清洁、平整不吸水的板面上堆成圆锥形，每铲物料自圆锥顶端下落，使其均匀地沿锥尖散落，不可使圆锥中心错位。反复转堆，至少三周，使其充分混匀。然后将圆锥顶端轻轻压平，摊开物料后，用十字板自上压下，分成四等份，取两个对角的等份，重复操作数次，直至试样不少于 1kg 为止。在进行各项有害特性鉴别实验前，可根据要求的样品量进一步进行缩分。

思考题

1. 对于气体样品，什么情况下可采用直接采样法？所用的采样器有哪些？
2. 对于气体样品，常用的富集（浓缩）采样法有哪些？
3. 影响大气采样质量的因素有哪些？
4. 工业废水的成分经常变化，如何保证所采集样品具有代表性？
5. 对于城市固体生活垃圾、土壤样品以及水体底泥等固体样品，如何进行样品采集？

第三节　环境样品的预处理

环境监测过程中的样品一般都是复杂的混合物。如果采集到的是水样，一般来说，水样应进行预处理，以便提高分析的灵敏度或选择性。对于固体样品来说，由于一般分析工作中，除干法分析（如光谱分析、差热分析等）外，通常都用湿法分析，即先将试样转化制成溶液再进行分析，因此固体试样的分解是分析工作的重要步骤之一。它不仅直接关系到待测组分转变为合适的测定形态，也关系到以后的分离和测定。如果分解方法选择不当，就会增加不必要的样品溶液预处理手续，给测定造成困难，并增大误差，有时甚至使测定无法进行。

一、固体样品的预处理方法

（一）测定固体样品中无机金属离子时样品的预处理

分解试样时，带来误差的原因很多。如分解不完全，分解时与试剂和反应器皿作用导致待测组分的损失或污染，这种现象在测定微量成分时尤应注意。另外，分解试样时应尽量避免引入干扰成分。选择分解方法时，不仅要考虑对准确度和测定速度的影响，而且要求分解后杂质的分离和测定都易进行。所以，应选择那些分解完全、分解速度快，分离测定较顺利，同时对环境没有污染或很少污染的分解方法。

分解试样时必须遵循的原则有：试样必须分解完全；处理后的溶液中不得残留原试样的细屑或粉末；试样分解过程中待测组分不应挥发损失；试样分解时，不应引入待测组分和干扰物质。

固体样品的分解有**湿法**和**干法**。湿法是用酸或碱溶液来分解试样，一般也称为**溶解法**。干法则用固体碱或酸性物质熔融或烧结来分解试样，一般称为**熔融法**。此外还有一些特殊分解法，如热分解法、氧瓶燃烧法、定温灰化法、非水溶剂中金属钠或钾分解法等。在实际工作中，为了保证试样分解完全，各种分解方法常常配合使用。

另外，在分解试样时总希望尽量少地引入盐类，以免给测定带来困难和误差，所以分解试样应尽量采用湿法。在湿法中选择溶剂的原则有：能溶于水的先用水溶解，不溶于水的酸性物质用碱性溶剂溶解，碱性物质用酸性溶剂溶解，还原性物质用氧化性溶剂溶解，氧化性物质用还原性溶剂溶解。

环境监测过程中，因测定目的不同，固体样品转化成溶液的方式也不同。如果测定固体样品中重金属离子或其他金属离子时，用强酸、氧化性酸或混合酸进行消解，消解获得的溶液可直接进行分析测定。在固体样品的溶解或消解过程中，常使用混合酸或混合酸与氧化剂的混合体，如浓硝酸和浓盐酸按 1：3（体积比）混合的王水，硫酸与高锰酸钾混合等，目的是使待测组分进入溶液。消解常用的液体试剂其作用、应用及优缺点如表 1-2 所示。

如果对固体废弃物或土壤中的微生物进行监测，只需要将固体样品用无菌水浸泡 24h，上清液可用于生物培养。如果测定的是固体中的有机物成分，可用有机溶剂对粉碎的固体样品进行萃取处理。

固体样品熔融法，根据所用的溶剂性质可分为酸熔法和碱熔法，详细内容本书不作过多叙述。

表 1-2　强酸强碱对固体样品作用、应用及优缺点

盐酸	作用	主要靠其酸性、还原性及对一些金属离子的络合性
	应用	主要用于弱酸盐（如碳酸盐、磷酸盐等）、一些碱性氧化物、一些硫化物及电位次序在氢以前的金属或合金的溶解
	缺点	高温下盐酸容易挥发损失
硝酸	作用	具有强氧化性和酸性
	应用	几乎所有金属（除铂、金和某些稀有金属及铁、铝、铬不宜使用外）、几乎所有硫化物及其矿石皆可溶于硝酸。还可破坏对测定有干扰的有机物
	缺点	硝酸在酸性条件下及高温下易分解，并且消解后溶液中常存在氮的低价氧化物，应煮沸除去，以免干扰后续的分析。易与含羟基的化合物形成易爆的酯类物质，造成消解过程的安全问题
硫酸	应用	与硝酸相近，但氧化能力不及硝酸，其特点是沸点高（338℃），可在高温下对样品进行消解，也可破坏试样中的有机物
	缺点	碱土金属和铅等硫酸盐不溶于水
磷酸	作用	酸性、高温时形成的焦磷酸和聚磷酸对某些金属有络合作用，使消解液沸点升高
	应用	能单独使用，也能与硫酸混合使用，使用时，磷酸可与铁离子及其他离子络合，从而可消除因这些离子引起的干扰
高氯酸	作用	浓热的高氯酸具有强的脱水和氧化能力
	应用	常用于不锈钢、硫化物的分解和破坏有机物。可将铬、钒、硫等氧化为其相应的高价氧化物。由于其沸点高，加热蒸发至冒烟时也可去除低沸点酸，所得残渣加水很易分解。对含有机物和还原性物质的试样，应先用硝酸加热破坏，然后再用高氯酸分解，或直接用硝酸和高氯酸的混合酸分解，在氧化过程中随时补加硝酸，待试样全部分解后，才能停止加硝酸。一般说来，使用高氯酸必须有硝酸存在，这样才安全
	缺点	在使用高氯酸时应注意安全。浓度低于 85% 的纯高氯酸在一定条件下十分稳定，但与强脱水剂（如浓硫酸）或有机物、某些还原剂在一起加热时，就会发生剧烈爆炸
氢氧化钠溶液（20%～30%）	作用	强碱性
	应用	用来分解铝、铝合金及某些酸性氧化物。分解应在银或聚四氟乙烯器皿中进行
氢氟酸	作用	对高价态元素有强的络合作用、强酸性
	应用	一般不单独使用，常与 H_2SO_4、HNO_3 或 $HClO_4$ 混合使用。用来分解硅铁、硅酸盐及含钨铌的合金钢试样
	缺点	对玻璃、陶瓷器皿腐蚀，常需要铂皿消解样品

以上内容主要是在测定固体样品中的无机离子，尤其是金属离子时的溶解、分解方法。如果要测定固体中的有机物，也有不同的方法。

（二）测定固体样品中有机物时样品的预处理

如果测定固体中的水溶性有机物，直接用水浸泡溶解，如低级醇、多元酸、糖类、氨基酸、有机酸的碱金属盐，均可用水溶解。

如果测定不溶于水的酸性有机物，例如酚类及其他有机酸，可用乙二胺、丁胺等碱性有机溶剂溶解之；相反碱性不溶于水的有机物可用酸性有机溶剂溶解，例如生物碱等有机碱易溶于甲酸、冰醋酸等酸性有机溶剂。

对于固体样品中的非极性有机物的测定，根据相似相溶原理，极性有机化合物易溶于甲醇、乙醇等极性有机溶剂，非极性有机化合物易溶于苯、甲苯等非极性有机溶剂。所以，可选择非极性溶剂进行萃取。

（三）元素形态分析时固体样品的溶解方法

环境固体样品中元素的形态分析目前不属于常规监测内容，属于研究性监测的范围。所谓形态分析，即待测元素或污染因子在环境中的存在状态的分析。地球上的物质都是由不同的元素组成，大多数元素都有反应活性，而且不同条件下会以不同的状态存在，这些状态包括：游离的单质及离子（离子常有不同的氧化态）、简单化合物（在自然界中可以是游离的分子、吸附态分子、乳化态分子或直接以固体形式存在的分子）、复杂化合物（金属络合物、复合物）、生物大分子及超分子结合物（含有氢键或其他类似的能使分子具有某种活性的结合力的化合物）。污染物在环境中以不同的状态存在，其物理、化学及生物活性是不同的。所以形态分析能提供化学污染物在环境中迁移变化的规律及其在地球化学中的化学行为，为污染物的毒理学研究提供信息。形态分析结果可作为污染物综合治理方案制订的科学依据。

对于比较简单的形态分析，固体样品的溶解，可用上述方法。对于复杂的形态分析，则需要将各种分离、溶解、分解的方法相结合。一般没有固定的模式，要根据具体情况进行样品处理和制备。比如，待测形态可溶于水的，可用水浸泡，然后根据待测组分的性质再对水溶液进行分级分离（可用不同微孔的滤膜将不同分子量大小的组分分开，然后再进行分析；也可利用不同组分在不同 pH 的溶解度不同，将各组分以沉淀的形式收集，然后再进行分析；或者利用其他色谱方法进行分离）。分离及分析过程实际上是一个研究过程，需要进行反复的条件实验。

分离好的组分在分析时，一定要选择合适的分析方法，方法的选择性要好。一般有电化学方法、光谱方法、色谱方法及各种联用方法等。

二、土壤样品的预处理方法

土壤样品预处理的目的是使土壤样品中待测组分的形态和浓度符合测定方法的要求，以减少或消除共存组分的干扰。土壤样品的预处理方法主要有分解法和提取法。分解法用于元素的测定，提取法用于有机污染物和不稳定组分的测定。

（一）分解法

分解法的作用是破坏土壤的矿物质晶格和有机质，使待测元素进入试样溶液中。常用的分解方法有：酸分解法、高压釜密闭分解法等。测定土壤中的有机污染组分和受热后不稳定的组分，以及进行组分形态分析时，需要用提取法。常用的提取溶剂为有机溶剂、水和酸。

1. 酸分解法

酸分解法也称消解法，是测定金属离子时常用的方法。由于土壤样品的组成复杂，用酸消解时常采用多种酸的混合，常用混合酸有 $HCl\text{-}HNO_3\text{-}HF\text{-}HClO_4$、$HNO_3\text{-}HF\text{-}HClO_4$、$HNO_3\text{-}H_2SO_4\text{-}HClO_4$、$HNO_3\text{-}H_2SO_4\text{-}H_3PO_4$ 等。为了提高样品消解效率，有时加入一些氧化剂（如过氧化氢、五氧化二钒等）或还原剂（如亚硝酸钠）等。用酸分解样品时应注意：在加酸前，应加少许水将土壤润湿；样品分解完全后，应将剩余的酸赶尽；若须加热加速溶解时，应逐渐升温，以免因迸溅引起样品损失。

2. 高压釜密闭分解法

对于较难消解的土壤样品，可置于聚四氟乙烯密闭消化罐或高压釜中进行加热消解。其操作要点：将一定量的土壤样品置于能密封的聚四氟乙烯消化罐内，加入一定体积的混合酸，摇匀后将聚四氟乙烯消化罐置于耐压的不锈钢套筒中，拧紧。置于烘箱内加热分解（温度一般不超过 180℃）一定时间，取出冷却至室温后，取出消化罐，用水冲洗内壁，置于电热板上蒸至冒白烟后再缓缓蒸至近干，定容后进行测定。对分解含有机物较多的土壤样品时，特别是在使用高氯酸的情况下，有发生爆炸的危险，应预先在 80～90℃ 将有机物充分分解后，再进行密闭消解。高压釜密闭分解法具有效率高、酸用量小、易挥发元素损失少、分解时间短、可同时进行批量分析等优点。

（二）有机物的提取方法

测定土壤中有机磷、有机氯农药和其他有机污染物时，常用溶剂提取法。在提取待测样品的同时，还可以起到浓缩和分离的作用。常用的溶剂提取法有以下两种：

1. 振荡浸取法

将土壤样品放在具塞锥形瓶中，加入适当的溶剂，置于振荡器内振荡一定时间，静置分层或抽滤、离心分离出提取液进行分析，例如分析酚、油类等化合物。

2. 固相萃取法

固相萃取法的基本原理与液相色谱分离过程相似，是根据被萃取组分与样品基体成分在固定相填料上作用力强弱的不同，使彼此分离的技术。首先用适当的溶剂将固相萃取吸附剂润湿，然后加入一定体积的被处理样品溶液，使其完全通过固相萃取吸附剂。然后，用适当的溶剂将保留在固相萃取吸附剂上的待测组分洗脱下来。该法具有快速、高效、重复性好、选择性好等优点。固相萃取装置分为柱型和盘状薄膜型两种。常用的固相萃取剂有 C18、硅胶、氧化铝、高分子聚合物、离子交换树脂等。固相萃取法已列为 EPA 的标准方法，该法广泛用于环境样品中多环芳烃、有机氯农药和有机卤化物等的富集与分离。此法与色谱分析在线联用的应用受到重视，如柱型固相萃取-高效液相色谱的在线联用、固相萃取-气相色谱的在线联用等。

（三）无机污染物的提取方法

土壤中的待测组分被提取后，往往还存在干扰组分，或达不到分析方法测定要求的浓度，需要进一步净化或浓缩。常用的净化方法有层析法、蒸馏法、萃取法等；浓缩法有 K-D 浓缩器法、萃取法、蒸馏法等。例如，土壤样品中的氰化物、硫化物常用蒸馏-碱溶液吸收法分离，可同时达到净化和浓缩的目的。

三、水样的预处理方法

水样的组成是相当复杂的，并且多数污染组分含量低，存在形态各异，所以在分析测定之前，需要进行适当的预处理。

水样预处理主要有三个目的：当对样品中某一种元素进行总量分析时，需要进行消解预处理，消解预处理可破坏水样中的有机物，溶解悬浮性固体，并将待测元素转化成某一种价态后进行测定，使测定结果更准确；提高分析的灵敏度，当某种待测组分的含量低于分析方法的检出下限时，可用富集或浓缩的方法进行预处理，将待测组分富集，达到或高于分析方法的检出限，从而使待测组分的分析得以顺利进行（如果选择灵敏的分析方法，可不需要富集预处理）；消除干扰，当水样中待测组分受到其他共存组分的干扰，且不易直接在水样中排除时，可以利用蒸馏、萃取或其他预处理方法将待测组分与干扰物分离，从而使待测组分得以顺利分析。下面介绍主要预处理方法。

（一）水样的消解

当测定含有有机物水样中的无机元素，尤其是金属元素时，需进行消解处理。**消解**处理可以破坏有机物，溶解悬浮性固体，将各种价态的待测元素氧化成单一高价态或转变成易于分离的无机化合物。消解后的水样应清澈、透明、无沉淀。消解水样的方法有湿式消解法和干式分解法（干灰化法）。

湿法消解水样一般都是应用硝酸、盐酸、硫酸、磷酸、混合酸或酸与其他氧化类物质的混合物，在较高的温度下对水样中的有机物进行破坏，使其中待测元素以合适的存在状态（一般是游离态离子）和价态（一般是最高价态）进入溶液。水样消解时各种酸的作用及使用时的注意事项与固体样品消解时的一致。

干灰化法又称高温分解法。其处理过程是：取适量水样于白瓷或石英蒸发皿中，置于水浴上蒸干，移入马弗炉内，于$450\sim550$℃灼烧到残渣呈灰白色，使有机物完全分解除去。取出蒸发皿，冷却，用适量2%的HNO_3（或HCl）溶解样品灰分，过滤，滤液定容后供测定。该方法不适用于处理测定含易挥发组分（如砷、汞、镉、锡、硒等）的水样。

（二）水样的富集与分离

当水样中的待测组分含量低于分析方法的检测限时，就必须进行富集或浓缩；当有共存干扰组分时，就必须采取分离或掩蔽措施。富集和分离往往是同时进行的。常用的富集方法有**过滤**（包括一般过滤、超滤、渗滤及渗析等）、**挥发**、**蒸馏**、**溶剂萃取**（有传统的萃取方法和各种新开发出的高效萃取方法，如固相萃取、超临界流体萃取、加速溶剂萃取、液膜萃取及微波萃取等）、**色谱分离手段**（各种层析法、离子交换等）、**吸附**、**共沉淀**、**低温浓缩**及**浮选分离**等，在分离富集待测组分时，要结合具体情况选择使用合适的方法。下面介绍常用的分离富集方法。

1. 挥发和蒸发浓缩

挥发分离法是利用某些污染组分挥发度大，或者将待测组分转变成易挥发物质，然后用惰性气体带出，从而达到分离的目的。例如，用冷原子荧光法测定水样中的汞时，先将汞离子用氯化亚锡还原为原子态汞，再利用汞易挥发的性质，通入惰性气体将其带出并送入仪器测定；用分光光度法测定水样中的硫化物时，先使之在磷酸介质中生成硫化氢，再用惰性气体将其载入乙酸锌－乙酸钠溶液吸收，从而达到与母液分离的目的；用分光光度法测定水样中的砷时，先将其转化成砷化氢气体（H_3As），再用吸收液吸收。

蒸发浓缩是指在电热板上或水浴中加热水样，使水分缓慢蒸发，达到缩小水样体积，浓缩待测组分的目的。该方法无须化学处理，简单易行，尽管存在缓慢、易吸附、易损失等缺点，但在无更适宜的方法富集时仍可采用。用这种方法浓缩饮用水样，可使铬、锂、钴、铜、锰、铅、铁和钡的浓度提高30倍。

2. 蒸馏法

蒸馏法是利用水样中各污染组分具有不同的沸点而使其彼此分离的方法。环境监测时，测定水样中的挥发酚、氰化物、氟化物时，均需先在酸性介质中进行预蒸馏分离。这里，蒸馏同时具有消解、富集和分离三种作用。氟化物可用直接蒸馏装置，也可用水蒸气蒸馏装置。后者虽然对控温要求较严，但使用较安全。测定水中的氨氮时，需在微碱性介质中进行预蒸馏分离。

3. 溶剂萃取法（液-液萃取）

溶剂萃取法也称液-液萃取法，是环境监测过程中最常用的萃取方法。使待测组分与水体（或干扰组分与水体）通过萃取分离，最根本的是基于自然界中的物质遵守"相似相溶原理"。一般来说疏水性的物质或基团与有机溶剂亲和力大（即易溶于有机溶剂），亲水性物质或基团与水的亲和力大（即易溶于水）。所以，萃取过程利用待萃取组分在两种互不相溶的液体（水与有机溶剂）中的分配系数不同（溶解程度不同），而达到组分的富集与分离。待萃取组分在水相和有机相中的分配系数（K）用式(1-1)表示：

$$K = \frac{有机相中被萃取物浓度}{水相中被萃取物浓度} \tag{1-1}$$

当溶液中某组分的 K 值大时，则容易进入有机相，说明被萃取的组分与有机溶剂亲和力大，而 K 值很小的组分仍留在水溶液中。

在使用分配系数（K）评价或预测萃取效果时，应注意，当待分离组分在两相中的存在形式相同时，式(1-1)才成立，而实际并非如此，故通常使用分配比（D）表示，如式(1-2)：

$$D = \frac{\sum[A]_{有机相}}{\sum[A]_{水相}} \tag{1-2}$$

式中　$\sum[A]_{有机相}$——分配平衡时，待分离组分 A 在有机相中各种存在形式的总浓度；

$\sum[A]_{水相}$——分配平衡时，待分离组分 A 在水相中各种存在形式的总浓度。

分配比和分配系数不同，它不是一个常数，而随被萃取物的浓度、溶液的酸度、萃取剂的浓度及萃取温度等条件而变化。只有在简单的萃取体系中，被萃取物质在两相中存在形式相同时，K 才等于 D。分配比反映萃取体系达到平衡时的实际分配情况，具有较大的实用价值。

萃取时还可以用萃取百分率来表示萃取的分离效果，萃取率用式(1-3)表示：

$$E = \frac{有机相中被萃取物的量}{水相和有机相中被萃取物的总量} \times 100\% \tag{1-3}$$

分配比（D）和萃取率（E）的关系如式(1-4)：

$$E = \frac{D}{D + \dfrac{V_水}{V_{有机}}} \times 100\% \tag{1-4}$$

式中　$V_水$——水相的体积；

$V_{有机}$——有机相的体积。

当水相和有机相的体积相同时，二者的关系如图 1-1 所示。可见，当 $D = \infty$ 时，$E =$

100%，一次即可萃取完全；$D=100$ 时，$E=99\%$，一次萃取不完全，需要萃取几次；$D=10$ 时，$E=90\%$，需连续萃取才趋于完全；$D=1$ 时，$E=50\%$，要萃取完全相当困难。

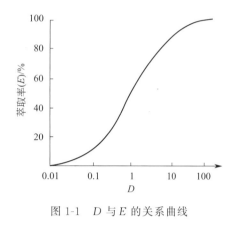

图 1-1 D 与 E 的关系曲线

溶剂萃取过程中有下列几种情况：

（1）**无机物的萃取** 目的是使环境样品中亲水性物质通过萃取进入有机溶剂中。由于有机溶剂只能萃取水相中以非离子状态存在的物质（主要是有机物质），而多数无机物质在水相中均以水合离子状态存在，故无法用有机溶剂直接萃取。这时，应该设法将亲水物质转化成疏水性物质（即使亲水性物质与某一疏水性有机物起化学反应转化成疏水性物质），或在有机萃取剂中加入能与待测亲水组分进行化学反应的化学试剂。这时选择萃取剂时，要根据转化后分子的特性进行选择（多数选用有一定极性的有机溶剂，如氯仿、丙酮、乙醚），也可选非极性有机溶剂，有时萃取剂也是反应试剂，例如乙酰丙酮、乙醚等；所加反应试剂与有机相、水相共同构成萃取体系。根据反应生成可萃取物的类型不同，可分为螯合物萃取体系、离子缔合物萃取体系、三元络合物萃取体系和协同萃取体系等。

在环境监测中，测定无机离子时，螯合物萃取体系用得较多。螯合物萃取体系是指在水相中加入螯合剂，与被测金属离子生成易溶于有机溶剂的中性螯合物，从而被有机相萃取出来。例如，用分光光度法测定水中 Cd^{2+}、Hg^{2+}、Zn^{2+}、Pb^{2+}、Ni^{2+}、Bi^{3+} 等，双硫腙（螯合剂）能使上述离子生成难溶于水的螯合物，可用三氯甲烷（或四氯化碳）从水相中萃取后测定，三者构成双硫腙-三氯甲烷-水萃取体系。

（2）**非极性有机物质的萃取** 目的是将水样中乳化、漂浮、吸附的疏水性有机物与水体分离。分散在水相中的非极性有机物质易被有机溶剂萃取，这时直接选取非极性有机溶剂作为萃取剂。

（3）**极性有机化合物的萃取** 这类化合物一般是两亲性的，即分子中既有亲水基又有疏水基，这时，选择的萃取剂一般是有一定极性的有机溶剂，萃取时常常需要对水样的 pH 值进行调节，尽量地使被萃取的组分在水中的溶解度降低，使待测组分易于进入有机相。利用此原理可以富集分散在水样中的有机污染物质。例如，用 4-氨基安替比林光度法测定水样中的挥发酚时，当酚含量低于 0.05mg/L 时，则水样经蒸馏分离后需再用三氯甲烷进行萃取浓缩。又比如用紫外光度法测定水中的矿物油和用气相色谱法测定有机农药（六六六、DDT）时，需先用石油醚萃取，然后再进行分析。

萃取过程中除了选择合适的萃取剂外，还需要考虑萃取条件的选择，例如萃取剂用量、萃取反应中其他试剂的用量、萃取次数、萃取时水样的酸碱度、是否需要消除干扰等。这些问题的解决是萃取分离成功的保证。

如果将已经萃取或经螯合及其他反应萃取到（或收集到）的有机相中的亲水性组分，经酸化或其他反应破坏螯合键或其他化学键，使亲水性待测物游离在有机相中，再用水将其萃取到水相中，这一萃取过程叫作"反相萃取"，在环境样品监测过程中，"反相萃取"也是一种常用的水样预处理方法。

4. 离子交换富集法

离子交换富集法是利用离子交换剂与溶液中的待测离子发生交换反应进行分离的方法。离子交换剂可分为无机离子交换剂和有机离子交换剂，目前广泛应用的是有机离子交换剂，即离子交换树脂。离子交换树脂是可渗透的三维网状高分子聚合物，在网状结构的骨架上含有可电离的或可被交换的阳离子或阴离子活性基团。

强酸性阳离子树脂含有活性基团—SO_3H、—SO_3Na 等，含有能被解离的阳离子 H^+ 和 Na^+，一般用于富集金属阳离子；强碱性阴离子树脂含有—$N(CH_3)_3{}^+X^-$ 基团，其中 X^- 为 OH^-、Cl^-、$NO_3{}^-$ 等，它们是易电离出的阴离子，能在酸性、碱性和中性溶液中与强酸或弱酸阴离子交换，应用较广泛。

用离子交换树脂进行分离的操作程序如下：

（1）**交换柱的制备** 如果分离富集的是阳离子，则选择强酸性阳离子交换树脂。首先将选好的树脂在稀盐酸中浸泡，以除去杂质，并使之溶胀和完全转化为 H 型，然后用蒸馏水冲洗至中性，装入充满蒸馏水的交换柱中，注意防止气泡进入树脂层。对于其他含阳离子的树脂，可用相应的盐溶液处理。如用 NaCl 溶液处理强酸性树脂，可转变成 Na 型；用 NaOH 溶液处理强碱性树脂，可转变成 OH 型等。

（2）**交换** 将试液以合适的流速倾入交换柱，则欲分离离子从上到下一层层地发生交换过程。交换完毕，用蒸馏水洗涤，洗去残留的溶液及交换过程中形成的酸、碱或盐类等。

（3）**洗脱** 将洗脱溶液以适宜速度倾入洗净的交换柱，洗去交换在树脂上的离子，达到分离的目的。对阳离子交换树脂，常用盐酸溶液作为洗脱液；对阴离子交换树脂，常用盐酸溶液、氯化钠或氢氧化钠溶液作为洗脱液；对于分配系数相近的离子，可用含有机络合剂或有机溶剂的洗脱液，以提高洗脱过程的选择性。

5. 吸附法

吸附是利用多孔性的固体吸附剂将水样中一种或数种组分吸附于表面，以达到分离的目的。常用的吸附剂有活性炭、氧化铝、分子筛、多孔高聚物等。在环境监测中，吸附这种方法主要用于收集和富集大气中的挥发性有机物（VOCs，一般在低温下吸附）以及水样中痕量有机物，也可去除分析溶液中的某些杂质。

吸附过程常常是物理吸附和化学吸附同时存在。物理吸附的选择性比较低，但被吸附在吸附剂上的待分离物质易解吸；化学吸附有较高的选择性，但吸附较牢，不易解吸。环境监测中常用的吸附剂的吸附原理多以物理吸附为主，所以，利用吸附的方法进行分离时，选择性不高。被吸附富集于吸附剂表面的污染组分，可用有机溶剂溶解或加热等方法使待测组分解吸出来供测定，溶解于溶液中的被吸附组分常常需要进一步分离，才能测定。

为了获得高的吸附选择性，有时也使用具有特殊功能的表面键合基团进行吸附，这种吸附剂在吸附结束后，解吸需要特殊处理以使被吸附的物质全部解吸下来。对在环境样品中含量低，但毒性大的污染物监测时，利用吸附法处理样品是一个有效的、提高分析检测灵敏度的方法。例如，国内某单位用国产 DA201 大网状树脂富集海水中 10^{-6} 级有机氯农药，用无水乙醇解吸，石油醚萃取两次，经无水硫酸钠脱水后，用气相色谱电子捕获检测器测定，对农药各种异构体均得到满意的分离，其回收率均在 80% 以上，且重复性好，一次能富集几升甚至几十升海水。

6. 其他富集分离预处理方法

随着环境监测对象的不断扩大,监测质量要求越来越高,环境科学和环境工程学科领域研究的不断深入,环境样品在监测前的分离方法越来越多,这些方法有些已经广泛地用于环境监测中。

(1) **膜分离方法** 膜分离是一种建立在选择性渗透原理的基础上,使被分离的组分从膜的一方渗透到另一方而达到分离和富集目的的方法。膜分离技术分固体膜分离和液体膜分离。

固体膜分离是一种常用的膜分离技术,其原理有渗析(固体膜通常是半透膜,以膜两侧的渗透压及组分的浓度梯度为动力进行分离)和尺寸排阻(即根据膜孔隙大小将不同大小的分子进行机械筛分)。这两种分离原理一般是同时存在于固体膜分离过程中。常用的膜材料有纤维素、火棉胶、玻璃纸、羊皮纸及高分子聚合物膜等。

渗析法主要用于蛋白质、酶、激素及其他有一定水溶性的天然大分子的浓缩,或大分子与电解质类小分子的样品分离过程中。超滤、反渗透及电渗透与渗析原理相似,只是固体膜的孔径不同。普通过滤用于分离直径大于 $1\mu m$ 的粒子,而超滤一般用于分离直径介于 $0.001\sim1\mu m$ 的物质,因细菌大小一般介于 $0.1\sim1\mu m$,蛋白质及病毒介于 $0.001\sim0.1\mu m$ 之间,所以,超滤适合于阻留富集这类物质污染因子。如果迫使溶剂分子渗透通过固体膜(要在液体试样表面加压),使待测物浓缩,这种方法叫反渗透。普通过滤在液体表面加压约 $0.1MPa$,超滤则需要加 $0.1\sim1MPa$,反渗透则需要加压 $1\sim10MPa$。而电渗析是在外加电场作用下使含有正负离子的组分分离的方法。

(2) **泡沫浮选法** 向水样中加入合适的试剂,调节合适的 pH 值,然后向水样中曝气,使被分离的微量或痕量组分随气泡浮到水面,再将浮渣取出进行分析。这种方法在环境水样监测中有时是其他分离方法不可替代的。

(3) **离心分离法** 近年来离心分离越来越受到重视,尤其是在生命科学的研究中成为不可缺少的工具。例如常用离心法分离蛋白质、核酸、病毒、多肽苷酸、酶及其他生物物质。不同离心速度下,可分离的物质的分子量大小范围不同。速度小的适合于分离分子量大的物质,分子量小的物质的离心分离有时需要超离心(离心速度可高达 $7200r/min$)。离心分离的主要优点是它不破坏待测组分。

(4) **纸色谱法和薄层色谱法** 这是两种较常用的分离方法。纸色谱法是以滤纸为支持体,将待分离的试样溶液用毛细管点样于滤纸的一端的原点位置,利用滤纸上吸湿的水分作为固定相(一般的滤纸上都吸着有其本身质量 20% 的水分),另取一有机溶剂(或混合有机溶剂)为流动相。流动相在滤纸的毛细作用下,自下而上不断上升,在上升过程中随流动相上升的待测组分会在流动相和固定相之间分配。分配比大的组分上升得快,分配比小的组分上升得慢,从而将待测组分分开。色谱展开一定时间后,将滤纸取出,显色后进行分析测定。

薄层色谱也是一种平面色谱。一般是在玻璃板上涂上一层吸附剂,将待测试样点样于板的一端(距离下边缘约 $1\sim2cm$ 处),然后将薄层板置于盛有展开剂的层析缸中,层析一定时间后,取出薄层板,晾干,显色,进行分析。这两种方法常用于分离分析有机物。

四、环境监测预处理设备

(一) 微波消解设备

微波是一种频率为300MHz～300GHz、波长在1mm～1m之间的电磁波，微波的基本性质通常呈现为反射、穿透、吸收三个特性。微波消解技术是利用微波的穿透性和激活反应能力加热密闭容器内的试剂和样品，可使制样容器内压力增加，反应温度提高，从而大大提高了反应速率，缩短样品制备的时间；并且可控制反应条件，使制样精度更高，减少对环境的污染和改善实验人员的工作环境。采用微波消解系统制样，消解时间只需数十分钟，消解中因消解罐完全密闭，不会产生尾气泄漏，且不需有毒催化剂及升温剂。密闭消解仪器设备如图1-2所示，避免了因尾气挥发而使样品损失的情况。微波消解系统制样可用于原子吸收分光光度计（AAS）、等离子光谱（ICP）、电感耦合等离子体质谱仪（ICP-MS）、气相色谱（GC）、气质联用（GC-MS）及其他仪器的样品制备。

(a)   (b)

图 1-2 高通量密闭高压微波消解仪器设备

(二) 全自动石墨消解设备

全自动石墨消解仪如图1-3所示，是继电炉、电热板、普通电热消解仪之后的引领湿法消解发展方向的新型仪器，是专门针对目前实验室样品量大、实验人员少、要求自动化程度高等特点而设计的一款高效全自动消解系统。仪器采用湿法消解的原理，实现自动加酸、混合摇匀、控温消解、赶酸、冷却和定容等实验步骤，通过石墨体加热，样品整体受热消解，消解液体积、消解温度、时间等实验条件准确控制，使得消解实验变得安全可控，消解数据准确、稳定可靠。消解方法符合EPA以及中国国家标准及行业标准规范，适用于土壤（沉积物）、水样、地矿、农产品、滤筒滤膜等样品中的重金属检测前处理，可用于原子吸收分光光度计和电感耦合等离子体质谱仪（ICP-MS）的样品制备。

(三) 智能一体化蒸馏设备

蒸馏操作是非常常见且又十分重要的实验室前处理步骤。传统的蒸馏设备，其加热、蒸馏、冷凝、接收部分等各自独立，操作烦琐，效率较低；且由于缺乏蒸馏终点控制，常导致蒸馏失败，影响工作效率，而且明火加热极易爆瓶，操作危险。智能一体化蒸馏仪如图 1-4 所示，采用远红外陶瓷加热装置代替大功率电加热器，同时采用智能蒸馏终点控制、内置式冷却水自动降温及回流装置以及专业设计冷凝管等技术手段，实现了操作简单、自动蒸馏、美观实用、节能降耗等目的，可用于水样中挥发酚、氰化物、氨氮等的蒸馏操作。

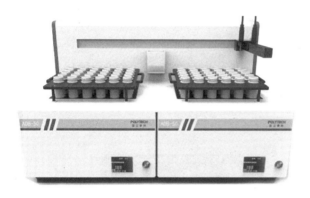

图 1-3 全自动石墨消解仪

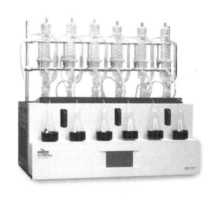

图 1-4 智能一体化蒸馏仪

（四）凝胶渗透色谱净化设备

实验室分析农残、半挥发性有机物等样品前，必须进行有效的净化前处理以去除干扰的大分子物质。传统的前处理过程耗时长、溶剂消耗量大。凝胶渗透色谱（Gel Permeation Chromatography，GPC）净化仪的凝胶色谱柱以化学惰性的多孔性凝胶作为载体，凝胶的表面与内部含有大量彼此贯穿的大小不等的空洞，使用外力使含有样品的溶剂作流动相，小分子化合物会从填料的孔中穿过，大分子从填料周围的空间穿过，会造成小分子和大分子之间的行程差距，这样利用空间排阻的原理对样品进行分离。凝胶渗透色谱（GPC）净化仪如图 1-5 所示，主要组成为泵系统、（自动）进样系统、凝胶色谱柱、检

图 1-5 凝胶渗透色谱（GPC）净化仪

测系统和数据采集与处理系统。凝胶渗透色谱（GPC）的应用改善了测试条件，并提供了可以同时测定聚合物的分子量及其分布的方法，使其成为测定高分子分子量及其分布常用、快速和有效的技术。

（五）全自动浓缩设备

浓缩是样品准备过程中的一个环节。氮吹仪的主要工作原理是将氮气快速、连续、可控地吹向加热样品的表面，使待处理样品中的水分、有机溶剂迅速蒸发、分离，实现样品无氧浓缩，多应用在农残分析、液相、气相、质谱分析前处理中。传统氮吹仪样品处理量少、整个过程需要监控，且必须在通风橱中进行。全自动氮吹浓缩仪如图 1-6 所示，改进后采用旋涡气流法，能在极短的时间内去除样品中的有机溶剂，可同时处理多

个样品，主要采用水浴加热和氮吹相结合的浓缩装置，再配合红外终点感知探头对样品进行快速浓缩，样品制备完成时，蒸发自动停止，无须人工监视，整个过程也无须在通风橱中进行。

大体积浓缩设备如图 1-7 所示，如 Labconco Rapid Vap® 样品快速蒸发仪利用涡流及干热配合吹氮或抽真空使蒸发快速进行，以达到快速蒸发浓缩大量样品的效果。处理大体积样本时，比常规旋转蒸发方法快 10 倍。

图 1-6　全自动氮吹浓缩仪　　　　　　　　图 1-7　大体积浓缩设备

（六）加速溶剂萃取设备

加速溶剂萃取是在较高的温度和压力下用有机溶剂萃取固体或半固体的自动化方法。提高温度能极大地减弱由范德华力、氢键、目标物分子和样品基质活性位置的偶极吸引所引起的相互作用力。液体的溶解能力远大于气体的溶解能力，因此增加萃取池中的压力使溶剂温度高于其常压下的沸点。该方法的优点是有机溶剂用量少、快速、基质影响小、回收率高和重现性好。尽管加速溶剂萃取是近年才发展的新技术，但由于加速溶剂萃取设备突出的优点，已广泛用于土壤、沉积物、大气颗粒物、粉尘等样品中的多氯联苯、多环芳烃、有机磷（或氯）、农药、总石油烃、二噁英、呋喃等的萃取，设备如图 1-8 所示。

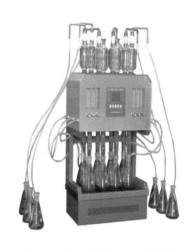

图 1-8　加速溶剂萃取设备　　　　　　　　图 1-9　高氯废水 COD 消解仪

(七) 高氯废水 COD 消解设备

高氯废水 COD 消解仪如图 1-9 所示，适用于氯离子含量小于 20000mg/L 的高氯废水 COD 的消解。仪器采用玻璃毛刺回流管代替球形回流管，并以风冷技术取代自来水冷却方式，既可以节水又能使仪器规范化，同时使仪器使用更放心。仪器另配备气压加样装置，自动校零滴定管，简化了后期的滴定操作手续，提高了方法可靠性。

(八) 其他前处理设备

全自动翻转式振荡器如图 1-10 所示，可用于固体废物中重金属样品的前处理。往复式水平振荡器如图 1-11 所示，可用于石油类样品的前处理。多头磁力加热搅拌器如图 1-12 所示，可用于土壤中六价铬等的前处理。旋转蒸发仪如图 1-13 所示，是实验室常用设备，由电机、蒸馏瓶、加热锅、冷凝管等部分组成，主要用于减压条件下连续蒸馏易挥发性溶剂。

图 1-10 全自动翻转式振荡器

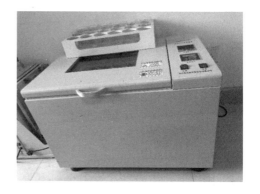

图 1-11 往复式水平振荡器

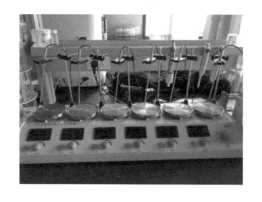

图 1-12 多头磁力加热搅拌器

图 1-13 旋转蒸发仪

五、预处理方法的选择

环境样品预处理方法很多，诸多水样预处理方法在具体分析时要进行选择。在选择时，必须熟悉各种分离方法的基本原理和优缺点，熟悉所分析样品的性质，明确后续分析方法的特点，同时了解对分析结果准确度的要求。

　　预处理前要弄清楚样品来源，例如，对水样进行分析时，首先要了解水样是环境污染控制过程中的水样（一般是降解中间产物），还是环境水体水样或是工厂直接排放的污水。明确水样中待测组分的性质是有机物还是无机物，是极性（可以选萃取分离法，但萃取剂要有一定的极性，水样一般情况下需要调节 pH 值）还是非极性（非极性待测组分也可选用萃取分离，但可选用非极性有机溶剂），了解待测组分易挥发还是不易挥发，了解待测组分是否有热稳定性及其分子大小范围等。对这些问题的了解是选择正确预处理方法的保证。

　　除了要考虑以上样品的性质外，预处理方法与分析方法的匹配也是选择预处理方法经常要考虑的问题。首先预处理获得的试液是否符合分析方法的灵敏度的要求，另外要考虑预处理后的试液是否在后续分析中能顺利进行。比如，选择紫外法分析时，如果预处理所用的溶剂在待测组分的最大吸收波长处有明显的吸收，这样分析就无法继续进行。

　　另外，从准确度角度考虑，预处理方法对待测组分的回收率是否达到要求（即预处理方法对样品的损失不能太大，要在允许误差范围内）也是选择预处理方法应该考虑的因素。在相同情况下，应选择预处理步骤少、待测组分损失少、后续分析简单易行、经济上合算的预处理方法。

思考题

　　1. 当测定固体样品中的重金属离子时，预处理方法有哪些？应遵循什么原则？
　　2. 简述水样消解的方法及其适用范围。
　　3. 简述溶剂萃取法的原理及其在水样预处理中的应用。
　　4. 现有的环境监测预处理设备有哪些？并简述其使用范围。
　　5. 与普通溶剂萃取相比，加速溶剂萃取设备有哪些优点？

第四节　环境样品测定方法的选择

　　每种元素常常有几种分析方法，究竟选择何种方法为好，可以根据下述原则加以考虑。

一、对分析任务的具体要求

　　当接到分析任务时，首先要明确分析目的和要求（对结果准确度的要求以及要求完成的时间），确定测定组分含量的大致范围。如原子量的测定、标样分析和成品分析，保证分析结果的准确度是要考虑的主要问题，一般可考虑选用准确度较高的重量分析法；高纯物质中杂质的分析及某些试样中微量组分的分析，首先要考虑的是分析方法的灵敏度，这时可考虑选用仪器分析方法；而生产过程中的控制分析、水处理过程或其他污染控制过程中的在线监测，分析速度便成了主要问题，所以一般可考虑选择滴定分析及分光光度分析。因此，应根据对分析任务的具体要求选择相应的分析方法。

二、待测组分的性质

一般来说，分析方法都是基于待测组分的某种性质而建立起来的。例如，大多数金属离子易于形成稳定的络合物，因此可用络合滴定法对大多数金属离子进行测定。又比如水中有机物种类繁多，难以对每一种有机物的含量进行具体的测定，利用大多数有机物能被强氧化剂氧化的性质，对水中有机物的含量进行间接测定，如化学需氧量（COD）、高锰酸盐指数的测定。利用有机物在被微生物好氧代谢时，消耗水样中的溶解氧的特点，测定水样中可生化类有机物（生化需氧量 BOD）的含量时，用碘量法测定水中溶解氧来进行间接测定。当然，还有基于有机物的其他物理化学性质建立起的分析方法，如某些有机物在紫外光区有特征吸收，可以用紫外光谱进行分析。大气中的氮氧化物、二氧化硫被吸收液吸收后，与一些有机络合剂发生络合反应，生成有色络合物，根据它们的这一性质，可用分光光度法对这两种物质进行测定。如果希望掌握环境样品中有机物污染更详细的信息，这时我们的样品一定具有复杂性，需要对样品各组分进行逐一地分析，这时可考虑选用同时具有分离和分析功能的色谱分析方法。这种情况下分离是关键。如果样品成分过于复杂，则考虑先用层析柱、薄层板或纸色谱等将样品中所有组分进行粗分，分成性质相近的几组，然后将各组在高效液相色谱上（紫外检测器）、气-质联机或其他色谱与相关检测器联机的分析仪器上进一步的分离分析。对于有机离子的分析可选用离子交换色谱及一些电化学分析方法（如极谱和溶出伏安法）。

如果分析金属离子，一般可考虑选择络合滴定、可见分光光度法、原子光谱、离子交换色谱等。如果分析的是无机非金属离子，可考虑选择离子色谱、分光光度法、离子选择电极等。

三、待测组分的含量范围及分析方法的检测限

常量组分的测定，多采用滴定分析法和重量分析法。滴定分析法简单、迅速，当重量分析法和滴定分析法都可采用时，一般选用滴定分析法。但当对准确度的要求较高时，应选用重量分析法。测定微量组分、痕量组分时，多采用灵敏度比较高的仪器分析法。如钢铁中锰的测定采用滴定分析法，而水样中锰的测定则选用原子吸收分光光度法。

四、共存组分的影响

在选择分析方法时，应尽量选择共存组分不干扰或通过改变测定条件、加掩蔽剂等方式能消除干扰的分析方法。如无法消除干扰则可通过上节讲解的预处理方法消除干扰组分，再进行测定。

此外，还应根据本单位的设备条件、试剂纯度等，来考虑选择切实可行的分析方法。只有充分了解各种分析方法的原理、使用范围、检出限等，才能正确选择分析方法。

思考题

1. 对于环境样品，选择测定方法时应考虑哪些因素？
2. 对于环境样品在线监测，应如何选择测定方法？

第五节　复杂环境样品监测程序

一、水样中有机物系统分析的一般步骤

水样中有机物系统分析即全分析，是对水样中有机物的种类及其浓度进行分析测定。由于环境水样中存在许多的有机物，有时能达到上千种，这种水样中有机物的系统监测比较复杂，一般有下面几个步骤。

（一）水样的采集与保护

先按照规范操作方法采集到具有代表性的水样，并将水样按照规范操作保存好。在水样采集时应加入抑制细菌生长的试剂。如果含有挥发性有机物，通过调节 pH 值使其稳定。如果不清楚其中的成分，应该在现场将水样取好后，分装在不同的采样瓶中，将水样分别调节到酸性范围、中性范围、碱性范围，对于其中非极性有机物的测定一般单独用玻璃瓶采样。

（二）水样的预处理

将水样进行预处理是一个非常复杂的工作，没有固定的模式。一般先对水样中的组分进行分级提取。可以将其分成酸性组分、碱性组分和中性组分，也可将其分成非极性组分、弱极性组分、中等极性组分和强极性组分等。这种分级主要是为了选择合适的萃取剂及合适的萃取条件。一般情况下，先用环己烷、正己烷、正辛烷等一些非极性溶剂对水溶液进行萃取，萃取后的水样再在酸性或碱性条件下，利用有一定极性的有机溶剂如二氯甲烷、氯仿、溴仿、乙醚、乙酸乙酯或将这些溶剂和某些极性大的溶剂混合后对水样进行萃取，进入提取液的有机物因萃取时酸性不同、萃取剂不同而有很大差别。例如将水样 pH 值调节到酸性，则有机酸及中性有机物进入二氯甲烷相，有机碱及水溶性物质留在水相。酸性和碱性条件下萃取完后，仍留在水样中没有被萃取分离的有机物一般都是极性较大的水溶性物质，然后再利用富集方法对水样进行浓缩。这样获得了三种溶液。

当然预处理方法一般不是一成不变的，还可以用一定孔径大小的膜将水样逐级过滤，过滤出的渣和滤液再分别用溶剂萃取或溶解，获得分析试液。也可以利用吸附、离子交换、蒸馏、泡沫浮选等手段进行水样的预处理。

（三）定性和定量分析

这一步的关键是选择分析方法。对于未知的复杂混合试液，选用色谱方法。常用的是高效液相色谱、气相色谱-质谱联用技术、液相色谱-质谱联用技术等。

二、水样中无机金属元素系统分析的一般步骤

（一）水样的采集

对水样中金属元素的全分析，即对金属离子的种类、存在状态及浓度进行监测分析。与有机物的分析相同，首先需要采集到具有代表性的环境样品。在采样时，由于监测分析的是原水中金属元素的存在状态，所以除了在水样中加入一些微生物生长抑制剂以外，

一般不需要再加入其他保护剂。要求采样和分析过程中，必须尽可能避免样品中原来存在的形态平衡被破坏和变动。由于元素在环境中以多种化学形态存在（游离金属离子、络合态、吸附态、沉淀及与天然高分子结合态等），各种化学态处于动态平衡中。因此，为了避免原有各形态之间平衡的破坏与变动，最理想的是进行原位实地、实时监测。但由于仪器和分析技术上的困难，很多情况下无法进行现场分析，测定工作只能在实验室中进行，所以试样的采集和保存成为形态分析时的重要环节之一。水样采集方案要围绕着使水样具有代表性、保持原来状态、不污染、不变化。如果水样中待测物质浓度随时间、气象、季节等的变化而变化，则应对采样过程进行详细记录。采样时不选择使用玻璃瓶，不选择使用酸化水样（以免水样中的金属离子在酸的作用下发生各种离解平衡），只需低温保存，并将水样制备成待测试样。

（二）水样预处理方法及分析方法的选择

水样中金属元素的系统分析关键是对水样预处理方法的选择。选择水样预处理方法，一般也因具体情形而定。可以首先选择离心，使吸附在固体颗粒物上的或以化学键结合在固体颗粒物上的金属元素与其他分离。接着可选用有机溶剂萃取，使脂溶性金属化合物分离出来，可用有机溶剂与螯合剂的混合溶剂萃取，使能与螯合剂作用生成脂溶性化合物进入有机溶剂的游离金属离子与其他金属元素分离。

也可选用超滤、渗滤及渗析等方法，使与天然生物分子结合的金属元素分离，也能使胶体态的金属元素分离。超滤、渗滤及渗析分离过程中可以使用不同规格的膜，这样可以使结合或附着态的各种金属元素获得分离，还可将已分离出的各级组分再继续分离。已获分离的各级不同组分，再经过酸性或碱性水解、消化、紫外光照射或其他溶解和分解方法，获得适合于所选分析方法直接分析的试液。

在金属元素的形态分析中常可选择的分析方法有：电化学分析法（阳极溶出伏安法和极谱法）、光谱法（分光光度法、原子吸收光谱法、原子发射光谱法、荧光光谱法）、色谱法（高效液相色谱法、气相色谱法、离子交换色谱法）及色谱与元素选择性检测器的联用技术等。

环境样品的系统分析是一项十分复杂的工作，一般需要在上述基本思路下进行反复的分析条件摸索，才能达到满意的结果。

三、大气中颗粒物的化学监测分析

大气中化学物质的种类繁多，它们来自于各种条件下人为或天然过程挥发和散发出的化学物质、各种燃烧过程烟气中的化学物质。在这些化学物质中，有些是有毒有害的，有些是具有潜在毒性的。例如，大气中的多环芳烃具有强的致癌、致畸、致突变作用，多环芳烃与氮氧化物作用能生成更具诱变性的化学物质。大气中的化学物质一般有三种存在状态。其一是分子态，例如非金属氧化物二氧化硫、氮氧化物、二氧化碳、一氧化碳以及简单的或分子量低的有机物，如甲烷及其他低分子量有机物。其二是固体悬浮物及其表面的吸附态有机物，大气中大多有害有机物是以吸附态存在于固体悬浮颗粒物表面上。据研究，固体悬浮颗粒物表面吸附的有机物种类多达数百种。固体悬浮颗粒物表面上也含有无机金属元素，例如铅及其他有害金属。其三是溶胶态，一些液体以极细的液滴形式分散在大气中形成气溶胶粒悬浮在大气中。不同存在形式的大气污染物对环境中的生物具有不同的危害，其中吸附在固体颗粒物表面，尤其是可吸入颗粒物表面上的有害污染物危害最大。

大气中固体颗粒物的化学物质浓度较低（$10^{-9} \sim 10^{-6}$ 数量级），大气采样时，有效捕集悬浮颗粒物是首先要考虑的问题，一般需要用富集采样方法。可选用膜阻留、柱阻留及其他吸附方法，然后将阻留的悬浮颗粒物用水溶解，而后用极性和非极性溶剂分别溶解，最后对各种溶解液进行分析。

整个过程中，使捕集到的试样中待测组分进入溶液的试样制备过程是关键，制备好后的液体样品的分析，可参照水样系统分析时分析方法的选择。

以上举例都是比较复杂的系统分析或全分析过程的基本思路。对于环境样品中单一项目或常规项目的监测分析可参照国家的标准方法。

思考题

1. 如何进行水样中有机物的系统分析？
2. 如何进行水样中无机金属元素的系统分析？
3. 大气中颗粒物监测分析的一般步骤有哪些？

第六节 监测数据处理及结果表述

环境样品分析测定后，需要进行数据处理，这里就一些数据处理过程的基本概念做简单介绍。

一、监测分析基本概念

（一）准确度

一般分析化学上的准确度概念是指测定结果与真实值接近的程度，通常用**误差**（包括绝对误差和相对误差）的大小来表示。它是反映分析方法本身及分析操作过程中的系统误差和偶尔出现的误差等的综合表现，能反映分析结果的可靠性。

要保证环境监测结果的可靠性（监测结果所能提供的有关污染物的信息的可靠性），单纯地把握分析测试过程的准确度是不够的，还应准确把握从监测项目确定到给出监测结果的整个过程中每一步骤的科学合理性及准确性。

要评价分析测试的准确度的方法有：第一是在分析测试过程中，同时并以同样的操作对标准物质进行测定，用对标准物质的分析测试结果与标准物质的真实值的接近程度进行评价；第二是利用测定所加入的标准物质的回收率进行评价；第三是与公认的准确方法的测定结果进行比较。

对于环境监测结果的准确性的评价，是一个相当复杂的工作。这是因为环境监测是一个由一系列相互关联的过程组成。证明一个监测结果是否可靠，一般需要多个实验室，不同分析人员的分析结果相互验证。

（二）精密度

精密度则是在同一操作条件下，重复同样的样品，所得结果的一致性（即重现性、平行性、再现性），常用偏差表示。不同的分析方法，重现性不同，有些方法本身，由于操作步骤少而简单，可能出现的操作误差少，结果易重现。精密度也与操作人员的熟练程度及素质有关。经验丰富，态度严谨的分析工作者进行分析时，结果易重现。

（三）分析方法的灵敏度、检测限、测定限

1. 分析方法的灵敏度

物质单位浓度或单位量的变化引起的响应信号值变化的程度称为方法的**灵敏度**。在定量分析中，常用标准曲线的斜率来衡量方法的灵敏度。曲线斜率越大，灵敏度越高。许多分析方法的灵敏度常随实验条件而变化，所以，在选择分析方法时，灵敏度只能作为一个方法评价的参考指标。

2. 分析方法的检出限

某一方法在给定的置信水平上可以检出被测物质的最小浓度或最小量称为这种方法对该物质的**检出限**（即能产生净响应信号的被测物质浓度或量称为该方法对该物质的检出限）。以浓度表示的检出限称为相对检出限，以质量表示的则称为绝对检出限。检出限是一个定性的概念，只表明浓度或量的响应信号可以与空白信号相区别。一般在检出限附近不能进行定量分析。

常见方法检出限规定为：分光光度法中规定，扣除空白值后，吸光度为 0.01 时所对应的浓度值为检出限；气相色谱法中规定，检测器产生的响应信号为噪声值两倍时所对应的量为检出限，或最小检出量与进样量之比为最小检出浓度。

3. 分析方法的测定限

测定限分为测定下限和测定上限。**测定下限**是指在允许测定误差条件下，用特定的方法能够准确地测定物质的最小浓度或量（应稍高于检出限）；**测定上限**是指在测定误差能满足预定要求的条件下，能够准确地定量测定待测物质的最大浓度或量。测定限是一个范围，一般是指有效测定范围（即能够准确测定的范围）。

任何一种分析方法都有其应用范围，这一应用范围，一般为检测上限和检测下限之间的浓度或量的范围，有效测定范围常常小于这一范围。

检出限和测定下限（或称定量下限）是不同的。一般认为，检出限是定性的，主要回答试样中有没有待测物质。测定下限是定量的，主要回答试样中有多少被测物质。

（四）空白试验

空白试验即用蒸馏水代替试样的测定。在空白试验中，所用试剂和操作步骤与试样测定完全相同。空白试验必须与试样测定平行进行。试样分析时仪器的响应信号（如吸光度，峰高，电导）不仅是试样中待测组分的响应，还包括所有其他因素（如试剂中的杂质、操作过程的沾污及其他一些使本底升高的物质）产生的响应，这些因素随测定条件而变，所以每次测定都应进行空白试验。空白试验所得到的响应值称为空白试验值，该值应比较低。空白试验用水中待测组分的含量应该小于方法的检出限，否则空白试验偏高。空白试验值如果偏高，应全面更换试验用水，试剂等，或将器皿重新洗涤并更换试验用水，然后重新进行空白

试验。

(五) 校准曲线

校准曲线是用于描述待测物质的浓度或量与相应仪器的响应信号或测定物理量之间的定量线性关系的曲线。校准曲线包括"**工作曲线**"（配制标准系列的步骤与样品处理过程完全相同）和"**标准曲线**"（配制标准系列溶液时省去了样品的预处理）。测定时只用到校准曲线的直线部分，即定量测定时，待测组分的浓度或量和测定信号或物理量呈线性比例关系。

分析测试后，绘制校准曲线。绘制方法有：直接用坐标纸绘制，一般横坐标是浓度，纵坐标是所测定的相应的物理量。也可用最小二乘法，计算出回归方程式，利用方程式绘制标准曲线 [式(1-5)～式(1-8)]。

回归方程为：

$$y = ax + b \tag{1-5}$$

$$a = \frac{n\sum xy - \sum x \sum y}{n\sum x^2 - (\sum x)^2} \tag{1-6}$$

$$b = \frac{\sum x^2 \sum y - \sum x \sum xy}{n\sum x^2 - (\sum x)^2} \tag{1-7}$$

回归系数为：

$$v = \frac{\sum (x - \overline{X})\sum (y - \overline{Y})}{\sqrt{\sum (x - \overline{X})^2 \sum (y - \overline{Y})^2}} \tag{1-8}$$

式中　x——标准溶液中待测组分的含量或浓度；

y——对应于 x 的吸光度；

$\overline{X}$——x 的平均值；

$\overline{Y}$——y 的平均值。

二、有效数字

有效数字是指在测量过程中能够得到的，有实际意义的数字（只作为定位作用的 0 除外）。有效数字不仅表示测得的数字的大小，而且表示测量的准确度和测量仪器的精度。例如，12.38mL 不但表示测量出的体积的大小，而是表示测得的体积准确到小数点后两位数，也说明测量体积所用的量器的最小分刻度为 0.1mL。

记录一个测量数字时，应记录成有效数字，即全部的可靠数字（能够准确读出的数字），再加一位处在末尾的可疑数字（不能准确读出的，只能估读，但又不是臆造的数字）。

分析测试过程一般是一系列过程，最终的结果也是利用一系列测定数字计算而获得的，在计算时应该首先对各数字进行修约。修约时，一律按"四舍六入五单双"的原则，即四要舍去，六要进上，五前单数要进一，五前双数全舍去。几个数相加减时，最后有效数字位数应取决于绝对误差最大的一个数字（一般按小数点后位数最少一个的位数保留）；几个数相乘除时，最后的有效数字以有效数字位数最少的一个数来保留（即以相对误差最大的数字为准）。常数（如 π、e 等）的有效数字认为是无限制的。对数的有效数字只计小数点以后的位数。

三、监测结果的表述

（一）结果常用的计量单位

对于液体样品，浓度一般用毫克/升（mg/L）表示。当浓度小于 0.1mg/L 时，用微克/升（μg/L）表示。当浓度大于 10000mg/L 时，用百分数表示结果。

对于固体样品，浓度一般用 mg/kg 或百分数表示。

对于气体样品，浓度一般用 mg/m^3 或 μg/m^3 表示。

（二）结果的表述

（1）用**算术平均值**表示（$\overline{X}$）是表达监测结果最常用的方法，平行测定次数越多，结果越接近于真实值。

（2）用**算术平均值和标准偏差**表示测定结果（$\overline{X} \pm s$）：如果标准偏差 s 越大，$\overline{X}$ 结果的代表性越小。

（3）用**算术平均值、标准偏差和相对标准偏差**表述监测结果（$\overline{X} \pm s$，C_v）。

（4）如果分析监测获得的数据或结果低于所选用方法的检出限，则不能将该数据作为最终表达的结果。因为该数据的可信程度不高，遇到这种情况，结果可用"未检出"表述。"未检出"三个字表示结果与一般的数字有同样的功能。它表明，按照所选分析方法的分析条件下，某一个项目未检出。还可以用"<检出限（具体数字）"表达结果。

> **思考题**
>
> 1. 准确度与精密度的区别在哪里？
> 2. 检测限和测定限有何区别？

第七节　环境应急监测程序及应急预案

一、环境应急监测的概念和特点

环境应急监测是指突发环境事件发生后，在应急情况下，为发现和查明环境污染情况和污染范围而进行的环境监测。其目的是发现和查明地表水、地下水、大气和土壤环境受污染的状况，包括污染物种类和污染物浓度，掌握污染的范围、程度以及变化趋势。

环境应急监测是环境应急体系中的重要组成部分，是突发环境事件处置中的重要环节，是对污染事故及时、正确地进行应急处理、减轻事故危害和制定恢复措施的根本依据。环境应急监测要求监测人员对污染事故要有极强的快速反应能力，事发后必须迅速赶赴现场，快速准确地进行检测和判断。

二、环境应急监测预案

为了强化各级环境监测站对突发环境事件的应急监测能力，及时掌握突发环境事件的现状，各地应建立健全相应的组织机构，落实应急监测人员和配备应急监测设备，编制适应当地的突发环境事件应急监测预案。

突发环境事件应急预案一般包括目的、适用范围、职责分工、应急监测仪器配置、应急监测工作程序和应急监测方案制订的基本原则、应急监测技术支持系统、应急监测防护装备、通信设备及后勤保障体系等。

各级环境监测站根据编制突发性环境事件应急监测预案的目的和依据确定其适用范围。按各级环境监测站在本管辖区域应急监测网络内的职责分工，制定网络内各级组织的机构组成及职责分工，同时应绘制相应的组织机构框图以及相关人员的联系方法。对在区域之间（如省与省、市与市之间）发生的突发环境事件，应由上级环境监测站负责协调、组织实施应急监测。应急监测仪器配置应根据当地环境监测站的实际情况，明确应急监测仪器和相关物品的名称、型号、数量、适用范围、保管人等信息。

应急监测工作的基本程序一般应包括应急监测工作网络运作程序（指环境监测站所在区域的、自上而下的网络关系）、具体工作程序（指环境监测站内部应急监测工作从接到指令开始，到监测数据上报全过程的工作路线流程）和质量保证工作程序（质量控制过程应急监测质量控制的基本要求）三个方面内容。为提高应急监测预案的科学性及可操作性，各级环境监测站编制的应急监测技术支持系统应不断地完善。应急监测防护装备、通信设备及后勤保障体系应规定应急监测防护和通信装备的种类和数量，统一分类编目，并对放置地点和保管人进行明确规定。

三、环境应急监测工作的主要程序

环境应急监测工作的主要程序依次为：准备工作→现场调查与勘察→制订应急监测方案→应急监测的实施→应急监测报告→应急跟踪监测→应急监测结束。图 1-14 为典型环境应急监测程序示意图。

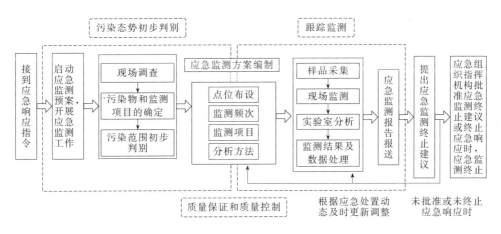

图 1-14 典型环境应急监测程序示意图

（1）**准备工作** 包括：相关仪器试剂、防护用具、相关资料（如污染源资料、竣工验收报告、化学品理化毒理性质资料、化学品处理处置措施等）、准确记录接报时间、准备工作内容、出发时间等。

（2）**现场调查与勘察** 包括：事故发生的具体时间、地点；事故发生单位的行业类型和生产工艺过程所用的原材料、流动源的装载物类别等；产生的主要污染物；污染物泄漏量、污染物的理化性质、毒理性质；已进行的处理措施；如需连续监测，还应了解未来两天的气象、水文情况等。结合事故现场，确定事故周边敏感目标，调查敏感目标周围环境状况；敏感点距事发点的位置、距离和现状；污染可能影响范围。

（3）**制订应急监测方案**　包括：明确监测目的、合理选择监测方法、优化布设点位、确定监测频次和制订增援计划等。其中布点与采样、监测项目与相应的现场监测和实验室监测分析方法等依据《突发环境事件应急监测技术规范》（HJ 589—2010）确定。

（4）**应急监测的实施**　包括：现场采样与现场监测、运回实验室检测、现场记录等。记录内容包括日期、采样时间、企业名称、采样地点；环境条件、气象条件、现场特征；事故调查内容简介（如事故原因，事故持续时间、影响范围等）；污染现场状况描述、点位布设示意图；样品采样方式、样品编号、项目、感观性描述、采样人员等相关信息。

（5）**应急监测报告**　包括：基本情况报告（到达事故现场后，监测人员立即对事故情况进行调查，完成的事故现场的基本情况报告）、应急监测快报（应急监测实施过程中完成的分析项目现场审核后及时编写的过程或阶段性报告）、应急监测报告（每次应急监测完成后，编写的应急监测总结分析报告）。应急监测报告的主要内容应包括：事故发生的时间，接到通知的时间，到达现场监测的时间；事故发生的具体位置（含周边自然环境）；主要污染物的种类、理化特征、毒理性质、流失量等；事故发生的性质、原因及伤亡损失情况；监测实施，包括采样点位、监测频次、监测方法；现场监测结果及影响范围，选取适当的评价标准加以评价；附现场示意图及录像或照片；简要说明污染物的危险特性及处理处置建议；应急监测单位及负责人盖章签字、编号、项目、采样人员等相关信息。

应急跟踪监测是当污染物排放浓度较高，且扩散较慢时，根据监测结果、事态的发展以及环境影响因素，实施的跟踪性监测，覆盖整个污染事故的处理过程，并陆续出具有关报告，直至环境污染状况消除。

应急监测结束后应将全部应急监测使用的仪器和设备按要求进行清洗、校准、检查后入库，并填写仪器使用记录。应急监测报告应归档保存。

思考题

1. 环境应急监测的概念是什么？有什么特点？
2. 简述环境应急监测的主要程序。

第二章

仪器分析在环境监测中的应用

第一节 紫外可见分光光度法

一、简述

从**朗伯-比耳定律**（简称比耳定律）可知，一束平行单色光通过单一均匀的、非散射性吸光物质的溶液时，溶液的吸光度与溶液浓度和液层厚度的乘积成正比。

即：

$$A = abc$$

式中　A——吸光度；

　　　a——吸光系数，当浓度以物质的量浓度表示时，即为摩尔吸光系数 ε；

　　　b——光程，cm；

　　　c——试样的浓度。

其中的光波可以是可见光，也可是紫外光。利用这一定律的分析方法叫分光光度法。可见光分光光度法测定的物质可以是本身有颜色的或经显色后生成有色化合物的物质。选择合适的波长测定可以提高方法的选择性和灵敏度。分光光度法可测定 $10^{-6}\sim 10^{-5}$ mol/L 范围的微量成分，其相对误差 $2\%\sim 5\%$。

二、分光光度法分析及仪器简介

（一）分光光度计

分光光度计是分光光度法使用的仪器。包括光源、单色器、吸收池、检测器和信号指示系统（记录与数据处理）。

分光光度计以钨灯做可见光光源，其波长范围 320～1000nm；以氙灯或氢灯为紫外光源，其波长范围 180～375nm。为保证光强度的稳定性，应当选用精密稳压电源供电。

分光光度计的单色器有棱镜分光或光栅分光两种方式。单色器将光源发出的连续光分成纯度较高的单色光。光栅具有更高的光谱分辨率，现代分光光度计多采用光栅分光。以全息闪耀双光栅设计的仪器，可达到超低杂散光的水平。

吸收池中的比色皿有石英和玻璃材质之分，因玻璃对紫外光有较强的吸收，故紫外光谱区只能选择石英比色皿。

分光光度计的检测器可用硅光二极管或光电倍增管。现代仪器还配有计算机软件处理系统，对仪器执行自检、校准、光谱扫描、自动数据处理等控制功能。

（二）定量定性分析

1. 定量分析

分光光度法的定量分析常选用校正曲线法或标准加入法。其中，校正曲线法需要绘制标准工作曲线，即测定不同浓度（c）的标准溶液与其吸光度（A），得到 A-c 曲线（a，b 固定）。如图 2-1 所示。随后用同样操作方法分析所测样品的吸光度值 A_x，并由 A-c 曲线，求其相对应的浓度 c_x，也可以用曲线回归法求 c_x。

另外，从图 2-1 可以看出，当样品浓度较高时，曲线会出现正偏离或负偏离。这是因为：一方面，单色器提供的单色光纯度不能满足比耳定律的基本假设；另一方面，较高浓度的溶液中样品粒子并不是绝对独立的，即溶质分子不单对光产生吸收，还会有折射、散射等效应。此外，当标准系列中样品因条件（如 pH）改变，稳定性降低时，发生的平衡移动，都造成曲线偏离现象。

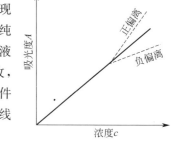

图 2-1　分光光度法分析标准曲线

计算得出：被测组分的吸光度在 0.2～0.8 之间时，其测量精度最好（读数误差小）。另外，从 A-λ 吸收曲线（图 2-2）看到，样品的最大吸收波长 λ_{max} 对应于该样品溶液的最大吸收灵敏度。故一般测量时，在无干扰物质存在情况下，选 λ_{max} 为测量波长，这样不仅可提高测量的灵敏度还可获得最佳的测量精度。

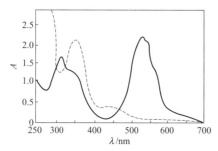

(a) 高锰酸钾(实线)和重铬酸钾(虚线)溶液的吸收曲线

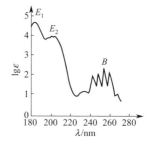

(b) 苯在乙醇中的吸收曲线

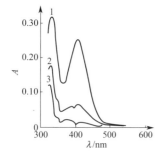

(c) 3,3′-二氨基联苯(DAB)与Se形成的络合物在甲苯溶液中的吸收曲线

1—25mgSe-DAB络合物在10mL甲苯溶液中；2—5mgSe-DAB络合物在10mL甲苯溶液中；3—DAB在甲苯溶液中

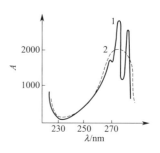

(d) 苯酚的B吸收带

1—庚烷溶液；2—乙醇溶液

图 2-2　不同物质的吸收曲线（A-λ 曲线）

可见光分光光度法要选择合适的显色剂，并让其与被测组分生成稳定的有色化合物来进行测定。故相关的影响因素如溶液的酸度、显色剂浓度、显色时间、反应温度、共存离子干扰等因素需要综合考虑，从而选择最佳的显色条件进行分析。

紫外区的分光光度法分析，要求溶剂本身在测定波长处无明显吸收，并且挥发性小、无毒、不与被测组分有化学反应等。常用溶剂紫外吸收的临界波长如表 2-1 所示。

表 2-1 常用溶剂紫外吸收的临界波长[①]

溶剂	波长/nm	溶剂	波长/nm	溶剂	波长/nm	溶剂	波长/nm
水	200	异丙醇	210	乙酸	250	苯	280
正己烷	200	环己烷	210	乙酸戊酯	250	石油醚	297
正庚烷	200	甘油	230	甲酸	255	吡啶	305
甲醇	210	氯仿	245	乙酸乙酯	255	丙酮	330
乙醇	210	二氯乙烷	245	四氯化碳	265		

① 溶剂的吸光度为 1 时，短波段的临界波长。

2. 定性分析

定性分析是利用物质的吸收曲线特征，即根据光谱的最大吸收峰位置和吸收曲线的形状（图 2-2）进行分析的。在定性分析方面，紫外可见分光光度法可用于样品的纯度或官能团鉴定。高分辨仪器能得到物质的精细光谱结构，并与红外光谱、质谱、核磁共振谱一起组成了物质结构分析的四大谱。

三、分光光度法的应用

分光光度法除应用于微量组分的测定以外，通过扩展手段还可用于多组分分析，高浓度样品的测定以及化学平衡，络合物组成研究等。

【例2-1】 多组分分析

假如溶液中需同时测定 X 和 Y 两种组分，其各自的吸收波长分别为 λ_1、λ_2。如图 2-3 所示，从图中可见当 X、Y 两组分无峰的重叠干扰时，利用比耳定律可分别测定。但当 λ_1、λ_2 处 X、Y 都分别有吸收时，可根据吸光值的加和性联立方程求算 [式（2-1）和式（2-2）]。

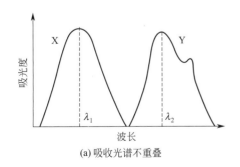

(a) 吸收光谱不重叠

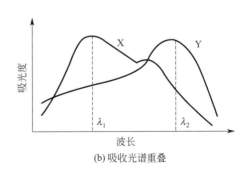

(b) 吸收光谱重叠

图 2-3 双组分样品的吸收光谱

即：
$$A_1 = \varepsilon_{X_1} b c_X + \varepsilon_{Y_1} b c_Y \tag{2-1}$$
$$A_1 = \varepsilon_{X_2} b c_X + \varepsilon_{Y_2} b c_Y \tag{2-2}$$

式中　c_X，c_Y——分别为组分 X、Y 的浓度；

　　　ε_{X_1}，ε_{Y_1}——λ_1 处组分 X 和 Y 的摩尔吸光系数；

　　　ε_{X_2}，ε_{Y_2}——λ_2 处组分 X 和 Y 的摩尔吸光系数。

其中，摩尔吸光系数 ε，可分别用已知浓度的单组分 X 或 Y 的溶液分别由 $A = \varepsilon b c$ 求算，即可得出方程组中 c_X 和 c_Y 值。

此法不经化学分离即达到同时测定多组分的目的。但随着测量组分的增多，实际结果的误差增大。

【例2-2】高浓度组分的测定（示差法）

比耳定律适合于微量样品的分析，高浓度样品常出现曲线的偏离。同时，从误差计算可知，当高浓度样品的吸光度值超出适宜的读数范围时，会引入较大的测量误差。示差法针对高浓度样品，选择以较低浓度溶液为参比（不以溶剂为参比）测定高浓度样品，使试样的吸光度进入适合的吸光值范围。从而实现对高浓度的直接分析。

例如，样品浓度为 c_x，其标准溶液浓度为 c_s，且 $c_x > c_s$。以 c_s 为参比调节仪器零点（$A = 0$）时，测得样品的相对吸光度 A_r。此二溶液以溶剂空白做参比时，其吸光度分别为 A_x 与 A_s，据比耳定律可得：

$$A_r = A_x - A_s = \varepsilon b (c_x - c_s) = \varepsilon b \Delta c \tag{2-3}$$

这样，通过绘制 A_r-Δc 的工作曲线，可查得 Δc，进而，算出 $c_x = c_s + \Delta c$。

示差法扩展了原有仪器的测量范围，同时，对仪器有更高的质量要求（高强度光源，高灵敏度监测器等），以便可调节参比溶液使其透光度达到 100%（$A = 0$）。

【例2-3】光度滴定

在定量滴定分析时，若被测组分、滴定剂或反应产物在紫外或可见区有特征吸收，就可以通过测定滴定体系的吸光度变化来指示滴定过程的滴定终点。典型的光度滴定曲线如图 2-4 所示。

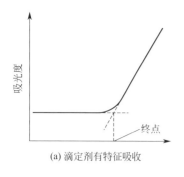
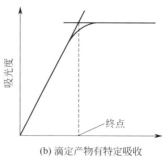
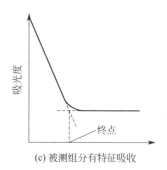

(a) 滴定剂有特征吸收　　　(b) 滴定产物有特征吸收　　　(c) 被测组分有特征吸收

图 2-4　典型的光度滴定曲线

当滴定反应进行得完全时，滴定曲线是由两条直线组成，两条直线的交点就是滴定终点。若滴定反应不完全，则在终点区域是曲线，终点可由直线外推法得到。因滴定过程测定的是体系吸光度的变化。所以，只有参与反应的杂质干扰测定，而在测定波长处仅有吸收，不参与反应的杂质对实验结果影响不大。因此，光度滴定法具有良好的选择性。图 2-5 是用 NaOH 中和滴定对硝基苯酚和间硝基苯酚异构体的实例，其中Ⅰ、Ⅱ分别是对硝基苯酚和间硝基苯酚的终点。该法可分别测定这两个组分的含量。

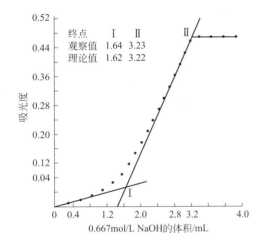

图 2-5　NaOH 中和滴定对硝基苯酚和间硝基苯酚异构体的光度滴定曲线

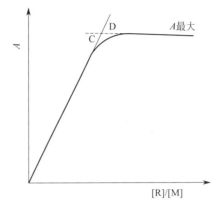

图 2-6　摩尔比法图示

【例2-4】 配位络合比的测定

假如络合反应为 $M+nR=MR_n$，保持金属离子 M 的浓度不变，只改变络合剂 R 的浓度。配置成一系列不同摩尔比的溶液，在选定的波长下，测定溶液的吸光度 A，并以 A 对 $[R]/[M]$ 作图，如图 2-6 所示。

当金属离子全部转变为络合物时，若继续增加络合剂，溶液的吸光度不再变化。因此，曲线的转折点所对应的摩尔比值，就是络合物的络合比 n。此法要求在选定波长下，络合剂无明显吸收，只是络合物有吸收。若曲线的转折点不太明显，这是由于络合物有部分离解造成的，可以用外推法获得一交点。若折点很不明显时，该方法就不能使用。故此法更适于只有一种稳定络合物生成时的测定。利用此项技术，还可通过离解度进一步计算络合物的稳定常数。

【例2-5】 导数光谱法

将得到的吸收曲线（A-λ），进行微分处理，求出 $dA/d\lambda$-λ 曲线，利用此导数光谱曲线可在微量样品分析、试剂纯度检验、多组分叠加光谱的分离测定、消除干扰等多方面发挥其特有的作用。

对曲线进行微分处理，即求整个曲线的斜率，如图 2-7 所示。从第 1～4 阶导数（0 阶表示原始吸收光谱 A-λ）的函数图中可见，吸收曲线上的最大吸收对应于奇数阶导数光谱中的零。而在偶数阶导数光谱中，则是极值（即极大或极小）。导数阶数越高，吸收峰越尖锐。针对两个或两个以上相互重叠靠近的吸收峰以及肩峰，可实现非化学的分离。

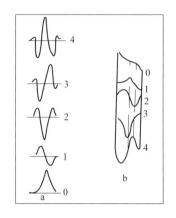 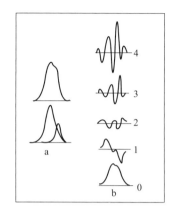

(a) 单吸收光谱
a—吸收曲线；b—吸收曲线的波段变化

(b) 两个吸收光谱重叠
a—吸收光谱；b—导数光谱

图 2-7　导数光谱示意图（第 1～4 阶）

图 2-8 是利用二阶求导，使苯丙氨酸（Phe）、酪氨酸（Tyr）和色氨酸（Trp）三种混合氨基酸分离测定的实例。

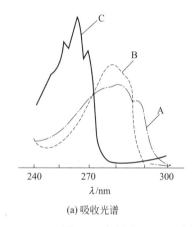 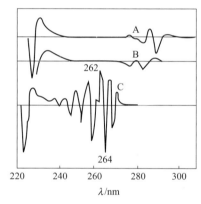

(a) 吸收光谱

(b) 二阶导数光谱

图 2-8　色氨酸（A）、酪氨酸（B）和苯丙氨酸（C）的吸收光谱和二阶导数光谱

尖锐的导数峰不仅带宽较吸收曲线（A-λ）更小，且峰值显著提高，这无疑为提高定量分析的灵敏度和准确度创造了条件。如，用导数光谱法测定乙醇中的苯，通常可测到 $10\mu g/L$；用二阶导数光谱可测定 $5\mu g/L$；而用四阶导数光谱可测定 $1\mu g/L$ 的苯。并且，高阶导数光谱具有更好的选择性。

分光光度法还可用于催化动力学研究等许多方面。随着仪器设备的不断发展及计算机技术的运用，分光光度法作为广泛应用的仪器分析技术将会在包括环境监测在内的各个领域发挥更大的作用。

思考题

1. 用分光光度法进行定量分析的原理是什么？定量分析的方法有哪些？
2. 可见光分光光度法选择显色剂和溶剂的原则是什么？

第二节　原子吸收光谱法

一、简述

原子吸收光谱法（AAS）又叫原子吸收分光光度法。它是将样品中的待测元素高温原子化后，处于基态的原子吸收光源辐射出的特征光谱线，使原子外层电子产生跃迁，从而产生光谱吸收，并由此测定该元素含量的方法。

半个世纪以来，原子吸收光谱法在环境、冶金、化工、农业、科教、卫生等许多领域得到了广泛的应用，它已成为环境监测中不可缺少的重要手段。周期表中七十多种元素已可用原子吸收光谱法分析。

原子吸收光谱法具有干扰少、准确度高、易于自动化等特点。因其以自身元素的锐线光谱为光源，所以方法具有很高的选择性。试样基体只需经简单处理，就可直接进样分析。在 10^{-6} 浓度水平，达到 $1\%\sim3\%$ 的准确度。

当然，原子吸收光谱法在同时分析多元素以及分析非金属元素方面还有一定的限制。

实验证明，原子吸收光谱法同紫外可见分光光度法（分子吸收光谱）一样，在一定的实验条件和浓度范围内，样品的吸光度 A 与其浓度 c 服从朗伯-比耳定律，即 $A=kc$，这是原子吸收定量分析的依据。

二、原子吸收分光光度计

原子吸收光谱仪由光源、原子化系统、分光系统及检测系统四个主要部分组成，如图2-9所示（镁的测定）。

（一）光源

原子吸收光谱要求入射光为锐线光源。空心阴极灯即是满足要求的理想光源。它采用低压辉光放电，管内充惰性气体，用含有待测元素的材料制成空心圆筒形的阴极。当两极间加上一定电压后，阴极表面溅射出来的待测金属原子处于激发态，该激发态原子回到基态时，便发射出特征辐射。在仪器设计中，此光源采用高频断续光方式发射，这样使检测器的光电倍增管选择性接收，以排除光程火焰本身连续光谱的干扰，从而提高仪器的分辨质量。

（二）原子化系统

原子化系统是将待测元素转变成原子蒸气的装置，分为火焰和无火焰方式。预混合型火焰原子化器是使用最广泛的一种，如图2-10所示。

在原子化器中，火焰将雾化的试样蒸发、干燥并经热解或还原成基态原子后，产生共振吸收。依待测元素的化学特性，可选择不同的燃烧方式。其中，空气-乙炔火焰是最常用的一种，其燃烧温度最高达2600K。当调节空气或乙炔的比例，可提供不同的燃烧状态。为使仪器的测定过程处于最佳位置，通常可调节燃烧器高度，使发射光通过火焰中原子化浓度的最高处。另外，一些在高温条件下易生成氧化物的元素，如 Al、Be、V、Ti、Zr、B、Si 等则适于选择无氧环境原子化。例如，氧化亚氮-乙炔火焰具有高达 3300K 的燃烧温度，需配置耐高温材料的燃烧头。操作时，当注意安全。

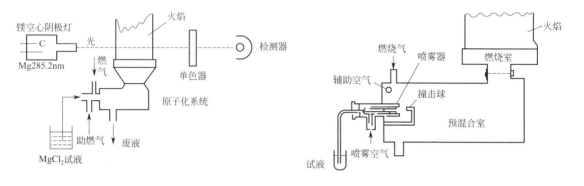

图 2-9　原子吸收分光光度法原理图　　　　图 2-10　预混合型火焰原子化器

无火焰原子化系统是以电热高温石墨管作原子化器，其原子化效率和测定灵敏度都比火焰原子化器高很多。其检测极限可达 10^{-12}g 数量级，测定精密度在 5%～10%（火焰法为 1%）。

氢化物原子化器是另一类通过化学反应使某些半金属元素（As、Sb、Bi、Ge、Sn、Pb 等）生成气态氢化物，进行原子化的测定方法。该方法灵敏度高（ppb 级）、选择性强、干扰小，但生成的氢化物毒性较大，操作时需要有良好的通风条件。利用此法测定汞（Hg）时，可直接吸收（无火焰）测定。

（三）分光系统和检测器

与分子吸收光谱不同，原子吸收光谱的分光系统（单色器）设置在样品吸收之后，这是由于原子吸收光谱是锐线光源，单色器主要是用来排除火焰发出的光谱干扰。

现代原子吸收光谱仪的检测系统由光电倍增管和计算机处理器组成。计算机的应用，使元素灯的自动转换、各实验条件参数的优化、气路调节等都可在软件平台上设定执行，大大提高了操作控制的自动化程度和实验精度。后续又开发安置有摄像探头的石墨炉可视系统 AAS，可从屏幕上直观显示高温电热原子化的全过程。

三、原子吸收光谱法实验技术

（一）样品预处理

任何一种定量分析方法的保证，必须要求样品从采集到分析的各个环节不受污染，以避免因水、容器、试剂等带来的结果误差。微量分析更是要求标准溶液（通常 1mg/L）应当以 1000mg/L 以上浓度溶液储备，临用时，再现配制或稀释成使用液，进而防止瓶壁的吸附污染。原子吸收光谱仪还应当注意含盐量对喷雾和蒸发过程的影响。当试样中总含盐量较大时（0.1%），标准溶液也应加入相当量来绘制工作曲线。

火焰原子吸收光谱法要求样品为澄清的液体。一般样品需要消解预处理。处理方法如表 2-2 所示。

表 2-2　不同样品中 Cu、Pb、Zn、Cd 等元素的一般处理方法

样品	处理方法
岩石、矿物、土壤	1g 试样+25mL HF+2mL H_2SO_4，蒸发至冒烟，冷却，加入 7mL HNO_3+21mL HCl，再蒸发至干，加 HNO_3+H_2O_2，过滤稀释至 25mL 定容
大气悬浮颗粒物	将 20～300L 空气通过孔径为 0.05μm 或 0.1μm 的过滤器。用超声振荡法将粒子转移到 10mL HCl 或王水(1∶1)中
饮用水	直接注入
植物	0.1g 样品+0.1mL H_2SO_4；加热冒烟，然后滴加 H_2O_2，直至溶液清亮，稀释到 10mL
肉类	1g 试样+10mL HNO_3(1∶1)；在 80℃溶化，浓缩至 3mL；过滤稀释至 25mL

上述样品及其他样品的预处理同样可用微波消解技术（可参考第一章第三节相关内容）。

石墨炉无火焰原子吸收光度法是目前金属元素痕量分析的首选方法。通常其检出限小于 $1\mu g/L$。一般来说，固态样品中浓度大于 $1000\mu g/g$ 的元素、液态样品中浓度大于 $10\mu g/mL$ 元素的样品，不宜用无火焰原子化法，而用火焰法测定。

（二）定量分析方法

原子吸收光谱常用的定量分析方法有标准曲线法和标准加入法。标准曲线法依据待测元素在固定光程中的吸光度 A 与浓度 c 成正比，绘制标准曲线，进行测定。

标准加入法适合于样品基体干扰大的分析。如取若干份（至少四份）体积相同的试样溶液，其待测元素浓度为 c_x，从第二份开始分别按比例加入不同量的待测元素标准溶液，定容，使其浓度分别为 c_x+c_0、c_x+2c_0、c_x+4c_0。其吸光度相应为 A_0、A_1、A_2 及 A_3。以 A 对 c 作图，直线与横坐标轴的交点即为 c_x。如图 2-11 所示。

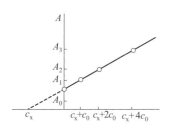

图 2-11　标准加入法工作曲线

（三）干扰及其抑制

虽然原子吸收光谱法是以锐线光源的共振吸收进行选择性测定，但在某些情况下，一些干扰问题还是限制了该方法的直接应用。这些干扰效应有电离干扰、物理干扰、光谱干扰和化学干扰四类。

1. 电离干扰

是指原子化过程中，易电离的元素因电离成离子而减少了基态原子数，使测定浓度产生误差的现象。电离干扰可通过在样品中加消电离剂（碱金属盐）的方法加以改善。加入的碱金属盐其自身外层电子的逃逸能低，极易电离。在原子化过程中，提高了火焰中的电子浓度，从而抑制了待测元素的电离干扰。

2. 物理干扰

是指从溶液到基态的原子化的过程中，因物理参数的变化产生的干扰。物理干扰是非选择性干扰，通过配制与被测试样相似组成的标准试样可以消除。

3. 光谱干扰

是因火焰中的分子吸收和散射产生的。原子化过程会生成气体分子、氧化物、盐类等，这些分子自身的分子吸收谱带会导致测定吸光度偏高，同样，固体微粒对入射光产生的散射，也会使到达检测器的光信号减少。光谱干扰常采用氘灯校正法和塞曼效应法校正。前者是利用谱线波长和强度的特性，后者则利用光谱的偏振特性进行校正。塞曼效应可扣除很高

的背景，因而常用于石墨炉无火焰原子吸收法中。

4. 化学干扰

属于选择性干扰，它是指被测定元素与其他组分（液相或气相中 O_2）发生化学反应，影响样品中化合物离解及其原子化，从而导致测定结果偏离的现象。化学干扰需要针对性排除，预处理分离是较为理想的方法。

（四）原子吸收光谱法的分析应用

AAS 和 ICP-AES/MS（电感耦合等离子体光谱-原子发射光谱/质谱）是目前元素分析的主要手段。ICP-AES/MS 可同时进行多元素分析，但价格昂贵且维护费用高。随着 AAS 技术的不断完善和发展，这项技术在元素分析的各个领域已广泛使用。

现代原子吸收光谱仪具有完善的软件系统。所有的仪器调节参数，如元素灯选择、灯电流大小、波长、狭缝宽度、燃烧器高度以及电热石墨炉的灰化程序等均可在计算机上操作执行，从而降低了实验误差。不同厂家的仪器产品，需按其使用说明操作执行。

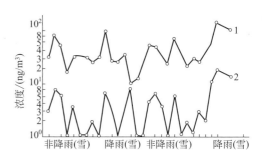

图 2-12　非降雨（雪）周期与降雨（雪）周期空气中铅（曲线 1）及镉（曲线 2）的浓度变化

应用 AAS 技术测定背景区空气中铅与镉浓度的绘制图如图 2-12 所示。从中可以看出，背景区空气中铅与镉的浓度并非因降雨、雪（甚至是较长时间的）而降低。其含量周期性的波动表明导致原因是新空气气团的迁入。

思考题

1. 火焰原子吸收和无火焰原子吸收在监测金属元素时有何区别？
2. 在原子吸收光谱定量分析中，如何通过标准曲线法和标准加入法进行定量分析？

第三节　气相色谱分析

气相色谱法（GC）是应用最广泛的一种分析方法。尤其在有机污染物分析研究中，气相色谱技术发展速度惊人。因其**分离能力**和**微量检测能力**在现代仪器分析中具有较高水平而广泛应用于环境分析领域，特别是对多氯联苯（PCB）、多环芳烃（PAH）、有机汞、农药残留（有机氯、有机磷）等的分析更是发挥了巨大的作用。气相色谱法适宜于 450℃ 以下（分子量小于 450）可气化、不分解的样品分析。

色谱技术实质上是分离混合物的一种物理化学方法。其分离作用基于物质在两相（固定相和流动相）之间的重复分配。当两相作相对运动时，样品在两相中经过反复多次分配，使其中各组分得以分离。当**流动相以气体作载体时，即为气相色谱 GC；以液体作载体，即为液相色谱 LC**。气相色谱法基本结构如图 2-13 所示。

一、气相色谱法

(一) 概述

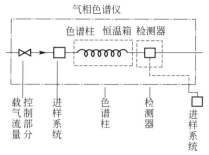

图 2-13 气相色谱法基本结构图

气相色谱常以氮气（N_2）、氦气（He）或氩气（Ar）等载气作为流动相。其固定相种类繁多，据固定相是固体还是液体，GC 可分为气-固色谱和气-液色谱。

在色谱分析中，载气将样品带入色谱柱进样口的气化室，样品气化后随载气通过色谱柱。样品中各组分以其固有的分配比被固定相吸附（气-固色谱）或吸收（气-液色谱），经过多次反复使其与流动相之间达到浓度平衡（平衡常数用 K 表示）。由于各组分被吸收或吸附的程度不同，在色谱柱中被分离开来经检测得到。如图 2-14 所示。

在色谱法中，把从注入试样开始到出现色谱峰最高顶点为止的时间称为**保留时间**（t_R），其相应的流出体积为**保留体积**（V_R）。其之间的函数关系可表示为色谱过程基本方程，如式(2-4)。

$$V_R = V_M + KV_S \qquad (2\text{-}4)$$

式中　V_M——死体积；

　　　V_S——固定相体积；

　　　K——平衡分配系数。

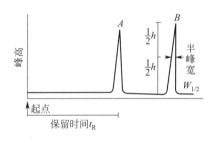

(a) 柱内试样移动分离说明图

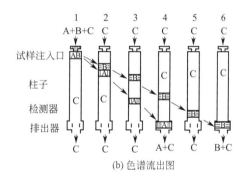

(b) 色谱流出图

图 2-14 气相色谱法原理图

目前，色谱学发展有塔板理论和速率理论，极大地促进了色谱技术的发展。塔板理论以热力学为基础，计算出色谱柱的塔板数 n，如式(2-5)。

$$n = 5.54\left(\frac{t_R}{W_{1/2}}\right)^2 = 16\left(\frac{t_R}{W}\right)^2 \qquad (2\text{-}5)$$

式中　W——峰宽；

　　　$W_{1/2}$——半峰宽。

塔板高度 $H = \dfrac{L}{n}$，其中 L 为色谱柱长。

速率理论从动力学角度，进一步说明了影响 H 的各种因素，得到了范德姆特速率方程，如式(2-6)。

$$H = A + \frac{B}{U} + CU \qquad (2\text{-}6)$$

式中　U——载气流速；

　　　A——涡流扩散系数；

　　　B——分子扩散系数；

　　　C——传质阻力系数。

图 2-15 是塔板高度与载气线速度的关系曲线。从图上可以看出，H 存在极值，与此相应的载气流速 U 即为理论最佳流速。

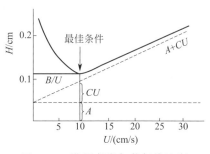

图 2-15　塔板高度与载气线速度的关系曲线

（二）气相色谱定性、定量分析

1. 定性分析

GC 法定性分析，采用的是化合物在色谱柱内有确定的保留时间，即保留时间定性法。因此，对未知物的鉴定可在相同的色谱操作条件下，通过与标准品的比较来鉴定。由于不同的化合物也可能有相同的保留值，所以常常需要在两种不同极性固定相的色谱柱上进行鉴定。这也就是双柱定性法。

更多的情况是待测化合物的标准品或样品性质不够相似。要确定待测物，就需要结合其他手段，如核磁共振谱（NMR）、质谱（MS）、红外光谱（FTIR）以及其他联用技术。其中气相色谱-质谱联用（GC-MS）是目前有机物分析之最有效的手段。

2. 定量分析

色谱定量的依据是组分峰的大小（面积或高度）与其浓度成正比。常用方法有归一化法、外标法和内标法。

外标法要求配制一系列已知量的标准溶液，分别进样，得出各组分的量与其色谱峰面积或峰高的关系曲线（即标准曲线）。然后，在相同的仪器操作条件下，准确地注入试样，据其色谱峰面积的大小或峰高从标准曲线上查得含量，并计算出结果。

内标法定量具有很高的分析精度。操作时，首先选一内标物，该物质是样品中不含有的物质。然后求出被测成分标准品 R 与内标物 S 的校正因子 f，可用下式计算。

$$f = \frac{A_s/c_s}{A_R/c_R}$$

式中，A_s、c_s 分别代表溶液中内标物的色谱峰面积和浓度；A_R、c_R 分别代表待测物标准品的色谱峰面积和浓度。

另取样品溶液，并加入相同含量的内标物质。同理求出待测组分的浓度 c_X ［式(2-7)］。

$$c_X = \frac{fA_X}{A_s/c_s} \tag{2-7}$$

式中　A_X——样品中待测成分的峰面积；

　　　c_X——待测成分的浓度。

测定校正因子和样品使用同一内标物溶液时，内标物溶液的配制可不必精密称量。但操作过程需在每一份样品中加入内标物。内标物的选择要求与被测成分能定量分离，并且其含量、出峰位置、化学性质等应与待测成分相近。

近年来，随着各项技术的应用和发展，气相色谱仪的数据处理系统多以计算机色谱工作站完成。其对色谱图有很高的解析能力，并且准确、快速、自动化程度高。

二、气相色谱仪

（一）进样部分

进样部分包括进样装置和汽化室。液体样品用微量注射器进样，一般进样量为 $0.1\sim 5\mu L$。气体样品可用注射器进样或是定量进样阀进样。固体样品经处理后，以液体方式进样。无论哪一种进样都要求迅速、准确。

毛细管气相色谱，多以分流/无分流进样方式。一些热稳定性差的样品可选用冷柱头进样。而顶空（HS）气体进样法和吹气-捕集（PT）法，适于分析样品中的挥发性组分等。

（二）色谱柱

色谱柱是气相色谱仪的心脏部分，分为填充柱和毛细管柱两类。填充柱内径 3mm 左右，长度为 $10\sim 50m$，由装有填料的玻璃管或不锈钢管制成。气-固色谱的填料为吸附剂（活性炭、硅胶等），气-液色谱则以担体表面涂布分配剂作填料。目前，分配剂的种类可达几百种。

毛细管柱是用熔融石英拉制成内径为 $0.1\sim 1mm$，长度为 $10\sim 60m$ 的空心柱，其内壁涂有分配剂，作色谱固定相，分为非极性、弱极性、极性等。毛细管色谱柱具有很高的柱效。在复杂样品的分析中，一次进样可分离分析上百个组分的样品。目前，毛细管色谱已成为气相色谱法的主要应用选择。

（三）检测器

经色谱柱分离后的样品组分，经检测器给出相应信号，进行定性和定量分析。目前，气相色谱仪有多种检测器，灵敏度很高。如：通用型的热导检测器（TCD）、对电负性元素具有灵敏响应的电子俘获检测器（ECD）以及应用最为广泛的氢火焰离子化检测器（FID）等。

TCD 检测器利用载气和试样中各组分对金属丝热传导的差异获得检测信号。它是一个通用型检测器，对所有组分都可响应，但其检测的灵敏度稍差。

FID 是应用最广泛的检测器。当试样组分在检测器中经氢火焰燃烧，少量的有机化合物被离子化。这些离子在外加电场作用下产生微电流，经放大记录其色谱峰图。FID 检测器的灵敏度很高，适用于低浓度有机污染物的分析。

ECD 是一种选择性检测器。它以 ^{63}Ni 源发射出 β 射线将载气（氮气）分子离子化，其中一部分电子被试样中的电负性元素捕获，使载气中的电离电流减少。记录此变化量，即获得相应的检测信号。ECD 可检测 0.1×10^{-9} 含量的样品，灵敏度极高，但要求待测化合物具有捕获电子的能力（电负性高）。因此该检测器适应于检测亲电子性化合物。在环境有机污染物检测中，ECD 可检测浓度极低的有机氯农药以及甲基汞等污染物，并且具有很好的选择性。

除此之外，色谱检测器还有用于有机氮、有机磷分析的热离子化检测器（NPD），硫、磷火焰光度检测器（FPD），表面电离检测器（SID），质谱（MS）检测器等。

各种检测器适宜的检测范围及其灵敏度如图 2-16 所示。

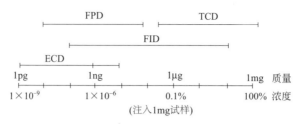

图 2-16　各种检测器适宜的检测范围及其灵敏度

三、气相色谱法在环境分析中的应用

色谱法分析往往不能直接进样，而要做前处理。目前已有一些技术，如顶部空间进样法（HS），吹脱-富集进样（动态顶空）等。通常要求全分析的样品，需要尽可能地获得全部信息。针对某化合物的分析研究，则需尽量确保组分的分离，排除其他干扰。样品预处理的质量，将会直接影响到分析方法的可行性和结果的稳定性。具体内容需参考相关的分析要求。

(一) 大气中多环芳烃的分析举例

多环芳烃（PAH）是一类数量大、种类多、分布广、对人类有很大危害的化合物。目前已知的 400 多种致癌物中，PAH 几乎占了一半。大气中多环芳烃污染主要来源于有机物不完全的燃烧过程。近年来，垃圾的焚烧也产生大量的 PAH。某工业城市大气气溶胶中 PAH 的气相色谱图（FID 检测）如图 2-17 所示。

研究表明，工业区和交通区的大气中 PAH 含量较高，并且多吸附于平均粒径较小的可吸入尘粒上（PM_{10}）。居民区采暖季节比夏季 PAH 的浓度高 5~10 倍，冬季表现为燃煤型污染。

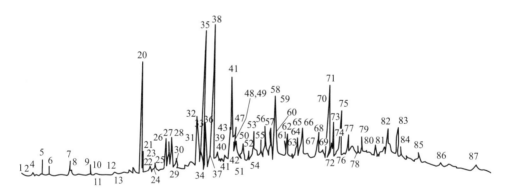

图 2-17　某工业城市大气气溶胶中 PAH 的气相色谱图

色谱条件：Dexsil-300 弹性石英毛细管柱，25m×0.24mm，柱温 100~280℃

程序升温 2℃/min，进样口及检测器温度均为 300℃，分流比约 50:1

(二) 饮用水中卤代烃的分析

环境中有机污染物的分析研究日益受到人们的重视。在城市供水中，通常采用的氯化消毒法，会使水体中存在的天然腐植酸类物质与氯气生成卤代烷烃（THMs）及卤代多环芳烃（Cl-PAH）等消毒副产物。气相色谱法对这类化合物具有高效的检测能力。如图 2-18 所示为 THMs 气相色谱图。

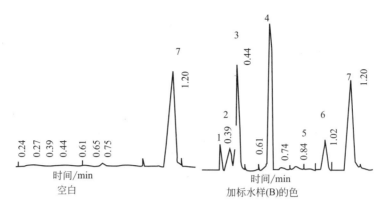

图 2-18　THMs 气相色谱图

1—氯仿；2—四氯化碳；3—二氯溴甲烷；4——氯二溴甲烷；5—1,1,1-三氯丙酮；6—溴仿；7—内标

色谱条件：柱温 50℃，进样口温度 150℃，检测器温度 300℃，毛细管柱长 6m，内径 0.2mm（SE－30），检测器 ECD

（三）残留农药的分析

合成杀虫剂、杀菌剂、除草剂、昆虫不育剂、外激素等农药的使用，虽然起到了保护农作物的作用，但同时也带来了严重的环境污染。其中许多药品对人类的健康有致癌、致畸和致突变等危害作用。31 种有机氯农药的色谱如图 2-19 所示。

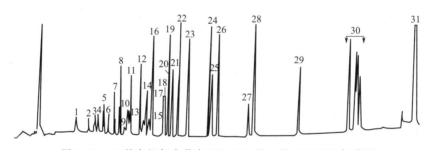

图 2-19　31 种有机氯农药在 DB-1701 柱上的 GC-ECD 色谱图

思考题

1. 气相色谱法适用于分析哪些目标物？
2. 气相色谱法定性和定量分析的依据是什么？
3. 气相色谱仪的检测器有哪几种？其区别是什么？

第四节　高效液相色谱分析

一、概述

高效液相色谱（HPLC）是 20 世纪 60 年代发展起来的一种新型的分离分析技术。高效液相色谱流程与气相色谱法相同，但 HPLC 以液体溶剂为流动相（载液），并选用高压泵送液方式，溶质分子在色谱柱中经固定相分离后被检测，最终达到定性定量分析。其仪器结构如图 2-20 所示。

离子色谱 IC 也属于高效液相色谱。它是以缓冲盐溶液作流动相，分离分析溶液中的各平衡离子。离子色谱仪在色谱柱机理、设备材质以及检测器等诸方面都有特殊要求。IC 法在阴离子如 F^-、Cl^-、Br^-、NO_2^-、NO_3^-、SO_4^{2-}、PO_4^{3-} 等同时存在的多组分分析方面具有独到的优势。并且已成为标准方法应用于环境监测、电站、水文、地质、卫生防疫等领域。

目前，环境样品中存在的上百万种有机化合物中，色谱技术是其分析的主要手段。GC 分析适于可汽化的有机组分，其数量约占有机物总和的 20%。HPLC 分析适用于各种类型化合物，所以高效液相色谱将成为最具发展潜力的分析手段。

高效液相色谱是色谱技术的一个分支，气相色谱的理论基本适用于液相色谱。所不同的是液相色谱的流动相（载液）为液体。试样在液体中的扩散系数远远小于气相中的扩散系数（大约是气相中的万分之一），所以其理论塔板高度 H 和线速度 U 之间的关系表示为：$H=aU^n$。

GC 和 HPLC 的 H-U 曲线如图 2-21 所示。

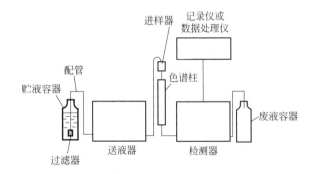

图 2-20 HPLC 仪器结构图

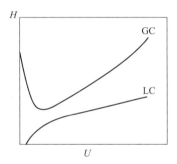

图 2-21 GC 和 HPLC 的 H-U 曲线

二、液相色谱仪

（一）输液系统

HPLC 选用高压无脉动泵将溶剂连续输入系统。根据溶剂极性的不同，可选择等比例洗脱和梯度洗脱方式。所谓梯度洗脱，即使用多元溶剂，在一次分析中按给定程序进行溶剂浓度改变（极性变化），从而使柱保留差异较大的组分得到很好的分离。

离子色谱分析特别要求其输液系统、管路等与流动相接触的部分为非金属惰性材料（如聚醚醚酮 PEEK）制造。

（二）进样系统

HPLC 进样系统，可通过六通阀进样。分析型 HPLC 其进样体积通常小于 $100\mu L$。

（三）色谱柱

液相色谱柱可选择多种固定相。根据固定相作用机理的不同，HPLC 可分为液-固吸附色谱、液-液分配色谱、离子交换色谱和凝胶色谱等。

吸附色谱装填的固定相为固体吸附剂，例如硅胶、氧化铝等。溶质在固定相和流动相间的分配，表现为吸附作用。

液-液分配色谱选择惰性担体（多用硅胶小球），并利用化学反应方法，把有机分子键合到担体表面成为键合固定相。这些键合基团有烷基（C4、C8、C18）、氨基、氰基、苯基等，它们组成了具有不同分离特性的色谱柱，其中 C18 柱（又称 ODS）是最为常用的色谱柱。分配色谱的分离作用表现为溶质在溶剂（流动相）和固定相之间的分配平衡，其基本原理和萃取类似。当固定相为非极性时，非极性化合物的保留较强，极性组分先流出；反之亦然。通常流动相多是水和甲醇或己腈的混合液，其中增加有机溶剂的比例有利于非极性化合物的洗脱。

凝胶色谱也称排斥色谱，其色谱柱采用多孔形材料装填，利用样品分子浸透于孔内的差异进行分离。如小尺寸分子浸透、扩散到孔内后溶出慢。这样不同大小的化合物可按分子量的大小顺序从色谱柱中溶出并分离。可以看出，凝胶色谱适于未知样品的探索分析，它在获得样品中各组分的分子量信息等方面具有很大优势。因此，在石油、化工（高分子材料）、生命科学（核酸）、水处理研究等方面都得到了很好的应用。另外，通过凝胶色谱分子量的分级筛分，按分子量组收集样品，可进一步做其他色谱、质谱研究。

液相色谱类型的选择，如图 2-22 所示。

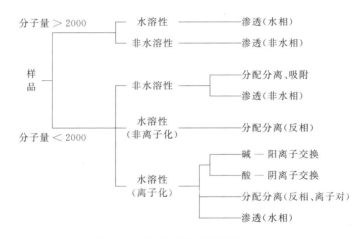

图 2-22　液相色谱类型的选择

液相色谱柱通常制作成直管形，其柱管材料多为不锈钢制成。为降低柱壁效应，需要对柱内壁进行抛光。分析柱长 3～30cm，内径 4～8mm。最常用长 25cm、内径 4.6mm 的柱。填料粒径：3～10μm。制备柱内径一般为 8～40mm，长 25cm。近年来，随着各项技术的完善，一种细内径短柱得到应用。这种细内径短柱选择细小颗粒（3μm）基质填料，柱效很高。因其柱压较大，要求用高精度、无脉动泵低流速（μL/min）送液。从 H-U 曲线上可以看出，低流速有利于提高柱效。另外，这种细内径短柱分析速度快、溶剂用量少，尤其适于液谱-质谱（LC-MS）的联用分析。

（四）检测器

HPLC 检测器利用物质的光学性质和电化学特性测量。常用的有紫外可见光检测器、示差折光检测器、荧光检测器、二极管阵列检测器、蒸发散射光检测器、电导检测器、电化学检测器等。分离后的组分流入检测池，据其响应信号得到色谱峰。紫外可见光检测的色谱图，其纵坐标为吸收度 AU，横坐标为时间 t。

二极管阵列检测器（PDA）是一种多检测探头的分析系统。与传统的紫外可见光检测器相比，它的分光系统置于样品池的后面，全波段的样品信息可同时被检测，并得到色谱图和光谱图，即 AU-t 曲线与 AU-λ 曲线，从而组成光谱检测的三维谱图。利用待测化合物的光谱信息和纯品化合物的比较，三维光谱在样品分离纯度的检测以及定性化合物方面发挥着重要作用。

示差折光检测器和蒸发散射光检测器是一种通用型检测器。它利用物质的光学性质，可对无紫外可见光吸收的化合物检测，如糖类等。另外，蒸发散射光检测器可以使用梯度洗脱方式，示差折光检测器则不可。

如果选择电导检测器，并以离子交换柱分离时，便组成了离子色谱（IC）。离子色谱是目前同时多组分分析阴离子的最佳方法。IC 法流动相多为缓冲溶液，在分离阴离子时，常用 $NaHCO_3$-Na_2CO_3 的混合液或 Na_2CO_3 溶液作洗脱液；在分离阳离子时，常用稀盐酸或稀硝酸溶液。由于待测离子对离子交换树脂亲和力不同，致使它们在分离柱内具有不同的保留时间而得到分离，经检测器检测得到色谱图。

离子色谱法分为单柱法和抑制柱法，前者是以低电导值的有机缓冲溶液作流动相，通常可检测 10^{-6} 级的样品离子。后者则是通过专门的抑制技术将流动相（如 Na_2CO_3-$NaHCO_3$）中和，使其背景电导降低，从而大大地提高检测灵敏度（10^{-9} 级）。如图 2-23 为标准阴离子色谱图。

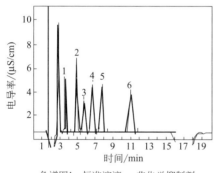
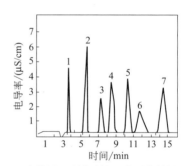

色谱图1 标准溶液—非化学抑制剂   色谱图2 标准溶液—化学抑制剂

图 2-23 标准阴离子色谱图

1—F^-；2—Cl^-；3—NO_2^-；4—Br^-；5—NO_3^-；6—HPO_4^{2-}；7—SO_4^{2-}

阴离子色谱的化学抑制原理如式(2-8)、式(2-9) 表示：

$$R\text{—}SO_3^-\,H^+ + Na^+ + HCO_3^- \longrightarrow R\text{—}SO_3^-\,Na^+ + H_2O + CO_2 \tag{2-8}$$

$$R\text{—}SO_3^-\,H^+ + Na^+ + Cl^- \longrightarrow R\text{—}SO_3^-\,Na^+ + H^+ + Cl^- \tag{2-9}$$

式中，$NaHCO_3$ 为洗脱液，氯离子为待测组分，强酸性 H^+ 型阳离子交换柱上进行抑制。可以看出，抑制柱交换剂上的质子取代洗脱液中的 Na^+，生成的 H_2O 和 CO_2 极大地降低了背景电导。而待测组分中只有 Na^+ 交换 H^+，H^+ 有相当高的当量电导。检测器记录待测组分与反荷离子之和的电导信号，故化学抑制后灵敏度大为提高。

另外，发展起来的离子排斥色谱（HPIEC）以样品离子与固定相间的相互排斥为柱作用机理，采用电导检测器检测。IEC技术在有机酸的分析方面得到了广泛应用。

高效液相色谱的定量方法，有外标法、内标法和归一化法。内容参见上一节内容。

三、液相色谱法在环境分析中的应用

HPLC在环境科学、医药、化工、公共安全、商检、防疫、生命科学等许多领域中的应用均取得了很大的成功。在农药残留及其代谢产物的分析方面，尤其在不易挥发和热不稳定化合物的研究中，是对气相色谱法很好的补充。

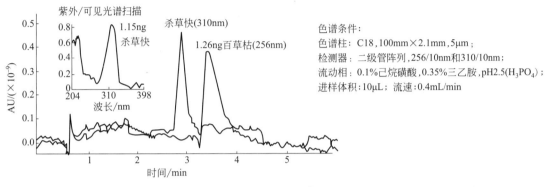

图 2-24　饮用水中纳克级（10^{-9}g）农药的色谱图

图 2-24 为饮用水中农药百草枯和杀草快的色谱图。图 2-25 为样品的紫外光谱图，可见，当分别选择样品的最大吸收波长 λ_{max} 作为色谱检测波长，不仅可保证色谱分离，而且提高了检测的灵敏度。

样品先用 10% 的甲醇-二氯甲烷浸提，然后只用二氯甲烷进行第二次提取。合并浸提液，在 Extrelut 柱上纯化，浓缩后的残留物用甲醇溶解后，即可作为 HPLC 的备样。对于某些化合物需要在 HPLC 分析前用乙腈溶解浸提物，再在 Sep-Pak 硅镁小柱上进一步纯化。图 2-26 为其应用。

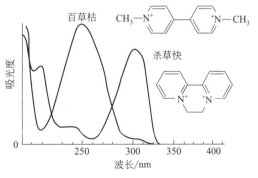

图 2-25　百草枯和杀草快的紫外光谱

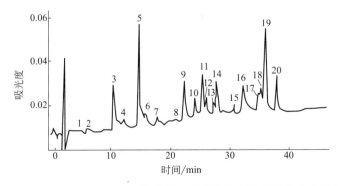

图 2-26　梯度洗脱在农药样品全分析中的应用

思考题

1. 常用的高效液相色谱柱有哪些？在分析过程中如何选择？
2. 简述常见高效液相色谱仪的检测器及其应用。

第五节　荧光分析法

一、简述

荧光分析法包括原子荧光分析法（AFS）和 X 射线荧光分析法（XFS）。原子荧光分析法（AFS）是一种成熟的痕量和超痕量元素分析法，操作简单快速、灵敏度高、可同时进行多元素测定。目前原子荧光分析最有效的元素有 As、Se、Te、Zn、Mg、Pb、B、Hg 等。在原子荧光线性范围内（$0.001 \sim 1\mu g/L$）。由于荧光强度与浓度成正比，不需对数转换，不用曲线校直。在低浓度时校准曲线的线性范围宽达 $3 \sim 5$ 个数量级，特别是用激光作激发光源时更佳，用于金属元素的测定，在环境科学、高纯物质、矿物、水质监控、生物制品和医学分析等方面有广泛的应用。

X 射线荧光分析（XFS）有使用分光晶体的色散型和不使用分光晶体的非色散型，色散型又分波长分散型和能量分散型。波长分散型有通用的扫描型和固定通道的多元素同时分析型两种。非分散型是多种半导体检测型，近年来由于半导体检测器的能量分解能力的提高和应用技术的进步，使用半导体检测器的非色散型 X 射线荧光法得到较大的发展，能量色散型仪器多用于颗粒物定量分析中。

二、荧光分析法及仪器简介

（一）原子荧光分析法原理及仪器

在原子吸收中，火焰内基态原子也因吸收共振辐射而激发，虽然其中大部分由于一次碰撞而迁回基态，不发生辐射，但少部分激发原子迅速地再发射出吸收的共振荧光——又叫辐射去活化过程，在原子吸收分析中可以忽略其共振荧光，但若改变测试条件，即在与激发源的光束垂直的方向上，则可测量原子荧光。因此，原子荧光分析法是根据测量原子发射的共振荧光强度来确定物质含量的方法。

AFS 是根据测量待测元素的原子蒸气在一定波长的辐射能激发下发射的荧光强度进行定量分析的方法。原子荧光的波长在紫外、可见光区。气态自由原子吸收特征波长的辐射后，原子的外层电子从基态或低能态跃迁到高能态，约经 10^{-8} s，又跃迁至基态或低能态，同时发射出荧光。若原子荧光的波长与吸收线波长相同，称为共振荧光；若不同，则称为非共振荧光。共振荧光强度大，分析中应用最多。在一定条件下，共振荧光强度与样品中某种元素浓度成正比。原子荧光光谱仪采用连续光源，并用单色器分光，以得到一定波长的入射共振辐射来激发共振荧光。

原子荧光分光光度计构成如图 2-27 所示，包括激发光源、原子化器、光学系统和检测器等。

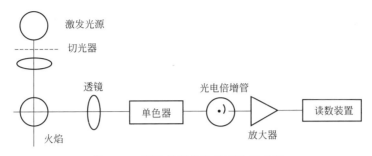

图 2-27 原子荧光分光光度计构成图

激发光源可用连续光源或锐线光源。常用的连续光源是氙弧灯，常用的锐线光源是高强度空心阴极灯、无极放电灯、激光等。连续光源稳定、操作简便、寿命长，能用于多元素同时分析，但检出限较差。锐线光源辐射强度高、稳定，可得到更好的检出限。

原子荧光分析仪对原子化器的要求与原子吸收光谱仪基本相同。

光学系统的作用是充分利用激发光源的能量和接收有用的荧光信号，减少和除去杂散光。色散系统对分辨能力要求不高，但要求有较大的集光能力，常用的色散元件是光栅。非色散型仪器的滤光器用来分离分析线和邻近谱线，降低背景。非色散型仪器的优点是照明立体角大、光谱通带宽、集光本领大、荧光信号强度大、仪器结构简单、操作方便。缺点是散射光的影响大。

常用的检测器是光电倍增管，在多元素原子荧光分析仪中，也用光导摄像管、析像管作检测器。检测器与激发光束成直角配置，以避免激发光源对检测原子荧光信号的影响。

（二）X 射线荧光分析法原理及仪器

当用 X 射线管发射的射线（一次 X 射线）照射被测物质时，一次 X 射线的一部分透过，残留部分被吸收（包括散射部分），被吸收的 X 射线能量转变为二次效应的 β 射线是二次 X 射线和热量，二次 X 射线中固有的射线被称为荧光射线，照射的一次 X 射线的能量使物质中原子的 K、L 层电子跃迁，原子处于激发态。

X 射线荧光光谱仪构成如图 2-28 所示。

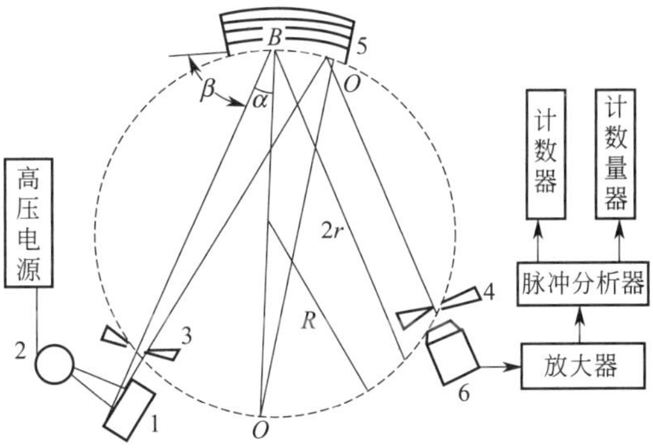

图 2-28 X 射线荧光光谱仪构成图

1—样品；2—X 光管；3—入射狭缝；

4—出射狭缝；5—弯面晶体；6—探测器

三、荧光分析法的应用

（一）原子荧光分析法的应用

【例2-6】有机物质的荧光分析

有机化合物的荧光分析应用很广泛，能测定的有机物质有数百种之多，如酶和辅酶的荧光分析、农药和毒药的荧光分析、氨基酸和蛋白质的荧光分析、核酸的荧光分析，这些构成了荧光分析技术的主要内容。许多有机化合物在紫外线的照射下，所发荧光并不强或不发荧光，因此必须使用某些有机试剂，以便生成的产物在紫外线照射下能发射强的荧光。例如脂肪族有机化合物就是用间接方法测定的。

【例2-7】 无机元素的荧光分析

对铅的荧光分析：Pb 与 Cl 组成铅氯络合物，该络合物在短波紫外光 270nm 激发下，会发射出蓝色荧光，荧光峰值波长在 480nm，根据荧光强度在标准工作曲线上测定出 Pb 的含量。该法能测定 0.1～0.6μg Pb/mL。

【例2-8】 测定苯并 [a] 芘的乙酰化滤纸层析荧光分光光度法

苯并 [a] 芘简称 B[a]P 是五个环构成的多环芳烃，它是多环芳烃类的强致癌物。基于 B[a]P 的强致癌性，按本标准方法分析时必须戴抗有机溶剂的手套，操作时应在白搪瓷盘中进行溶液转移、定容、点样等。应避免阳光直接照射，且需通风良好。最低检出浓度为 0.004μg/L。

测定步骤：取充分混匀的清洁水样 2000mL 放入 3000mL 分液漏斗中，用环己烷萃取两次，每次 50mL，在康氏振荡器上振荡 3min，取下放气，静置半小时。待分层后，将两次环己烷萃取液收集于具锥形瓶中，弃去水相部分。在环己烷萃取液中加入无水硫酸钠（约 20～50g），静置至完全脱水（约 1～2h），至具塞锥形瓶底部无水为止。如果环己烷萃取液颜色比较深，则将脱水后环己烷定容至 100mL，分取其一定体积浓缩；如果颜色不深则全部浓缩。在温度 70～75℃下用 KD 浓缩器减压浓缩至近干，用苯洗涤浓缩管壁三次，每次用 3 滴，再浓缩至 0.05mL，以备层析用。在 30cm 长的乙酰化滤纸下端 3cm 处，用铅笔画一横线，横线两端各留出 1.5cm，以 2.4cm 的间隔将标准 B[a]P 与样品浓缩液用玻璃毛细管交叉点样，点样斑点直径不超过 3～4mm，点样过程中用冷风吹干，每支浓缩管洗两次，每次用一滴，全部点在纸上，将点过样的层析滤纸挂在层析缸内架子上，加入展开剂 [甲醇＋乙醚＋蒸馏水＝4＋4＋1（体积比）]，直到滤纸下端浸入展开剂 1cm 为止。加盖，用透明胶纸密封，于暗室中展开 2～4h，取出层析滤纸，在紫外分析仪照射下用铅笔圈出标样 B[a]P 斑，及样品中与其高度（R_f 值）相同的紫蓝色斑点范围。

点及以下用铅笔圈出的斑点，剪成小条，分别放入 5mL 具塞离心管中，在 105～110℃ 烘箱中烘 10min（亦可干燥器中或干净空气中晾干），在干燥器内冷却后，加入丙酮至标线，用手振荡 1min 后，以 3000r/min 离心 2min，上清液留待测量用。

将标准 B[a]P 斑点和样品斑点的丙酮洗脱液分别注入 10mm 的石英比色皿中，在激发、发射狭缝分别为 10nm、2nm，激发波长为 367nm 处，测其发射波长 402nm、405nm、408nm 处的荧光强度 F。

计算过程如式(2-10) 和式(2-11)：用窄基线法按下列公式计算出标准 B[a]P 和样品 B[a]P 的相对荧光强度，再计算出 B[a]P 的含量 C（用相对比较计算法）。

$$相对荧光强度 F = F_{405nm} - \frac{F_{402nm} + F_{408nm}}{2} \tag{2-10}$$

$$C = \frac{M \times F_{样品}}{F_{标准} \times V} \times R \tag{2-11}$$

式中　C——水样 B[a]P 含量，μg/L；

　　　M——标准 B[a]P 点样量，μg；

V——水样体积，L；

R——环己烷提取液总体积与浓缩时所取的环己烷提取液的体积之比值。

（二）X 射线荧光分析法的应用

用能量色散射线荧光法（EDX）对大气气溶胶中各种粒子的元素分析。电子显微镜可对气溶胶中的粒子做形态观测，同时其附件可对粒子中的成分进行定量测量，用 EDX 技术测量的气溶胶粒子谱图见图 2-29。

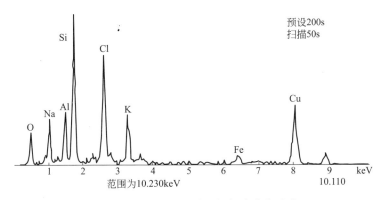

图 2-29　用 EDX 法测量的气溶胶粒子谱

其横轴是 X 射线的能量，纵轴是每秒光子计量值，每个峰对应着各元素的特征 X 线强度。EDX 法可测定 Na（原子序数 11）以上的元素成分。使用新型仪器可测定原子序数为 6 以上的元素。因此，用 EDX 技术进行源解析中的成分测定已成为重要手段之一。如在沙尘暴多发季节，首先需通过卫星遥感图片解析，对沙尘暴的起源及影响进行监视，更需要对沙尘暴开始发生地的颗粒物样品和城区的扬尘样品进行定量分析，以及 PM_{10} 和 $PM_{2.5}$ 的解析等。

思考题

1. 原子荧光分析法（AFS）和 X 射线荧光分析法（XFS）的检测范围有何区别？
2. 简述原子荧光分析法的测定原理。

第六节　色谱质谱联用技术分析法

一、简述

质谱分析法是通过对被测样品离子的质荷比的测定来进行分析的一种方法。被分析的样品首先要离子化，然后利用不同离子在电场或磁场运动行为的不同，把离子按质荷比（m/z 值）分开而得到质谱，通过样品的质谱和相关信息，可以得到样品的定性定量分析结果。目前，质谱分析法已广泛地应用于化学、化工、材料、环境、地质、能源、药物、刑侦、生命科学、运动医学等各个领域。质谱仪种类非常多，工作原理和应用范围也有很大的不同。从应用角度，主要是同位素质谱仪、有机质谱仪和无机质谱仪。其中有机质谱分析仪主要分为液相色谱-质谱联用仪（LC-MS）和气相色谱-质谱联用仪（GC-MS）。无机质谱仪包括火花源双聚焦质谱仪、感应耦合等离子体质谱仪（ICP-MS）和二次离子质谱仪（SIMS）。

二、质谱分析法及仪器简介

（一）质谱分析法原理及仪器

使试样中各组分电离生成不同质荷比（m/z 值）的离子，经加速电场的作用，形成离子束，进入质量分析器，利用电场和磁场使发生相反的速度色散，即离子束中速度较慢的离子通过电场后偏转大，速度快的偏转小；在磁场中离子发生角速度矢量相反的偏转，即速度慢的离子依然偏转大，速度快的偏转小；当两个场的偏转作用彼此补偿时，它们的轨道便相交于一点。与此同时，在磁场中还能发生质量的分离，这样就使具有同一质荷比而速度不同的离子聚焦在同一点上，不同质荷比的离子聚焦在不同的点上，将它们分别聚焦而得到质谱图，从而确定其质量。

质谱分析法的仪器为有机质谱仪，有机质谱仪包括离子源、质量分析器、检测器和真空系统。

1. 离子源

离子源的作用是将欲分析样品电离，得到带有样品信息的离子。质谱仪的离子源种类很多，现将主要的离子源介绍如下。

电子电离源（electron ionization，EI）是应用最为广泛的离子源，它主要用于挥发性样品的电离。图 2-30 是电子电离源的原理图，由 GC 或直接进样杆进入的样品，以气体形式进入离子源，由灯丝发出的电子与样品分子发生碰撞使样品分子电离。一般情况下，灯丝与接收机之间的电压为 70V，此时电子的能量为 70eV，目前，所有的标准质谱图都是在 70eV 下做出的。在 70eV 电子碰撞作用下，有机物分子可能被打掉一个电子形成分子离子，也可能会发生化学键的断裂形成碎片离子。由分子离子可以确定化合物分子量，由碎片离子可以得到化合物的结构。电子电离源主要适用于易挥发有机样品的电离，GC-MS 联用仪中都有这种离子源。其优点是工作稳定可靠，结构信息丰富，有标准质谱图可以检索；缺点是只适用于易汽化的有机物样品分析，并且对有些化合物不适用。

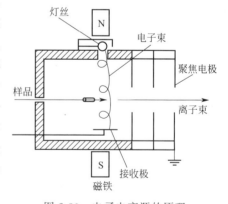

图 2-30 电子电离源的原理

化学电离源（chemical ionization，CI）适用于用 EI 方式不易得到分子离子的、稳定性差的化合物。CI 和 EI 在结构上没有多大差别，或者说主体部件是共用的。其主要差别是 CI 源工作过程中要引进一种反应气体，可以是甲烷、异丁烷、氨等。反应气的量比样品气要大得多。灯丝发出的电子首先将反应气电离，然后反应气离子与样品分子进行离子分子反应，并使样品气电离。CI 和 EI 适用于气相色谱-质谱联用仪（GC-MS）。

大气压化学电离源（atmospheric pressure chemical ionization，APCI）的结构与电喷雾

源大致相同，不同之处在于 APCI 喷嘴的下游放置一个针状放电电极，通过放电电极的高压放电，使空气中某些中性分子电离，溶剂分子也会被电离，电离产生的离子与分析物分子进行离子-分子反应，使分析物分子离子化，这些反应过程包括由质子转移和电荷交换产生正离子，质子脱离和电子捕获产生负离子等。APCI 适用于液相色谱-质谱联用仪（LC-MS）。

2. 质量分析器

质量分析器（mass analyzer）的作用是将离子源产生的离子按不同的离子质量/离子电荷量（m/z）顺序分开并排列成谱。用于有机质谱仪的质量分析器有磁式双聚焦分析器、四极杆分析器、离子阱分析器、飞行时间分析器、回旋共振分析器等。现将主要分析器介绍如下。

双聚焦分析器（double focusing mass analyzer）是在单聚焦分析器的基础上发展起来的。单聚焦分析器的主体是处在磁场中的扁形真空腔体。离子进入分析器后，由于磁场的作用，其运动轨道发生偏转改做圆周运动。在一定的磁感应强度 B 和离子加速电压 V 条件下，不同离子质量/离子电荷量（m/z）的离子其运动半径不同，这样，由离子源产生的离子，经过分析器后可实现质量分离，如果检测器位置不变（即运动轨道半径 R 不变），连续改变 V 或 B 可以使不同 m/z 的离子顺序进入检测器，实现质量扫描，得到样品的质谱。图 2-31 是单聚焦分析器原理图。

为了消除离子能量分散对分辨率的影响，通常在扇形磁场前（或后）加一扇形静电场，它是一个能量分析器，不起质量分离作用。质量相同而能量不同的离子经过静电场后会彼此分开，即静电场也有能量色散作用。这种由电场和磁场共同实现质量分离的分析器，同时具有方向聚焦和能量聚焦作用，叫双聚焦分析器（见图 2-32）。双聚焦分析器的优点是分辨率高，缺点是扫描速度慢，操作、调整比较困难。

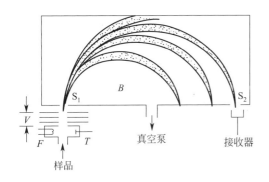

图 2-31　单聚焦分析器原理图

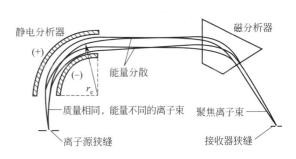

图 2-32　双聚焦分析器原理图

四极杆分析器（quadrupole analyzer）由 4 根棒状电极组成。电极材料是镀金陶瓷或钼合金，相对两根电极间加有电压（$V_{dc}+V_{rf}$），另外两根电极间加有 $-(V_{dc}+V_{rf})$。其中 V_{dc} 为直流电压，V_{rf} 为射频电压。4 个棒状电极形成一个四极电场。图 2-33 是这种分析器的原理图。离子从离子源进入四极场后，在场的作用下产生振动，如果质量为 m，电荷为 e 的离子从 z 方向进入四极场，在电场作用下运动。

飞行时间质量分析器（Time of Flight Analyzer）的主要部分是一个离子漂移管。图 2-34 是这种分析器的原理图。离子在加速电压 V 作用下得到动能，离子在漂移管中飞行的时间与离子质量的平方根成正比。即对于能量相同的离子，离子的质量越大，达到接收器所用的时间越长，质量越小，所用时间越短。根据这一原理，可以把不同质量的离子分开。适当增加漂移管的长度可以增加分辨率。

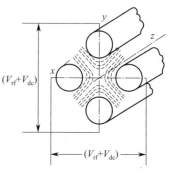

飞行时间质量分析器的特点是质量范围宽，扫描速度快，既不需要电场，也不需要磁场。为克服分辨率低这一缺点，新型反射器有一次反射型（V型）和二次型反射型（W型），W型分辨率比V型更高。飞行时间质谱仪的分辨率可达20000以上，并且具有很高的灵敏度。目前，飞行时间质量分析器已广泛应用于气相色谱-质谱联用仪（GC-MS）、液相色谱-质谱联用仪（LC-MS）和基质辅助激光解吸飞行时间质谱仪（图2-35）中。

图2-33　四极杆分析器原理图

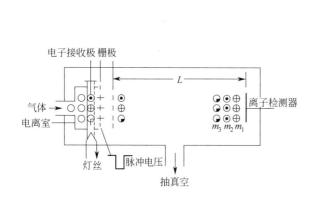

图2-34　飞行时间质量分析器原理图

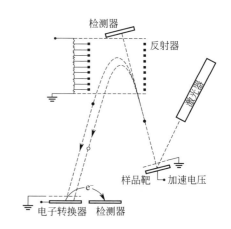

图2-35　飞行时间质谱仪

3. 检测器

质谱仪的检测主要使用电子倍增器，也有的使用光电倍增管。图2-36是电子倍增器示意图。由四极杆出来的离子打到高能倍增电极产生电子，电子经电子倍增器产生电信号，记录不同离子的信号即得质谱。信号增益与倍增器电压有关，提高倍增器电压可以提高灵敏度，但同时会降低倍增器的寿命。因此，应该在保证仪器灵敏度的情况下，采用尽量低的倍增器电压。由倍增器出来的电信号被送入计算机储存，这些信号经计算机处理后可以得到色谱图、质谱图及其他各种信息。

4. 真空系统

为了保证离子源中灯丝的正常工作，保证离子在离子源和分析器中正常运行，消减不必要的离子碰撞、散射效应、复合反应和离子分子反应，减小本底与记忆效应，因此，质谱仪的离子源和分析器都必须处在小于 10^{-1} Pa 的真空中才能工作。也就是说，质谱仪都必须有真空系统。一般真空系统由机械真空泵和扩散系或涡轮分子泵组成。机械真空泵能达到的极限真空度为 10^{-1} Pa，不能满足要求，必须依靠高真空泵。扩散泵是常用的高真空泵，其性能稳定可靠，缺点是启动慢，从停机状态到仪器能正常工作所需时间长；涡轮分子泵则相反，仪器启动快，但使用寿命不如扩散泵。由于涡轮分子泵使用方便，没有油的扩散污染问题，因此，近年来生产的质谱仪大多使用涡轮分子泵。涡轮分子泵直接与离子源或分析器相

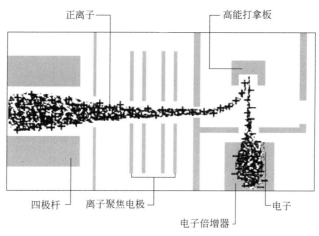

正离子　　　　　　　高能打拿板

四极杆　离子聚焦电极　　　　　电子

电子倍增器

图 2-36　电子倍增器示意图

连，抽出的气体再由机械真空泵排到体系之外。

以上是一般质谱仪的主要组成部分。当然，若要仪器能正常工作，还必须要有供电系统、数据处理系统等。

(二) 气相色谱-质谱联用原理及仪器

气相色谱-质谱联用仪（GC-MS）是有机物定性、定量分析的有力工具。GC-MS 主要由 3 部分组成：色谱部分、质谱部分和数据处理系统。

色谱部分和一般的色谱仪基本相同，包括柱箱、汽化室和载气系统，也带有分流/不分流进样系统，程序升温系统，压力、流量自动控制系统等，一般不再有色谱检测器，而是利用质谱仪作为色谱的检测器。在色谱部分，混合样品在合适的色谱条件下被分离成单个组分，然后进入质谱仪进行鉴定。

GC-MS 的质谱部分可以是磁式质谱仪、四极质谱仪，也可以是飞行时间质谱仪和离子阱。目前使用最多的是四极质谱仪。离子源主要是 EI 源和 CI 源。

GC-MS 的数据处理系统是计算机系统。由于计算机技术的提高，GC-MS 的主要操作都由计算机控制进行，这些操作包括利用标准样品（一般用 FC-43）校准质谱仪，设置色谱和质谱的工作条件，数据的收集和处理以及库检索等。这样，一个混合物样品进入色谱仪后，在合适的色谱条件下，被分离成单一组分并逐一进入质谱仪，经离子源电离得到具有样品信息的离子，再经分析器、检测器即得每个化合物的质谱。这些信息都由计算机储存，根据需要，可以得到混合物的色谱图、单一组分的质谱图和质谱的检索结果等。

GC-MS 分析得到的主要信息有 3 个：样品的总离子色谱图、样品中每一个组分的质谱图、每个质谱图的检索结果。图 2-37 就是样品总离子色谱图。

(三) 液相色谱-质谱联用原理及仪器

液相色谱-质谱联用仪（LC-MS）适用于热稳定性差或不易汽化的样品，以及生物大分子的分析。LC-MS 包括液相色谱-四极质谱仪、液相色谱-离子阱质谱仪、液相色谱-飞行时间质谱仪以及各种各样的液相色谱-质谱-质谱联用仪。

LC-MS 联用的关键是 LC 和 MS 之间的接口装置。接口装置的主要作用是去除溶剂并

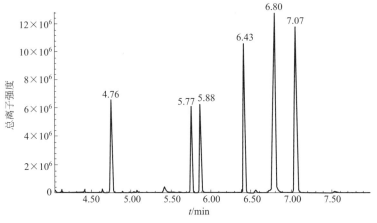

图 2-37 GC-MS 样品总离子色谱图

使样品离子化。目前，几乎所有的 LC-MS 联用仪都使用大气压电离源作为接口装置和离子源。大气压电离源（atmosphere pressure ionization，API）包括电喷雾电离源（electrospray ionization，ESI）和大气压化学电离源（atmospheric pressure chemical ionization，APCI）两种，其中电喷雾源应用最为广泛。进行 LC-MS 联用分析时，样品由 LC 的六通阀进样，经色谱柱分离后，由 ESI 或 APCI 离子化。样品也可以不经 LC 进样，而是由一个微注射泵直接注入电喷雾喷嘴。这种进样方式相当于 GC-MS 分析中的直接进样杆进样。电喷雾接口最适宜的流量是 $5 \sim 200 \mu L/min$，流量过大时最好采用分流。如果样品量过小，比如毛细管电泳的微小流量或珍贵的生物样品，则需要专门的微流量接口。

LC-MS 分析得到的主要信息与 GC-MS 类似。由 LC 分离的样品经电喷雾电离之后进入分析器。随着分析器的质量扫描得到一个个质谱并存入计算机，由计算机处理后可以得到总离子色谱图、质量色谱图、质谱图等。图 2-38 是某样品的总离子色谱图。

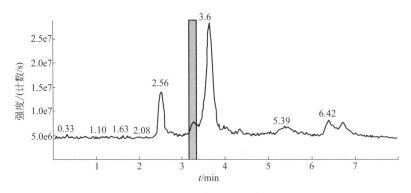

图 2-38 LC-MS 样品总离子色谱图

三、质谱分析法的应用

（一）气相色谱-质谱联用分析法的应用

【例2-9】利用 GC-MS 测定 16 种多环芳烃

1.试剂和材料

多环芳烃标准工作溶液：用甲醇将多环芳烃混合标准溶液稀释至一定浓度的标准工作溶

液。硅胶柱层析柱：硅胶在使用前加入 10％的水使其失去活性，用玻璃层析柱装填后往柱内加入 10mL 石油醚活化。

2. 样品处理流程

取具有代表性的样品，将其粉碎至粒径 2～3mm，称取 500mg 样品置于平底烧瓶中，加入 20mL 甲苯，放入超声萃取仪中 60℃恒温萃取 1 小时。萃取完成后，将平底烧瓶从水浴中取出，冷却至室温，并经短暂的振荡后，取一份萃取液经 0.22μm 滤膜过滤后测试或经甲苯稀释后测试。

图 2-39 为 16 种多环芳烃标准样品的选择离子扫描色谱图，16 种多环芳烃出峰顺序及特征离子如表 2-3 所示。

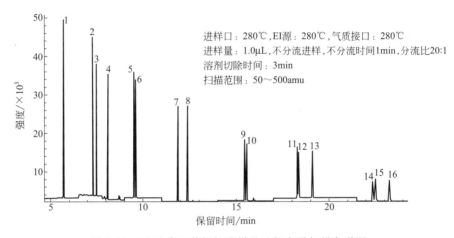

进样口：280℃,EI源：280℃,气质接口：280℃
进样量：1.0μL,不分流进样,不分流时间1min,分流比20:1
溶剂切除时间：3min
扫描范围：50～500amu

图 2-39 16 种多环芳烃标准样品选择离子扫描色谱图

表 2-3 16 种多环芳烃出峰顺序及特征离子

序号	名称	CAS 号	定量离子/(m/z)	定性离子/(m/z)
1	萘	91-20-3	128	129,127
2	苊烯	208-96-8	152	153,151
3	苊	83-32-9	153	154,152
4	芴	86-73-7	165	167,166
5	菲	85-01-8	178	179,176
6	蒽	120-12-7	178	179,176
7	荧蒽	206-44-0	202	101,203
8	芘	129-00-0	202	101,203
9	苯并[a]蒽	56-55-3	228	229,226
10	䓛	218-01-9	228	229,226
11	苯并[b]荧蒽	205-99-2	252	252,126
12	苯并[k]荧蒽	207-08-9	252	252,126
13	苯并[a]芘	50-32-8	252	252,126
14	茚苯[1,2,3-cd]芘	193-39-5	276	279,138
15	二苯并[a,h]蒽	53-70-3	278	279,139
16	苯并[g,h,i]芘	191-24-2	276	279,138

【例2-10】利用 GC-MS 测定邻苯二甲酸酯

1. 试剂和材料

标准工作溶液：分别准确称取适量的邻苯二甲酸酯标准品，用甲醇或正己烷配制成一定浓度的标准溶液，如直接购买的标准溶液则用标准溶液中的溶剂直接稀释。

2. 样品处理流程

准确称取 2g 样品于 50mL 平底磨口烧瓶中，准确加入 25mL 正己烷，密塞，超声波中超声萃取 2 小时，取出，放冷至室温，过 0.22μm 有机滤膜，供 GC-MS 分析。

如图 2-40 为 15 种邻苯二甲酸酯标准样品 TIC 图，15 种邻苯二甲酸酯各组分出峰顺序及特征离子如表 2-4 所示。

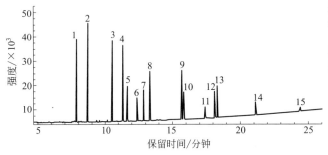

进样口：280℃，EI 源：260℃，气质接口：280℃
进样量：1.0μL，不分流进样，不分流时间 1min，
　　　　分流比 20:1
溶剂切除时间：4min
扫描范围：45～450amu

图 2-40　15 种邻苯二甲酸酯标准样品 TIC 图

表 2-4　15 种邻苯二甲酸酯各组分出峰顺序及特征离子

序号	组分名称	CAS 号	定量离子/(m/z)	参考离子/(m/z)
1	邻苯二甲酸二甲酯（DMP）	131-11-3	163	77,133
2	邻苯二甲酸二乙酯（DEP）	84-66-2	149	177,176
3	邻苯二甲酸二异丁酯（DIBP）	84-69-5	149	57,150
4	邻苯二甲酸二丁酯（DBP）	84-74-2	149	150,205
5	邻苯二甲酸二(2-甲氧基)酯（DMEP）	117-82-8	59	149,104
6	邻苯二甲酸二(4-甲氧基-2-戊基)酯（BMPP）	146-50-9	149	85,167
7	邻苯二甲酸二(2-乙氧基)乙酯（DEEP）	605-54-9	149	73,72
8	邻苯二甲酸二戊酯（DPP）	131-18-0	149	150,237
9	邻苯二甲酸二己酯（DHXP）	84-75-3	149	150,251
10	邻苯二甲酸丁基苄基酯（BBP）	85-68-7	149	91,206
11	邻苯二甲酸(2-丁氧基)乙酯（DBEP）	117-83-9	149	57,193
12	邻苯二甲酸二环己酯（DCHP）	84-61-7	149	167,249
13	邻苯二甲酸二(2-乙基)己酯（DEHP）	117-81-7	149	167,279
14	邻苯二甲酸二正辛酯（DNOP）	117-84-0	149	150,279
15	邻苯二甲酸二壬酯（DNP）	84-76-4	149	150,293

（二）液相色谱-质谱联用分析法的应用

【例2-11】用 HPLC-MS/MS 同时测定清开灵颗粒中 5 种成分（黄芩苷、栀子苷、胆酸、猪去氧胆酸、绿原酸）的含量

采用 Agilent 1200 高效液相色谱—API 3200 质谱系统，建立以乙腈（A 相）-10mmol/L 乙酸铵（B 相）为流动相进行梯度洗脱（0～1min，5%→5% A 相，1～5min，5%→52% A 相，5～8min，52%→5% A 相），流速 0.6mL/min。采用电喷雾离子源（ESI）负离子检测，多反应监测（MRM）模式定量分析。图 2-41 即为清开灵颗粒中 5 种成分的二级质谱图和 MRM 色谱图。清开灵颗粒中 5 种成分清开灵颗粒中 5 种成分的浓度与峰面积呈良好线性关系（r>0.9990），平均加样回收率为（98.6＋2.42）%～（104.4±4.03）%。精密度、重

复性、稳定性良好。4 批样品中黄芩苷、栀子苷、胆酸、猪去氧胆酸和绿原酸的含量依次为 5.56～7.10mg/g、0.61～0.76mg/g、5.74～7.64mg/g、7.08～8.81mg/g 和 0.17～0.35mg/g。这些结果表明所建立的方法简便、准确、重复性好，可用于清开灵颗粒的质量控制。

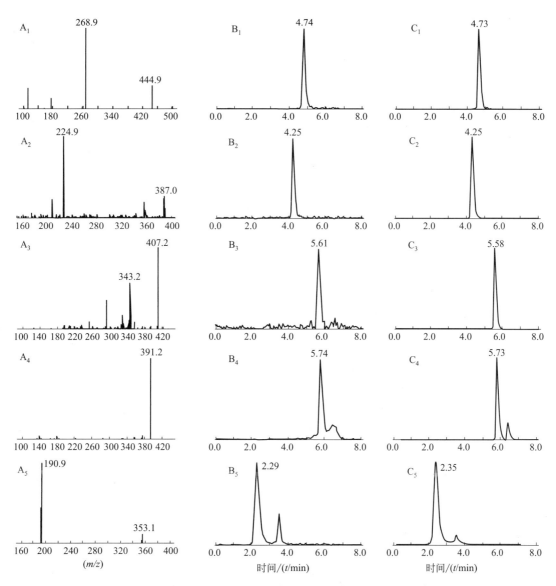

图 2-41　清开灵颗粒中 5 种成分的二级质谱图和 MRM 色谱图

A_1～A_5—二级质谱图；B_1～B_5—对照品溶液的 MRM 色谱图；C_1～C_5—供试品溶液的 MRM 色谱图；

A_1～C_1—黄芩苷；A_2～C_2—栀子苷；A_3～C_3—胆酸；A_4～C_4—猪去氧胆酸；A_5～C_5—绿原酸

思考题

1. 质谱仪的离子源有哪些？区别是什么？

2. 液相色谱-质谱联用和气相色谱-质谱联用在环境样品检测中有何区别？

第二篇

环境监测分析方法

第三章

水环境监测实验

第一节 水中 pH 值的测定

一、目的和要求

掌握 pH 值的测定方法。

二、实验原理

使用电位计法测定，以玻璃电极为指示电极，饱和甘汞电极为参比电极，插入溶液中形成原电池。25℃时每相差一个 pH 单位（即氢离子活度相差 10 倍），工作电池产生 59.1mV 的电位差，以 pH 值显示并直接读出。

三、实验仪器与试剂

1. 仪器

（1）pH 计：刻度为 0.01pH 单位，并具有温度补偿装置。

（2）电极：分体式 pH 电极或复合 pH 电极。

2. 试剂

（1）分析时使用符合国家标准的分析纯试剂。

（2）实验用水：新制备的去除二氧化碳的蒸馏水。将水注入烧杯中，煮沸 10min，加盖放置冷却。临用现制。

（3）标准溶液 A：称取在 110～120℃干燥 2h 的邻苯二甲酸氢钾 10.12±0.01g 溶于去离子水中，并定容至 1000mL，此溶液 pH 值在 25℃时为 4.00。

（4）标准溶液 B：称取在 110～120℃干燥 2h 的磷酸二氢钾（KH_2PO_4）3.390±0.003g 和磷酸氢二钠（Na_2HPO_4）3.530±0.003g 溶于水中，并定容至 1000mL，此溶液的 pH 值在 25℃时为 6.86。

（5）标准溶液 C：称取硼酸钠（$Na_2B_4O_7 \cdot 10H_2O$）3.800±0.004g 溶于水中，并定容至 1000mL，此溶液 pH 值在 25℃时为 9.18。

四、测定步骤

1. pH 计校正

（1）电极的玻璃球在水中浸泡 8h 后，用滤纸擦干。

（2）用标准溶液 A 冲洗电极 3 次后，将电极浸入标准溶液 A 中，摇动溶液，待读数稳

63

定 1min 后，调整 pH 计的读数，使其与标准溶液 pH 值一致。

（3）分别用标准溶液 B 和 C 按上述方法校正 pH 计。

2. pH 值测量

量取足量实验室样品，作为试料盛入烧杯。用水和试料先后冲洗电极，然后将电极浸入试料中，摇动溶液，避免产生气泡，待读数稳定 1min 后，读出 pH 值。

思考题

1. 测定水样 pH 值时，为什么要先用标准 pH 缓冲溶液进行校正？

2. 玻璃电极使用前为什么需在水中浸泡 8h？

3. pH 计上的"温度"及"定位"旋钮各起什么作用？

第二节　水中色度和浊度的测定

一、水样色度的测定

（一）目的和要求

掌握色度的测定方法。

（二）测定方法

天然水和轻度污染水可用铂钴比色法测定色度，对工业有色废水常用稀释倍数法辅以文字描述。

（三）铂钴标准比色法

1. 实验原理

用氯铂酸钾与氯化钴配成标准色列，与水样进行目视比色。每升水中含 1mg 铂和 0.5mg 钴时所具有的颜色，称为 1 度，作为标准色度单位。

如水样浑浊，则应静置澄清，也可用离心法或用孔径为 $0.45\mu m$ 的滤膜过滤以除去悬浮物，但不能用滤纸过滤，因为滤纸可吸附部分溶解于水的颜色。

2. 实验仪器和试剂

（1）50mL 具塞比色管，其刻度高度应一致。

（2）光学纯水：将 $0.2\mu m$ 滤膜在 100mL 蒸馏水或去离子水中浸泡 1h，用它过滤 250mL 蒸馏水或去离子水，弃去最初的 250mL，用这种水配制全部标准溶液并作为稀释水。

（3）色度标准储备液：将 1.245g 六氯铂酸钾（K_2PtCl_6）（相当于 500mg 铂）及 1.000g 六水氯化钴（$CoCl_2 \cdot 6H_2O$）（相当于 250mg 钴）溶于约 500mL 水中，加 100mL 盐酸（$\rho = 1.18g/mL$），用水定容至 1000mL。此溶液色度为 500 度，保存在具塞玻璃瓶中，存放于暗处，至少能保存 6 个月。

（4）色度标准使用液：向 50mL 比色管中分别加入 0.00mL、0.50mL、1.00mL、1.50mL、2.00mL、2.50mL、3.00mL、3.50mL、4.00mL、4.50mL、5.00mL、6.00mL

和 7.00mL 铂钴标准储备液，用水稀释至标线，混匀。各管的色度依次为 0 度、5 度、10 度、15 度、20 度、25 度、30 度、35 度、40 度、45 度、50 度、60 度和 70 度。密塞存于暗处，温度不超过 30℃，可长期保存一个月。

3. 水样的测定

（1）吸取 50.0mL 澄清透明水样于比色管中，如水样色度较大，可酌情少取水样，用水稀释至 50.0mL。

（2）将水样与标准色列进行目视比较。观察时，可将比色管置于白色瓷板或白纸上，使光线从管底部向上透过液柱，目光自管口垂直向下观察，记下与水样色度相同的铂钴标准色列的色度。

（3）若色度≥70 度，用光学纯水将水样稀释后，使色度落入标准溶液范围之中再行测定。

4. 计算

稀释过水样的色度（A_0），以度计，用式(3-1) 计算：

$$A_0 = \frac{V_1}{V_0} A_1 \tag{3-1}$$

式中　A_1——被稀释过的水样色度的观察值，度；

　　　V_1——水样稀释后的体积，mL；

　　　V_0——水样稀释前的体积。

5. 注意事项

（1）可用重铬酸钾代替六氯铂酸钾配制标准色列。方法是：称取 0.0437g 重铬酸钾和 1.000g 硫酸钴（$CoSO_4 \cdot 7H_2O$），溶于少量水中，加入 0.50mL 硫酸，并定容至 500mL。此溶液的色度为 500 度，但不宜久存。

（2）如果样品中有泥土或其他分散很细的悬浮物，虽经预处理而得不到透明水样时，则只测其表色。

（四）稀释倍数法

1. 实验原理

将有色工业废水用无色水稀释到接近无色时，记录稀释倍数，以此表示该水样的色度。并辅以文字描述颜色性质，如深蓝色、棕黄色等。

2. 实验仪器

50mL 具塞比色管，其刻度高度应一致。

3. 测定步骤

（1）取 100～150mL 澄清水样置于烧杯中，以白色瓷板或白纸为背景，观察并描述其颜色种类。

（2）分取澄清的水样，用水稀释成不同倍数，分别取 50mL 置于 50mL 比色管中，管底部衬白瓷板或白纸，由管口向下观察稀释后水样的颜色，并与蒸馏水相比较，直至刚好看不出颜色，记录此时的稀释倍数。

（五）注意事项

（1）如测定水样的真色，应放置澄清后取上清液，或用离心法去除悬浮物后测定；如测定水样的表色，待水样中的大颗粒悬浮物沉降后，取上清液测定。

（2）需同时测定水样的 pH。

二、水样浊度的测定

（一）目的和要求

了解浊度的基本概念；掌握浊度的测定方法。

（二）实验原理

浊度是水中悬浮物对光线透过的阻碍程度，是由于水中含有泥沙、黏土、有机物、无机物、浮游生物和微生物等悬浮物质所造成的可见光散射或吸收。天然水经过混凝、过滤和沉淀处理后会变得澄清。浊度的测量单位为 NTU（散射浊度单位，Nephelometric Turbidity Units，NTU）。

浊度的测定可采用分光光度法或目视比浊法。分光光度法适用于饮用水、天然水及高浊度水的测定，最低检测浊度为 3NTU；目视比浊法用于饮用水和水源水等低浊度水，最低检测浊度为 1NTU，超过 100NTU 时水样应稀释；浊度计最低检测浊度为 0.3NTU。

浊度计的基本原理：利用一束稳定光源光线通过盛有待测样品的样品池，传感器处在与发射光线垂直的位置上测量散射光强度。光束射入样品时产生的散射光的强度与样品中浊度在一定浓度范围内成比例关系。浊度计的结构如图 3-1 所示。

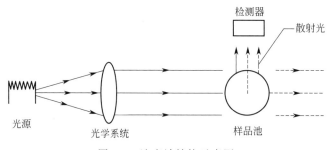

图 3-1　浊度计结构示意图

（三）实验仪器与试剂

1. 仪器

（1）浊度计：入射光波长 λ 为 860nm±30nm（LED 光源）或 400～600nm（钨灯）；入射的平行光散焦不超过 1.5°；检测器处在与入射光垂直的位置上。

（2）500mL 具塞玻璃瓶或聚乙烯瓶。

2. 试剂

（1）实验用水：将蒸馏水通过 $0.45\mu m$ 滤膜过滤，收集于用过滤水荡洗两次的玻璃瓶中。

（2）浊度标准贮备液：称取 5.0g 六次甲基四胺 $[(CH_2)_6N_4]$（在硅胶干燥器中干燥 48h）和 0.5g 硫酸肼 $[(NH_2)_2SO_4]$（在硅胶干燥器中干燥 48h），分别溶解于 40mL 实验用水中，合并转移至 100mL 容量瓶中，并定容至刻线。在 25℃ 水平放置 24h，制备成浊度为 4000NTU 的浊度标准贮备液，在室温条件下避光可保存 6 个月。

（3）浊度标准使用液：将浊度标准贮备液摇匀后，准确移取 10.00mL 至 100mL 容量瓶中，定容至刻线，摇匀，制备成浊度为 400NTU 的浊度标准使用液，在 4℃ 以下冷藏条件避光可保存 1 个月。

（四）测定步骤

1. 水样采集与保存

样品采集于具塞玻璃瓶内，取样后应尽快测定。如需保存，可在 4℃ 冷藏避光保存 24h，测试前要激烈振荡水样并恢复到室温。

所有与样品接触的玻璃器皿必须清洁，可用盐酸或表面活性剂清洗。

2. 仪器校准

将实验用水倒入样品池内，对仪器进行零点校准。吸取浊度标准使用液 0、0.50mL、1.25mL、2.50mL、5.00mL、10.00mL 和 12.50mL，置于 50mL 比色管中，稀释至标线，摇匀后即得浊度为 0、4NTU、10NTU、20NTU、40NTU、80NTU、100NTU 的标准系列。分别润洗样品池数次后，缓慢倒至样品池刻度线，进行标准系列校准。

3. 样品测定

将样品摇匀，待可见的气泡消失后，用少量样品润洗样品池数次。将完全均匀的样品缓慢倒入样品池内至样品池的刻度线，擦去样品池外的水和指纹，放入仪器测量读数。

（五）注意事项

（1）器皿应清洁，水样中应无碎屑、易沉颗粒及溶解的气泡。
（2）硫酸肼毒性较强，属致癌物质，取用时要小心。
（3）超过仪器量程范围的样品，可用实验用水稀释后测量。

> **思考题**

1. 水样色度的测定有铂钴比色法和稀释倍数法两种方法，如何为水样选择合适的方法？这两种方法所测得的结果是否具有可比性？
2. 为什么在测定水样色度的同时要测其 pH 值？
3. 在进行水样浊度测定时，为什么待测试液应沿试样瓶小心倒入，防止产生气泡？

第三节　水化学需氧量的测定

一、目的和要求

（1）掌握回流消解方法；正确安装回流装置。
（2）学习用微波消解技术快速测定废水样品；掌握废水样品中 COD 的测定（含废水中 COD 快速测定的新技术）。

二、方法原理

化学需氧量（COD）是指在一定条件下，用强氧化剂处理水样时所消耗氧化剂的量，以氧的毫克/升（mg/L）来表示。化学需氧量反映水中受还原性物质污染的程度。水中还原性物质包括有机物、亚硝酸盐、亚铁盐、硫化物等。水被有机物污染是很普遍的，因此化学需氧量也作为测定有机物相对含量的指标之一。水样的化学需氧量测定时，因加入氧化剂的种类及浓度、反应溶液的酸度、反应温度和时间以及催化剂的有无会导致不同的结果。因此化学需氧量亦是一个条件性指标，必须严格按操作步骤进行。

对于工业废水，我国规定用重铬酸钾法，其测定值称为化学需氧量（COD）；若用高锰酸钾作为氧化剂，其测定值称为高锰酸钾指数（即 I_{Mn}）。

在强酸性溶液中，以一定量的重铬酸钾氧化水样中的还原性物质，过量的重铬酸钾以试亚铁灵作指示剂，用硫酸亚铁铵溶液滴定。根据硫酸亚铁铵溶液用量算出水样中还原性物质消耗氧化剂的量，换算成相当于氧的 mg/L 值。

酸性重铬酸钾氧化性很强，可氧化大部分有机物，加入硫酸银作催化剂时，直链脂肪族化合物可完全被氧化，而芳香族有机物不易被氧化，吡啶不被氧化，挥发性直链脂肪族化合物、苯等有机物存在于蒸气相，不能与氧化剂液体接触，氧化不明显。氯离子能被重铬酸钾氧化，并且能与硫酸银作用产生沉淀，影响测定结果，故在回流前向水样中加入硫酸汞，使成为络合物以消除干扰。氯离子含量高于 1000mg/L 的样品应先做定量稀释，使含量降低至 1000mg/L 以下，再进行测定。

用 0.25mol/L 浓度的重铬酸钾溶液可测定＞50mg/L 的 COD 值。用 0.025mol/L 浓度的重铬酸钾溶液可测定 5～50mg/L 的 COD 值，但准确度较差。

三、重铬酸钾法

（一）实验仪器

（1）回流装置：带 250mL 磨口锥形瓶的全玻璃测定 COD 的回流装置，如图 3-2 所示。
（2）加热装置：电热板或变阻电炉。
（3）50mL 酸式滴定管。
（4）分析天平：感量为 0.0001g。
（5）防爆沸玻璃珠。

（二）实验试剂

（1）实验用水为超纯水、蒸馏水或同等纯度的水。
（2）重铬酸钾标准液 c（$1/6K_2Cr_2O_7$）＝0.2500mol/L：称取预先在 105℃烘干 2h 的基准或优级纯重铬酸钾 12.258g 溶于水中，定容至 1000mL，摇匀。
（3）硫酸-硫酸银溶液：称取 25g 硫酸银加入到 2500mL 硫酸（ρ＝1.84g/mL）中。放置 1～2d 使其溶解并摇匀（如无 2500mL 容器，可在 500mL 浓硫酸中加入 5g 硫酸银）。
（4）硫酸汞溶液：称取 10g 硫酸汞溶于 100mL 硫酸（ρ＝1.84g/mL）中混匀。
（5）硫酸亚铁铵标准溶液：称取 19.5g 硫酸亚铁铵溶于水中，边搅拌边缓慢加入 20mL 浓硫酸，冷却后移入 1000mL 容量瓶中，加水稀释至刻线，摇匀。临用前，用重铬酸钾标准

图 3-2 测定 COD 的回流装置

溶液标定，硫酸亚铁铵浓度的计算见式(3-2)。

标定方法：准确吸取 5.00mL 重铬酸钾标准溶液于锥形瓶中，加水稀释至 55mL 左右，缓慢加入 15mL 浓硫酸，混匀。冷却后，加入 3 滴试亚铁灵指示液（约 0.15mL），用硫酸亚铁铵溶液滴定，溶液的颜色由黄色经蓝绿色至红褐色即为终点。

$$c\left[(NH_4)_2Fe(SO_4)_2\right]=0.2500\times\frac{5.00}{V} \qquad (3-2)$$

式中　c——硫酸亚铁铵标准溶液浓度，mol/L；

　　　V——硫酸亚铁铵标准滴定溶液的用量，mL。

(6) 试亚铁灵指示液：称取 1.485g 邻菲啰啉（$C_{12}H_8N_2 \cdot H_2O$，1, 10-phenanthnoline），0.695g 硫酸亚铁（$FeSO_4 \cdot 7H_2O$）溶于水中，稀释至 100mL，贮于棕色瓶内。

(7) 邻苯二甲酸氢钾标准溶液 c（$KHC_8H_4O_4$）$=2.0824$mmol/L：称取预先在 105℃ 烘干 2h 的邻苯二甲酸氢钾 0.4251g 溶于水中，定容至 1000mL，摇匀。以重铬酸钾为氧化剂，将邻苯二甲酸氢钾完全氧化的 COD 值为 1.176g 氧/g（即 1g 邻苯二甲酸氢钾耗氧 1.176g），故该标准溶液的理论 COD 值为 500mg/L。

（三）化学需氧量常见测定步骤

(1) 取 10.00mL 混合均匀的水样（或适量水样稀释至 10.00mL）至 250mL 磨口的回流锥形瓶中，准确加入 5.00mL 重铬酸钾标准溶液及数粒小玻璃珠或沸石，连接磨口回流冷凝管，从冷凝管上口慢慢地加入 15mL 硫酸-硫酸银溶液，轻轻摇动锥形瓶使溶液混合，加热回流 2h（自开始沸腾时计时）。

【注】①对于化学需氧量高的废水样，可先取上述操作所需体积 1/10 的废水样和试剂，于硬质玻璃试管中，摇匀，加热后观察是否变成绿色。如溶液显绿色，再适当减少废水取样量，直至溶液不变绿色为止，从而确定废水样分析时应取用的体积。稀释时，所取废水样量不得少于 5mL，如果化学需氧量很高，则废水样应多次稀释。②废水中氯离子含量超过 30mg/L 时，应先估计氯离子含量，再按照 $m[HgSO_4]:m[Cl^-]\geqslant20:1$ 的比例加入硫酸汞溶液，最大加入量为 2mL，再加 10.00mL 废水（或适量废水稀释至 10.00mL）、摇匀。以下操作同上。

(2) 冷却后，用 45mL 水冲洗冷凝管壁，取下锥形瓶。溶液总体积在 70mL 左右，否则因酸度太大，滴定终点不明显。

(3) 溶液再度冷却后，加 3 滴试亚灵指示液，用硫酸亚铁铵标准溶液滴定，溶液的颜色由黄色经蓝绿色至红褐色即为终点，记录硫酸亚铁铵标准溶液的用量。

(4) 测定水样的同时，以 10.00mL 蒸馏水，按同样操作步骤做空白试验。记录滴定空白时硫酸亚铁铵标准溶液的用量。

（四）计算

化学需氧量的计算如式(3-3)：

$$COD_{Cr}(O_2,mg/L)=(V_0-V_1)\times c\times8\times\frac{1000}{V} \qquad (3-3)$$

式中　c——硫酸亚铁铵标准溶液物质的量浓度，mol/L；

V_0——滴定空白时消耗硫酸亚铁铵标准溶液的量，mL；

V_1——滴定水样时消耗硫酸亚铁铵标准溶液的量，mL；

V——水样的体积，mL；

8——氧（1/2O）的摩尔质量，g/mol。

四、快速消解分光光度法

（一）试剂和材料

（1）实验用水为新制备的去离子水或蒸馏水。

（2）（1＋9）硫酸溶液：将100mL浓硫酸沿烧杯壁慢慢加入到900mL水中，搅拌混匀，冷却备用。

（3）10g/L硫酸银-硫酸溶液：将50g硫酸银加入到500mL浓硫酸中，静置1～2d，搅拌，使其溶解。

（4）0.24g/mL硫酸汞溶液：将48.0g硫酸汞分次加入200mL浓硫酸溶液中，搅拌溶解，此溶液可稳定保存6个月。

（5）重铬酸标准钾溶液

0.500mol/L（1/6$K_2Cr_2O_7$）：将优级纯重铬酸钾120℃±20℃下干燥至恒重后，称取24.5154g置于烧杯中，加入600mL水，搅拌下慢慢加入100mL浓硫酸，溶解冷却后，转移此溶液于1000mL容量瓶中，用水稀释至标线，摇匀。溶液可稳定保存6个月。

0.160mol/L（1/6$K_2Cr_2O_7$）：将优级纯重铬酸钾120℃±20℃下干燥至恒重后，称取7.8449g置于烧杯中，加入600mL水，搅拌下慢慢加入100mL浓硫酸，溶解冷却后，转移此溶液于1000mL容量瓶中，用水稀释至标线，摇匀。溶液可稳定保存6个月。

0.120mol/L（1/6$K_2Cr_2O_7$）：将优级纯重铬酸钾120℃±20℃下干燥至恒重后，称取5.8837g置于烧杯中，加入600mL水，搅拌下慢慢加入100mL浓硫酸，溶解冷却后，转移此溶液于1000mL容量瓶中，用水稀释至标线，摇匀。溶液可稳定保存6个月。

（6）预装混合试剂

在一支消解管中，按表3-1的要求加入重铬酸钾溶液、硫酸汞溶液和硫酸银-硫酸溶液，拧紧盖子，轻轻摇匀，冷却至室温，避光保存。在使用前应将混合试剂摇匀。配制不含汞的预装混合试剂，用（1＋9）硫酸代替硫酸汞溶液，按同样的方法进行。预装混合试剂在常温避光条件下，可稳定保存1年。

表 3-1　预装混合试剂及方法（试剂）标识

测定方法	测定范围/（mg/L）	重铬酸钾溶液用量/mL	硫酸汞溶液用量/mL	硫酸银-硫酸溶液用量/mL	消解管规格/mm
比色皿分光光度法	高量程 100～1000	0.500mol/L,1.00	0.50	6.00	$\phi20\times120$
	低量程 15～250 或 15～150	0.160mol/L 或 0.120mol/L,1.00	0.50	6.00	$\phi16\times150$ $\phi20\times120$
比色管分光光度法	高量程 100～1000	1.00;0.120mol/L ＋0.24g/mL[2＋1]	4.00		$\phi16\times100$ $\phi16\times120$
	低量程 15～150	1.00;0.120mol/L ＋0.24g/mL[2＋1]	4.00		$\phi16\times100$ $\phi16\times120$

（7）COD 标准贮备液

① 5000mg/L COD 标准贮备液：将邻苯二甲酸氢钾在 105～110℃下干燥至恒重后，称取 2.1274g，溶于 250mL 水中，转移此溶液于 500mL 容量瓶中，用水稀释至标线，摇匀。此溶液在 2～8℃下贮存，或在定容前加入约 10mL（1+9）硫酸溶液，常温贮存，可稳定保存一个月。

② 1250mg/L COD 标准贮备液：量取 50.00mL 5000mg/L COD 标准贮备液置于 200mL 容量瓶中，用水稀释至标线，摇匀。此溶液在 2～8℃下贮存，可稳定保存一个月。

③ 625mg/L COD 标准贮备液：量取 25.00mL 5000mg/L COD 标准贮备液置于 200mL 容量瓶中，用水稀释至标线，摇匀。此溶液在 2～8℃下贮存，可稳定保存一个月。

（8）COD 标准系列使用液

① 高量程（测定上限 1000mg/L）COD 标准系列使用液：分别量取 5.00mL、10.00mL、20.00mL、30.00mL、40.00mL 和 50.00mL 浓度为 5000mg/L 的 COD 标准贮备液，稀释至 250mL。则标准系列使用溶液 COD 浓度分别为 100mg/L、200mg/L、400mg/L、600mg/L、800mg/L 和 1000mg/L。

② 低量程（测定上限 250mg/L）COD 标准系列使用液：分别量取 5.00mL、10.00mL、20.00mL、30.00mL、40.00mL 和 50.00mL 浓度为 1250mg/L 的 COD 标准贮备液，稀释至 250mL。则标准系列使用溶液浓度分别为 25mg/L、50mg/L、100mg/L、150mg/L、200mg/L 和 250mg/L。

③ 低量程（测定上限 150mg/L）COD 标准系列使用液：分别量取 10.00mL、20.00mL、30.00mL、40.00mL、50.00mL 和 60mL 浓度为 625mg/L 的 COD 标准贮备液，稀释至 250mL。则标准系列使用溶液浓度分别为 25mg/L、50mg/L、75mg/L、100mg/L、125mg/L 和 150mg/L。

（9）0.1mol/L 硝酸银溶液：将 17.1g 硝酸银溶于 1000mL 水。

（10）50g/L 铬酸钾溶液：将 5.0g 铬酸钾溶解于少量水中，滴加硝酸银溶液至有红色沉淀生成，摇匀，静置 12h，过滤并用水将滤液稀释至 100mL。

（二）仪器和设备

（1）消解管：耐酸，在 165℃温度下能承受 600kPa 压力，管盖应耐热耐酸，无任何破损或裂纹。首次使用的消解管，可在消解管中加入适量的硫酸银-硫酸溶液和重铬酸钾溶液的混合液进行清洗，也可用铬酸洗液代替混合液。

当消解管作为比色管进行光度测定时，应从一批消解管中随机选取 5～10 支，加入 5mL 水，在选定的波长处测定其吸光度值，吸光度值的差值应在 ±0.005 之内。消解管用于光度测定的部位不应有擦痕和粗糙；在放入光度计前应确保管子外壁非常洁净。

（2）加热器：在 10min 内达到设定温度。具有自动恒温加热、计时鸣叫等功能，有透明且通风的防消解液飞溅的防护盖。加热器加热时不会产生局部过热现象。加热孔的直径应能使消解管与加热壁紧密接触。为保证消解反应液在消解管内有充分的加热消解和冷却回流，加热孔深度一般不低于或高于消解管内消解反应液高度 5mm。

（3）分光光度计：光度测量范围不小于 0～2 吸光度范围，数字显示灵敏度为 0.001 吸光度值。

（4）消解管支架：不擦伤消解比色管光度测量的部位，方便消解管的放置和取出，耐热。

（5）离心机：可放置消解比色管进行离心分离，转速范围为 0～4000r/min。

（6）手动移液器（枪）：最小分度体积不大于 0.01mL。

（7）吸量管、容量瓶和量筒。

（三）测定条件的选择

分析测定的条件见表 3-1 和表 3-2。宜选用比色管分光光度法测定水样中的 COD。

表 3-2　分析测定条件

测定方法	测定范围/(mg/L)	试样用量/mL	比色皿或 比色管规格/mm	测定波长/nm	检出限/(mg/L)
比色皿 分光光度法	高量程 100～1000	3.00	20	600±20	22
	低量程 15～250 或 15～150	3.00	10	440±20	3.0
比色管 分光光度法	高量程 100～1000	2.00	$\phi16\times120$ $\phi16\times100$	600±20	33
	低量程 15～150	2.00	$\phi16\times120$ $\phi16\times100$	440±20	2.3

（四）分析步骤

1. 校准曲线的绘制

打开加热器，预热到设定的 (165±2)℃。选定预装混合试剂，摇匀试剂后再拧开消解管管盖。量取相应体积的 COD 标准系列溶液（试样）沿管内壁慢慢加入管中。拧紧消解管管盖，手执管盖颠倒摇匀消解管中溶液，用无毛纸擦净管外壁。将消解管放入加热器的加热孔中，加热器温度略有降低，待温度升到设定温度时，计时加热 15min。从加热器中取出消解管，待消解管冷却至 60℃ 左右时，手执管盖颠倒摇动消解管几次，使管内溶液均匀，用无毛纸擦净管外壁，静置，冷却至室温。

高量程方法：在 (600±20)nm 波长处，以水为参比液，用光度计测定吸光度值。

低量程方法：在 (440±20)nm 波长处，以水为参比液，用光度计测定吸光度值。

校准曲线的绘制：使用溶液 COD 值对应其测定的吸光度值减去空白试验测定的吸光度值的差值，绘制校准曲线。

2. 空白试验

用水代替试样，按照标准曲线相同的步骤测定其吸光度值，空白试验应与试样同时测定。

3. 试样的测定与计算

按照表 3-1 和表 3-2 的方法的要求选定对应的预装混合试剂，将已稀释好的试样在搅拌均匀后，取相应体积的试样。按照校准曲线的步骤进行测定。测定的 COD 值由相应的校准曲线查得，或由光度计自动计算得到。COD 测定值一般保留三位有效数字。

五、注意事项

1. 常用测定

（1）水样取用体积可在 10.00～50.00mL 范围之间，但试剂用量及浓度需按表 3-3 进行相应调整，也可得到满意的结果。

表 3-3 水样取用量和试剂用量

水样体积/mL	0.2500mol/L K$_2$Cr$_2$O$_7$ 溶液/mL	H$_2$SO$_4$-Ag$_2$SO$_4$ 溶液/mL	HgSO$_4$/g	FeSO$_4$(NH$_4$)$_2$SO$_4$ /(mol/L)	滴定前总体积/mL
10.0	5.0	15	0.2	0.050	70
20.0	10.0	30	0.4	0.100	140
30.0	15.0	45	0.6	0.150	210
40.0	20.0	60	0.8	0.200	280
50.0	25.0	75	1.0	0.250	350

（2）对于化学需氧量＜50mg/L 的水样，应改用 0.0250mol/L 重铬酸钾标准溶液。回滴时用 0.005mol/L 硫酸亚铁铵标准溶液。

（3）水样加热回流后，溶液中重铬酸钾剩余量应为加入的 （1/5）～（4/5）为宜。

（4）用邻苯二甲酸氢钾标准溶液检查试剂的质量和操作技术时，由于每克邻苯二甲酸氢钾的理论 COD 为 1.176g，所以溶解 0.4251g 邻苯二甲酸氢钾于重蒸馏水中，转入 1000mL 容量瓶，用重蒸馏水稀释至标线，使之成为 500mg/L 的 COD 标准溶液。用时新配。

（5）COD 的测定结果≥100mg/L 时，应保留三位有效数字；＜100mg/L 时，保留至整数位。

（6）每次实验时，应对硫酸亚铁铵标准滴定溶液进行标定，室温较高时尤其应注意其浓度的变化。

2. 快速测定

（1）氯离子是主要的干扰成分，水样中含有氯离子会使测定结果偏高，加入适量硫酸汞与氯离子形成可溶性氯化汞配合物，可减少氯离子的干扰，选用低量程方法测定 COD，也可减少氯离子对测定结果的影响。

（2）在 （600±20）nm 处测试时，Mn(Ⅲ)、Mn(Ⅵ)、Mn(Ⅶ) 形成红色物质，会引起正偏差，其 500mg/L 的锰溶液（硫酸盐形式）引起正偏差 COD 值为 1083mg/L，为 50mg/L 时引起正偏差 COD 值为 121mg/L；而在 （440±20）nm 处，引起的偏差值分别为－7.5mg/L，50mg/L 的锰溶液（硫酸盐形式）的影响可忽略不计。

（3）在酸性重铬酸钾条件下，一些芳香烃类有机物、吡啶等化合物难以氧化，其氧化率较低。

（4）试样中的有机氮通常转化成铵离子，铵离子不被重铬酸钾氧化。

> **思考题**

1. 氯离子为什么会对实验产生干扰？如何消除其干扰？

2. 试亚铁灵指示剂能不能在加热回流刚结束时加入？为什么？

3. 酸性重铬酸钾氧化性很强，在化学需氧量的测定过程中，哪些物质不能被重铬酸钾氧化或氧化不明显？

第四节 水中生物化学需氧量的测定

一、目的和要求

（1）掌握测定 BOD$_5$ 的基本原理和操作技能；

（2）巩固、熟练掌握容量分析基本操作（移液、滴定）。

二、方法原理

生化需氧量是指在规定的条件下，微生物分解存在于水中的某些可氧化物质，主要是有机物质所进行的生物化学过程中消耗溶解氧的量。分别测定水样培养前的溶解氧含量和（20±1）℃暗处培养五天后的溶解氧含量，二者之差即为五日生化过程中所消耗的溶解氧量（BOD_5）。

对于某些地面水及大多数工业废水、生活污水，因含较多的有机物，需要稀释后再培养测定，以降低其浓度，保证降解过程在有足够溶解氧的条件下进行。其具体水样稀释倍数可借助于高锰酸钾指数或化学需氧量（COD）推算。

对于不含或少含微生物的工业废水，在测定 BOD_5 时应进行接种，以引入能分解废水中有机物的微生物。当废水中存在难以被一般生活污水中的微生物以正常速度降解的有机物或含有剧毒物质时，应接种经过驯化的微生物。

三、仪器与试剂

1. 仪器

（1）恒温培养箱：（20±1）℃。

（2）5～20L 细口玻璃瓶。

（3）1000～2000mL 量筒。

（4）玻璃搅棒：棒长应比所用量筒高长 20cm。在棒的底端固定一个直径比量筒直径略小，并带有几个小孔的硬橡胶板。

（5）溶解氧瓶：200～300mL，带有磨口玻璃塞并具有供水封用的钟形口。

（6）虹吸管：供分取水样和添加稀释水用。

（7）滤膜：孔径为 $1.6\mu m$。

（8）曝气装置。

2. 试剂

（1）水：实验用水为符合 GB/T 6682 规定的 3 级蒸馏水，且水中铜离子的质量浓度不大于 0.01mg/L，不含有氯或氯胺等物质。

（2）磷酸盐缓冲溶液：将 8.5g 磷酸二氢钾（KH_2PO_4），21.8g 磷酸氢二钾（K_2HPO_4），33.4g 磷酸氢二钠（$Na_2HPO_4 \cdot 7H_2O$）和 1.7g 氯化铵（NH_4Cl）溶于水中，稀释至1000mL。此溶液的 pH 值应为 7.2。

（3）硫酸镁溶液：将 22.5g 硫酸镁（$MgSO_4 \cdot 7H_2O$）溶于水中，稀释至1000mL。

（4）氯化钙溶液：将 27.6g 无水氯化钙溶于水中，稀释至1000mL。

（5）氯化铁溶液：将 0.25g 氯化铁（$FeCl_3 \cdot 6H_2O$）溶于水中，稀释至1000mL。

（6）盐酸溶液（0.5mol/L）：将 40mL（$\rho = 1.18g/mL$）盐酸溶于水中，稀释至1000mL。

（7）氢氧化钠溶液（0.5mol/L）：将 20g 氢氧化钠溶于水中，稀释至1000mL。

（8）亚硫酸钠溶液 $[c(1/2Na_2SO_3) = 0.025mol/L]$：将 1.575g 亚硫酸钠溶于水，稀释至 1000mL。此溶液不稳定，需每天配制。

（9）葡萄糖-谷氨酸标准溶液：将葡萄糖（$C_6H_{12}O_6$）和谷氨酸（HOOC—CH_2—CH_2—$CHNH_2$—COOH）在 103℃ 干燥 1h 后，各称取 150mg 溶于水中，移入 1000mL 容

量瓶内并稀释至标线，混合均匀。此标准溶液临用前配制。

（10）（1＋1）乙酸。

（11）碘化钾溶液 $\rho(KI)=100g/L$：将 10g 碘化钾溶于水中，稀释至 100mL。

（12）淀粉溶液，$\rho=5g/L$：将 0.5g 淀粉溶于水中，稀释至 100mL。

（13）稀释水：在 5～20L 玻璃瓶内装入一定量的水，控制水温在 20℃ 左右。然后用无油空气压缩机或薄膜泵，将此水曝气 2～8h，使水中的溶解氧接近饱和，也可以鼓入适量纯氧。瓶口盖以两层经洗涤晾干的纱布，置于 20℃ 培养箱内放置数小时，使水中的溶解氧量达到 8mg/L。临用前于每升水中加入氯化钙溶液、氯化铁溶液、硫酸镁溶液、磷酸盐缓冲溶液各 1mL，并混合均匀。

稀释水的 pH 值应为 7.2，其 BOD_5 应小于 0.2mg/L。

（14）接种水：可选用以下任一方法，以获得适用的接种液。

① 城市污水，一般采用生活污水，在室温下放置一昼夜，取上层清液使用。

② 表层土壤浸出液，取 100g 花园土壤或植物生长土壤，加入 1L 水，混合并静置 10min，取上清液使用。

③ 含城市污水的河水或湖水。

④ 污水处理厂的出水。

⑤ 当分析含有难于降解的废水时，在排污口下游 3～8km 处取水样作为废水的驯化接种液。如无此种水源，可取中和或经适当稀释后的废水进行连续曝气，每天加入少量该种废水，同时加入适量表层土壤或生活污水，使能适应该种废水的微生物大量繁殖。当水中出现大量絮状物，或检查其化学需氧量的降低值出现突变时，表明适用的微生物已进行繁殖，可用作接种液。一般驯化过程需要 3～8 天。

（15）接种稀释水：取适量接种液，加于稀释水中，混匀。每升稀释水中接种液加入量：生活污水为 1～10mL；表层土壤浸出液为 20～30mL；河水、湖水为 10～100mL。

接种稀释水的 pH 值应为 7.2，其 BOD_5 值宜在 0.3～1.0mg/L 之间为宜。接种稀释水配制后应立即使用。

四、测定步骤

1. 水样的预处理

（1）水样的 pH 若超出 6～8 范围时，可用盐酸或氢氧化钠溶液调节至 6～8，但用量不要超过水样体积的 0.5%。若水样的酸度或碱度很高，可改用高浓度的碱或酸进行调节中和。

（2）水样中含有铜、铅、锌、铬、镉、砷、氰等有毒物质时，可使用经过驯化的微生物接种液的稀释水进行稀释，或增大稀释倍数，以减少毒物的浓度。

（3）含有少量游离氯的水样，一般放置 1～2h，游离氯即可消失。对于游离氯在短时间内不能消散的水样，可加入亚硫酸钠溶液除去。其加入量的计算方法是：取中和好的水样 100mL，加入（1＋1）乙酸 10mL，100g/L 碘化钾溶液 1mL，混匀。以淀粉溶液为指示剂，用亚硫酸钠标准溶液滴定游离碘。根据亚硫酸钠标准溶液消耗的体积及浓度，计算水样中所需要加入亚硫酸钠溶液的量。

（4）充分振摇，以赶出过饱和的溶解氧。

从水温较高的水域或废水排放口取得的水样，则应迅速使其冷却至 20℃ 左右，并充分振摇，使与空气中氧分压接近平衡。

（5）含有大量颗粒物、需要较大稀释倍数的样品或经冷冻保存的样品，测定前需将样品搅拌均匀。

（6）若样品有大量藻类存在，BOD_5 的测定结果会偏高。测定前应用孔径为 $1.6\mu m$ 的滤膜过滤，检测报告中注明滤膜孔径的大小。

2. 水样的测定

（1）不经稀释水样的测定　溶解氧含量较高、有机物含量较少的地面水，可不经稀释，而直接以虹吸法将约20℃的混匀水样转移至两个溶解氧瓶内，转移过程中应注意不使其产生气泡。以同样的操作使两个溶解氧瓶充满水样，加塞水封。立即测定其中一瓶溶解氧。将另一瓶放入培养箱中，在（20±1）℃培养5天后，测其溶解氧。

（2）需经稀释水样的测定　样品稀释的程度应使消耗的溶解氧质量浓度不小于 2mg/L，培养后样品中剩余溶解氧质量浓度不小于 2mg/L，且试样中剩余的溶解氧质量浓度为开始浓度的 1/3～2/3 为最佳。

一个样品做三个稀释倍数，稀释倍数可根据化学需氧量（COD）的测定值确定。以样品的 COD 含量为 100mg/L 为例，具体算法为：将 COD 值分别乘以 0.075、0.15、0.25 三个系数得到 7.5、15、25 即样品的三个稀释倍数，再用溶解氧瓶的容积 300mL 除以这三个稀释倍数得到样品的取样体积 40mL、20mL、12mL，然后加满接种稀释水。

地表水可由测得的高锰酸盐指数乘以适当的系数求出稀释倍数（表3-4）。

表 3-4　测定 BOD_5 时稀释倍数的确定

高锰酸盐指数/（mg/L）	系数
<5	—
5～10	0.2、0.3
10～20	0.4、0.6
>20	0.5、0.7、1.0

工业废水可由重铬酸钾法测得的 COD 值确定。通常需做三个稀释比，即使用稀释水时，由 COD 值分别乘以系数 0.075、0.15、0.225，即获得三个稀释倍数；使用接种稀释水时，则分别乘以 0.075、0.15 和 0.25，获得三个稀释倍数。

稀释倍数确定后按照下述方法之一测定水样：

① **一般稀释法**：按照选定的稀释比例，用虹吸法沿筒壁先引入部分稀释水（或接种稀释水）于1000mL量筒中，加入所需的均匀水样，再引入稀释水（或接种稀释水）至800mL，用带胶板的玻璃棒上下小心地搅匀。搅拌时勿使搅拌的胶板露出水面，防止产生气泡。

按不经稀释水样的测定步骤，进行瓶装，测定当天溶解氧和培养5天后的溶解氧量。

另取两个溶解氧瓶，用虹吸法装满稀释水（或接种稀释水）作为空白，分别测定5天前、后的溶解氧含量。

② **直接稀释法**：在溶解氧瓶内直接稀释。在已知两个容积相同（其差小于1mL）的溶解氧瓶内，用虹吸法加入部分稀释水（或接种稀释水），再加入根据瓶容积和稀释比例计算出的水样量，然后引入稀释水（或接种稀释水）至刚好充满，加塞，勿留气泡于瓶内。其余操作与上述稀释法相同。

在 BOD_5 测定中，一般采用叠氮化钠改良法测定溶解氧。如遇干扰物质，应根据具体情况采用其他测定法。溶解氧的测定方法附后。

3. 空白样品

用一级水代替样品，其他步骤相同完成测量。

五、注意事项

（1）测定一般水样的 BOD_5 时，硝化作用很不明显或根本不发生。但对于生物处理池出水，则含有大量硝化细菌。因此，在测定 BOD_5 时也包括了部分含氮化合物的需氧量。对于这种水样，如只需测定有机物的需氧量，应加入硝化抑制剂，如丙烯基硫脲（ATU，$C_4H_8N_2S$）等。

（2）在两个或三个稀释比的样品中，凡消耗溶解氧大于 2mg/L 和剩余溶解氧大于 1mg/L 都有效，计算结果时应取平均值。

（3）为检查稀释水和接种液的质量，以及化验人员操作技术，可将 20mL 葡萄糖-谷氨酸标准溶液用接种稀释水稀释至 1000mL，测其 BOD_5，其结果应在 $180 \sim 230mg/L$ 之间。否则，应检查接种液、稀释水或操作技术是否存在问题。

六、计算

（1）不经稀释直接培养的水样 [计算见式(3-4)]：

$$\rho = \rho_1 - \rho_2 \tag{3-4}$$

式中　ρ——五日生化需氧量，mg/L；

　　　ρ_1——水样在培养前的溶解氧浓度，mg/L；

　　　ρ_2——水样经 5 天培养后，溶解氧浓度，mg/L。

（2）经稀释后培养的水样 [计算见式(3-5)]：

$$\rho = \frac{(\rho_1 - \rho_2) - (\rho_3 - \rho_4)f_1}{f_2} \tag{3-5}$$

式中　ρ_3——空白样在培养前的溶解氧浓度，mg/L；

　　　ρ_4——空白样在培养后的溶解氧浓度，mg/L；

　　　f_1——稀释水（或接种稀释水）在培养液中所占比例；

　　　f_2——水样在培养液中所占比例。

思考题

1. 水样生化需氧量测定需使用溶解氧瓶与碘量瓶，这两种玻璃瓶有什么异同之处？
2. 为什么要重视稀释倍数的确定？如何合理地选择稀释倍数？
3. 在生物化学需氧量的测定中应特别注意哪些问题？

第五节　水中高锰酸盐指数的测定

一、目的和要求

掌握高锰酸盐指数测定的原理及方法。

二、方法原理

向水样中加入硫酸使其呈酸性，再加入一定量高锰酸钾溶液，并在电炉上或沸水中加热反应一定时间。剩余的高锰酸钾，用草酸或草酸钠还原并加至过量，过量的草酸或草酸钠再用高锰酸钾标准溶液回滴。通过计算求出高锰酸盐指数值。

高锰酸盐指数是一个相对的条件性指标，其测定结果与溶液的酸度、高锰酸钾浓度、加热温度和时间有关。因此，测定时必须严格遵守操作规定，使结果具可比性。

方法及适用范围：酸性法适用于氯离子含量不超过 300mg/L 的水样。当水样的高锰酸盐指数值超过 5mg/L 时，则酌情分取少量水样，并用蒸馏水稀释后再行测定。

三、仪器与试剂

1. 仪器

（1）沸水浴装置。

（2）250mL 锥形瓶。

（3）50mL 酸式滴定管。

（4）六联电炉。

2. 试剂

（1）高锰酸钾标准贮备液 $c(1/5KMnO_4) = 0.1mol/L$：称取 3.2g 高锰酸钾溶于 1000mL 蒸馏水中，于 90～95℃ 水浴中加热 2h，放置 2d，倾出清液贮于棕色瓶中保存。

（2）高锰酸钾标准溶液 $c(1/5KMnO_4) = 0.01mol/L$：吸取 100mL 高锰酸钾贮备液，用蒸馏水稀释至 1000mL，贮于棕色瓶中。使用当天应标定其浓度。

（3）（1+3）硫酸。

（4）草酸钠标准贮备液 $c(1/2Na_2C_2O_4) = 0.1mol/L$：称取 0.6705g 在 120℃ 干燥 2h 并冷却的草酸钠，溶于水并转移到 100mL 容量瓶中，用蒸馏水稀释至标线。

（5）草酸钠标准溶液 $c(1/2Na_2C_2O_4) = 0.01mol/L$：吸取 10.00mL 草酸钠贮备液，移入 100mL 容量瓶中，用蒸馏水稀释至标线。

四、 测定步骤

（1）吸取 100.0mL 混合均匀的水样（如高锰酸盐指数高于 5mg/L，则酌情少取，并用蒸馏水稀释至 100.0mL）于 250mL 锥形瓶中。

（2）加入 5mL（1+3）硫酸化。

（3）加入 10.00mL，0.01mol/L 高锰酸钾溶液，摇匀，立即放入沸水浴中加热 30min（从水浴重新沸腾起计时）。沸水浴液面要高于反应溶液的液面。若无沸水浴装置，也可用电炉加热 10min，但必须往锥形瓶中加入 2～3 粒玻璃球以防暴沸。

（4）取下锥形瓶，趁热加入 10.00mL，0.01mol/L 草酸钠标准溶液，摇匀。立即用 0.01mol/L 高锰酸钾溶液滴定至微红色，记录消耗高锰酸钾溶液的体积 V_1。

（5）标定高锰酸钾溶液浓度。将上述滴定完毕的溶液加热至 80℃ 左右，然后准确加入 0.01mol/L 草酸钠标准溶液 10.00mL，再用 0.01mol/L 高锰酸钾溶液滴定至微红色。记录消耗高锰酸钾溶液的体积 V_2，按式（3-6）求得高锰酸钾溶液的校正系数 K。

$$K = \frac{10.00}{V_2} \tag{3-6}$$

五、注意事项

（1）水样用硫酸酸化，以抑制微生物的生长；并在 0～5℃ 条件下保存，保存时间不能超过 48h。

（2）在水浴中加热水样后，水样应保持淡红色，否则，需要将水样稀释后，重新进行实验。

（3）高锰酸钾与草酸的滴定反应，需要在大约 75℃条件下，否则反应速率慢；该反应生成的 Mn^{2+} 为其催化剂（即自催化反应），开始时几滴应慢速滴定，生成 Mn^{2+} 自催化剂后，可加快滴定速度。

六、计算

未经稀释水样的高锰酸盐指数计算如式(3-7)：

$$I_{Mn} = \frac{[(10+V_1)K-10] \times c \times 8 \times 1000}{100} \qquad (3-7)$$

式中　V_1——滴定水样时消耗高锰酸钾溶液量，mL；

　　　　K——校正系数；

　　　　c——草酸钠标准溶液的浓度，mol/L；

　　　　8——氧（1/2O）的摩尔质量，g/mol。

如水样经过稀释，按式(3-8)计算。

$$I_{Mn} = \frac{\left\{\left[(10+V_1)\frac{10}{V_2}-10\right] - \left[(10+V_0)\frac{10}{V_2}-10\right] \times f\right\} \times c \times 8 \times 1000}{V_3} \qquad (3-8)$$

式中　V_0——空白实验时消耗高锰酸钾溶液量，mL；

　　　　V_2——回滴草酸钠标准溶液时消耗高锰酸钾溶液量，mL；

　　　　V_3——测定水样时消耗高锰酸钾溶液量，mL；

　　　　f——稀释样品时，蒸馏水在 100mL 测定用体积内所占比例［例如，10mL 样品用水稀释至 100mL，则 $f=(100-10)/100=0.90$］。

思考题

1. 高锰酸盐指数测定时需用沸水浴，在沸水浴过程中，如果溶液红色褪去，说明什么问题？应如何解决？

2. 高锰酸盐指数一般适用于监测何种水样？对于海水样品，能否直接使用该法？

3. 高锰酸盐指数与化学需氧量都是条件性的综合指标，这句话应如何理解？

第六节　水中悬浮物的测定

一、目的和要求

（1）掌握重量分析法中各种技巧：滤纸折叠、过滤及烘干训练，明确恒重的概念。

（2）掌握用重量分析法测定水中悬浮物的原理。

二、方法原理

悬浮物（SS）能使水体浑浊，透明度降低，影响水生生物的呼吸和代谢，造成水质恶化，污染环境。因此，在水和废水处理中，测定悬浮物具有特定意义。一定体积的水样用滤膜或定量滤纸过滤后，经烘干称量，用 mg/L 表示水中悬浮物的含量。

三、仪器与试剂

（1）分析天平。

（2）烘箱。

（3）玻璃干燥器、称量瓶、玻璃漏斗。

（4）滤膜或定量滤纸。

四、测定步骤

1. 水样采集

为了能够真实反映水体的质量，除了采用精密仪器和准确的分析技术之外，特别要注意水样的采集和保存。采集的样品要代表水体的质量。采样的地点、时间和频数同实验目的、水质的均一性、水质的变化、采样难易程度、所采用的分析方法，以及有关的环保条例密切相关。

现场采集水样前，应先用水样洗涤容器 2～3 次。

2. 水样测定

预先将滤纸折叠好，放入称量瓶中，打开瓶盖，在 103～105℃烘干 2h，取出后盖好瓶盖，放入干燥器中冷却 15～20min 称量，直至恒重（两次称量相差不超过 0.0002g）。

滤纸的折叠和放置：用洁净的手将滤纸先对折，再对折成圆锥体（每次折时均不能用手压滤纸中心，以免使中心出现清晰折痕，而在该处可能会有小孔，使滤纸发生穿漏，这时应用手指由近中心处向外两方压折）。

将恒重的滤纸取出后，放入漏斗中，使滤纸与漏斗密合。如果滤纸与漏斗不十分密合，则稍稍改变滤纸的折叠角度，直到与漏斗密合为止。此时把三层厚滤纸的外层折角撕下一点，这样可以使该处内层滤纸更好地贴在漏斗上。注意漏斗边缘要比滤纸上边高出约0.5～1cm。

滤纸放入漏斗后，用手按住滤纸三层的一边，由洗瓶吹出细水流以湿润滤纸，然后轻压滤纸边缘使滤纸锥体上部与漏斗之间没有空隙。形成水柱，以加快过滤速度。

去除漂浮物后，将水样摇匀，量取 100.0mL，经滤纸过滤。过滤时溶液最多加到滤纸边缘下 5～6mm 处，如果液面过高，沉淀会因毛细作用而越过滤纸边缘。

小心取下滤纸，放入原称量瓶（称量瓶应编好号）内，在 103～105℃烘箱中，打开瓶盖烘 2h，取出后盖好瓶盖，放入干燥器，冷却后称量，直至恒重为止。

五、注意事项

（1）水中悬浮物是水中残渣的一种，也称作"总不可滤残渣"。

（2）"水中悬浮物"与"水的浊度"是两个不同的概念，应加以区别。

（3）测定"水中悬浮物"之前，应将树枝、水草、鱼等杂质从水样中去除。

（4）废水黏度过高时，可加 2～4 倍蒸馏水稀释，振荡均匀，待沉淀物下降后再过滤。

（5）烘干温度和时间对结果有很大影响，所以测定水中悬浮物只有在一定条件下，测定结果才有可比性，才能说明问题。

六、计算

悬浮物含量 ρ（mg/L）计算如式(3-9)：

$$\rho = \frac{(A-B) \times 10^6}{V}\tag{3-9}$$

式中　A——悬浮固体＋滤纸及称量瓶质量，g；

　　　B——滤纸及称量瓶质量，g；

　　　V——水样体积，mL。

思考题

1. 对于黏度大的废水样品，应如何测定悬浮物？

2. 微孔滤膜截留过多或过少的悬浮物有何问题？应如何解决？一般以多少悬浮物的量作为取试样体积的适用范围？

第七节　水中溶解氧的测定

一、目的和要求

掌握电化学探头法测定水中溶解氧的方法。

二、方法原理

溶解氧指溶解在水中的分子态氧，通常记作 DO，用每升水中氧的毫克数和饱和百分率表示。水中溶解氧的含量与大气压力、水温及含盐量等因素有关。大气压力下降、水温升高、含盐量增加，都会导致溶解氧含量降低。

溶解氧电化学探头是一个用选择性薄膜封闭的小室，室内有两个金属电极并充有电解质。氧和一定数量的其他气体及亲水物质可透过这层薄膜，但水和可溶性物质的离子几乎不能透过这层膜。将探头浸入水中进行溶解氧的测定时，由于电池作用或外加电压在两个电极间产生电位差，使金属离子在阳极进入溶液，同时氧气通过薄膜扩散在阴极获得电子被还原，产生的电流与穿过薄膜和电解质层的氧的传递速度成正比，即在一定的温度下该电流与水中氧的分压（或浓度）成正比。

三、仪器与试剂

1. 仪器

（1）溶解氧测量仪：测量探头为原电池型（例如铅/银）或极谱型（例如银/金），探头上宜附有温度补偿装置。

（2）磁力搅拌器。

（3）电导率仪：测量范围 2～100mS/cm。

（4）温度计：最小分度为 0.5℃。

（5）气压表：最小分度为 10Pa。

2. 试剂

（1）实验用水为新制备的去离子水或蒸馏水。

（2）零点检查溶液：称取 0.25g 无水亚硫酸钠（Na_2SO_3）和约 0.25mg 六水合氯化钴（$CoCl_2·6H_2O$）溶解于 250mL 水中。临用时现配。

（3）氮气：99.9%。

四、测定步骤

1. 零点校准

将探头浸入零点检查溶液中，待反应稳定后读数，调整仪器到零点。若仪器具有零点补偿功能，则不必调整零点。

2. 测定

将探头浸入样品，不能有空气泡截留在膜上，停留足够的时间，待探头温度与水温达到平衡，且数字显示稳定时读数。必要时，根据所用仪器的型号及对测量结果的要求，检验水温、气压或含盐量，并对测量结果进行校正。

探头的膜接触样品时，样品要保持一定的流速，防止与膜接触的瞬间将该部位样品中的溶解氧耗尽，使读数发生波动。

对于流动样品（例如河水），应检查水样是否有足够的流速（不得小于 0.3m/s），若水流速低于 0.3m/s 需在水样中往复移动探头，或者取分散样品进行测定。

对于分散样品：容器能密封以隔绝空气并带有搅拌器。将样品充满容器至溢出，密闭后进行测量。调整搅拌速度，使读数达到平衡后保持稳定，并不得夹带空气。

五、 注意事项

（1）水中存在的一些气体和蒸气，例如氯、二氧化硫、硫化氢、胺、氨、二氧化碳、溴和碘等物质，通过膜扩散影响被测电流而干扰测定。

（2）水样中的其他物质如溶剂、油类、硫化物、碳酸盐和藻类等物质可能堵塞薄膜，引起薄膜损坏和电极腐蚀，影响被测电流而干扰测定。

（3）薄膜对气体的渗透性受温度变化的影响较大，要采用数学方法对温度进行校正，也可在电路中安装热敏元件对温度变化进行自动补偿。

（4）若仪器在电路中未安装压力传感器不能对压力进行补偿时，仪器仅显示与气压有关的表观读数，当测定样品的气压与校准仪器时的气压不同时，应进行校正。

（5）若测定海水、港湾水等含盐量高的水，应根据含盐量对测量值进行修正。

思考题

1. 水流过大或过小都会影响数据真实性，为什么？

2. 测量时为什么要防止气泡停留在隔膜上？

第八节　水中氨氮、亚硝酸盐氮、硝酸盐氮和总氮的测定

一、目的和要求

（1）了解水中氮的不同存在形态（氨氮、亚硝酸盐氮、硝酸盐氮和总氮）。

（2）掌握水中氨氮的测定方法和原理。

二、氨氮的测定——纳氏试剂分光光度法

（一）实验原理

氨氮与纳氏试剂反应生成黄棕色胶态化合物，此颜色在 410～425nm 范围内可用于比色法测定 [反应见式(3-10)]。

$$2K_2[HgI_4]+3KOH+NH_3 == [Hg_2O \cdot NH_2]I+2H_2O+7KI \qquad (3-10)$$

（二）实验仪器

（1）可见分光光度计：具 20mm 比色皿。

（2）氨氮蒸馏装置：由 500mL 凯式烧瓶、氮球、直形冷凝管和导管组成，冷凝管末端可连接一段适当长度的滴管，使出口尖端浸入吸收液液面下。亦可使用 500mL 蒸馏烧瓶。

（三）实验试剂

（1）纳氏试剂：称取碘化钾 5g，溶于 5mL 无氨水中，分次少量加入氯化汞溶液（2.5g 氯化汞溶解于 10mL 热的无氨水中），不断搅拌至有少量沉淀为止，冷却后，加入 30mL 氢氧化钾溶液（含 15g 氢氧化钾），用无氨水稀释至 100mL，再加入 0.5mL 氯化汞溶液，静置 1d，将上层清液储于棕色瓶内，盖紧橡皮塞于低温处保存，有效期为一个月。

（2）50％酒石酸钾钠溶液：称取 50.0g 酒石酸钾钠（$KNaC_4H_4O_6 \cdot 4H_2O$）溶于 100mL 水中，加热煮沸以驱除氨，充分冷却后稀释至 100mL。

（3）铵标准液：称取氯化铵 3.8190g 溶于无氨水中转入 1000mL 容量瓶内，用无氨水稀释至刻度，摇匀，吸取该溶液 10.00mL 于 1000mL 容量瓶内，用无氨水稀释至刻度，其浓度为 10μg/mL 氨氮。

（四）测定步骤

1. 制备无氨水

加入硫酸至 pH＜2，使水中各种形态的氨或胺均转变成不挥发的盐类，然后用全玻璃蒸馏器进行蒸馏制得。但应注意避免被实验室空气中存在的氨重新污染。还可利用强酸性阳离子树脂进行离子交换，得到较大量的无氨水。

2. 样品的预处理

（1）若样品中存在余氯，可加入适量的硫代硫酸钠溶液（$\rho = 3.5g/L$）去除。每加 0.5mL 可去除 0.25mg 余氯。用淀粉碘化钾试纸检验余氯是否除尽。

（2）絮凝沉淀：100mL 样品中加入 1mL 硫酸锌溶液（$\rho = 100g/L$）和 0.1～0.2mL 氢

83

氧化钠溶液（$c = 1\text{mol/L}$），调节 pH 约为 10.5，混匀，放置使之沉淀，取上清液分析。必要时，用经水冲洗过的中速滤纸过滤，弃去初滤液 20mL。

3. 预蒸馏

将 50mL 硼酸溶液（$\rho = 20\text{g/L}$）移入接收瓶内，确保冷凝管出口在硼酸溶液液面之下。分取 250mL 样品，移入烧瓶中，加几滴溴百里酚蓝指示剂，必要时，用氢氧化钠溶液（$c = 1\text{mol/L}$）调整 pH 至 6.0（指示剂呈黄色）～7.4（指示剂呈蓝色），加入 0.25g 轻质氧化镁及数粒玻璃珠，立即连接氮球和冷凝管。加热蒸馏，使馏出液速率约为 10mL/min，待馏出液达 200mL 时，停止蒸馏，用无氨水定容至 250mL。

4. 测定

（1）制备标准系列：取浓度为 $10\mu\text{g/mL}$ 氨氮的铵标准溶液 0、0.50mL、1.00mL、2.00mL、3.00mL、5.00mL，分别加入 50mL 比色管中，以无氨水稀释至刻度。

（2）显色测定：在水样及标准系列中分别加入 1.0mL 酒石酸钾钠，摇匀，再加 1.0mL 纳氏试剂，摇匀，放置 10min 后，在 $\lambda = 420\text{nm}$ 处，用 20mm 比色皿，以水为参比，测量吸光度。

（五）计算

水中氨氮浓度如式(3-11)计算：

$$\rho_N = \frac{A_s - A_b - a}{b \times V} \tag{3-11}$$

式中 ρ_N——水样中氨氮的质量浓度（以 N 计），mg/L；

A_s——水样的吸光度；

A_b——空白试验的吸光度；

a——校准曲线的截距；

b——校准曲线的斜率；

V——试样体积，mL。

三、亚硝酸盐氮的测定——分光光度法

（一）实验原理

在磷酸介质中，pH 值为 1.8 时，试样中的亚硝酸根离子与 4-氨基苯磺酰胺反应生成重氮盐，它再与 N-(1-萘基)乙二胺二盐酸盐偶联生成红色染料，在 540nm 波长处测定吸光度。本方法适于测定亚硝酸盐的氮浓度不高于 0.2mg/L。

（二）实验仪器

分光光度计，配有光程 10mm 的比色皿。

（三）实验试剂

（1）实验用水为无亚硝酸盐的二次蒸馏水。

（2）显色剂：500mL 烧杯内置入 250mL 水和 50mL 磷酸（$\rho = 1.70\text{g/mL}$），加入 20.0g 4-氨基苯磺酰胺（$NH_2C_6H_4SO_2NH_2$）。再将 1.00g N-(1-萘基)乙二胺二盐酸盐

（$C_{10}H_7NHC_2H_4NH_2 \cdot 2HCl$）溶于上述溶液中，转移至 500mL 容量瓶中，定容，摇匀。此溶液贮存于棕色试剂瓶中，在 2～5℃下，至少可保存一个月。

（3）亚硝酸盐氮标准储备液：称取 1.232g 亚硝酸钠溶于水中，稀释至 1000mL 后，加入 1mL 氯仿保存。由于亚硝酸盐氮在潮湿环境中易氧化，所以储备液在测定时需标定。标定方法如下：

在 250mL 具塞锥形瓶内依次加入 50.00mL 高锰酸钾溶液（0.050mol/L），5mL 浓硫酸及 50.00mL 亚硝酸钠储备液（加此溶液时应将吸管插入高锰酸钾溶液液面以下），混匀，在水浴上加热至 70～80℃后，加入草酸钠标准溶液 20.00mL，使溶液褪色并使草酸钠过量。再以 0.050mol/L 高锰酸钾溶液滴定过量的草酸钠，至溶液呈微红色，记录高锰酸钾标准溶液总用量。

再以 50mL 水代替亚硝酸盐氮标准贮备液，如上操作，用草酸钠标准溶液标定高锰酸钾溶液的浓度。按式(3-12)计算高锰酸钾标准溶液浓度：

$$c_1\left(\frac{1}{5}\mathrm{KMnO_4}\right)=\frac{0.0500\times V_4}{V_3} \tag{3-12}$$

按式(3-13)计算亚硝酸盐氮标准贮备液的浓度：

$$亚硝酸盐氮(\mathrm{N,mg/L})=\frac{(V_1c_1-0.0500\times V_2)\times 7.00\times 1000}{50.00}=140V_1c_1-7.00V_2 \tag{3-13}$$

式中　c_1——经标定的高锰酸钾标准溶液的浓度，mol/L；

V_1——滴定亚硝酸盐氮标准贮备液时，加入高锰酸钾标准溶液总量，mL；

V_2——滴定亚硝酸盐氮标准贮备液时，加入草酸钠标准溶液总量，mL；

V_3——滴定空白（实验用水）时，加入高锰酸钾标准溶液总量，mL；

V_4——滴定空白（实验用水）时，加入草酸钠标准溶液总量，mL；

7.00——亚硝酸盐氮（1/2N）的摩尔质量，g/mol；

50.00——亚硝酸盐氮标准贮备液取用量，mL；

0.0500——草酸钠标准溶液浓度（$1/2\mathrm{Na_2C_2O_4}$），mol/L。

（4）亚硝酸盐氮中间标准液：取亚硝酸盐氮标准贮备溶液 50.00mL 置 250mL 容量瓶中，定容，摇匀。

（5）亚硝酸盐氮标准工作液：取亚硝酸盐氮中间标准液 10.00mL 于 500mL 容量瓶内，定容，摇匀。此溶液使用时，当天配制。

（6）氢氧化铝悬浮液：溶解 125g 硫酸铝钾于 1L 一次蒸馏水中，加热至 60℃，在不断搅拌下，徐徐加入 55mL 浓氨水，放置约 1h 后，移入 1L 量筒内，用一次蒸馏水反复洗涤沉淀，最后用实验用水洗涤沉淀，直至洗涤液中不含亚硝酸盐为止。澄清后，把上清液尽量全部倾出，只留悬浮物，最后加入 100mL 水。使用前应振荡均匀。

（7）高锰酸钾标准溶液 $c(1/5\ \mathrm{KMnO_4})=0.050\mathrm{mol/L}$：溶解 1.6g 高锰酸钾（$\mathrm{KMnO_4}$）于 1.2L 一次蒸馏水中，煮沸 0.5～1h，使体积减少到 1L 左右，放置过夜，过滤后滤液贮存于棕色试剂瓶中避光保存。

（8）草酸钠标准溶液 $c(1/2\ \mathrm{Na_2C_2O_4})=0.0500\mathrm{mol/L}$：溶解经 105℃烘干 2h 的优级纯无水草酸钠（$\mathrm{Na_2C_2O_4}$）3.35g 于 750mL 水中，定量转移至 1000mL 容量瓶中，定容，摇匀。

（四）实验步骤

（1）制备标准系列：取 50mL 比色管 6 支，分别加入亚硝酸盐氮标准工作液 0、1.00mL、3.00mL、5.00mL、7.00mL、10.00mL，用水稀释至标线。

（2）用无分度吸管将选定试样移至 50mL 比色管中，用水稀释至标线，加入显色剂 1.0mL，密塞，摇匀，静置，此时 pH 值应为 1.8 左右。加入显色剂 20min 后、2 h 以内，在 540nm 波长处，用光程 10mm 的比色皿，以实验用水作参比，测吸光度。

（五）计算

水样吸光度校正值 A_r 如式（3-14）计算：

$$A_r = A_s - A_b \tag{3-14}$$

式中 A_s——水样的吸光度；

A_b——空白试验的吸光度；

水样中亚硝酸盐氮浓度 C_N 如式（3-15）计算：

$$C_N = \frac{m_N}{V} \tag{3-15}$$

式中 m_N——相应于校正吸光度的 A_r 亚硝酸盐含量，μg；

V ——试样体积，mL。

四、硝酸盐氮的测定——酚二磺酸分光光度法

（一）实验原理

硝酸盐在无水情况下与酚二磺酸反应，生成硝基二磺酸酚，在碱性溶液中，生成黄色化合物，于 410nm 波长处进行分光光度测定。本法适于测定硝酸盐浓度范围为 0.02～2.0mg/L。

（二）实验仪器

（1）分光光度计：配有光程 10mm 和 30mm 的比色皿。

（2）瓷蒸发皿：75～100mL 容量。

（三）实验试剂

（1）酚二磺酸 $[C_6H_3(OH)(SO_3H)_2]$：称取 25g 苯酚置于 500mL 锥形瓶中，加 150mL 硫酸（$\rho=1.84g/mL$）使之溶解，再加 75mL 发烟硫酸（含 $13\%SO_3$），充分混合。瓶口插一小漏斗，置于沸水浴中加热 2h，得淡棕色稠液，贮于棕色瓶中，密塞保存。

（2）硝酸盐氮贮备液（$c=100mg/L$）：将 0.7218g 经 105℃ 干燥 2h 的硝酸钾溶于水中，移入 1000mL 容量瓶，用蒸馏水定容，混匀。加 2mL 氯仿作保存剂，至少可保存 6 个月。

（3）硝酸盐氮标准液（$c=10mg/L$）：吸取 50mL 硝酸盐氮贮备液置蒸发皿内，加氢氧化钠溶液（0.1mol/L）使 pH 至 8，在水浴上蒸发至干。加 2mL 酚二磺酸试剂，用玻璃棒研磨蒸发皿内壁，使残渣与试剂充分接触，放置片刻，重复研磨一次，放置 10min，加入少量水，定量移入 500mL 容量瓶中，蒸馏水定容，混匀。贮于棕色瓶中，此溶液至少保存 6

个月。

（4）硫酸银溶液：称取 4.397g 硫酸银（Ag_2SO_4）溶于蒸馏水，稀释至 1000mL。1.00mL 此溶液可去除 1.00mg 氯离子（Cl^-）。

（5）EDTA 二钠溶液：称取 50gEDTA 二钠盐的二水合物（$C_{10}H_{14}N_2O_3Na_2 \cdot 2H_2O$），溶于 20mL 蒸馏水中，使调成糊状，加入 60mL 氨水（$\rho = 0.9g/mL$）充分混合，使之溶解。

（6）氢氧化铝悬浮液：称取 125g 硫酸铝钾溶于 1L 水中，加热到 60℃，在不断搅拌下徐徐加入 55mL 氨水（$\rho = 0.9g/mL$），使生成氢氧化铝沉淀，充分搅拌后静置，弃去上清液。反复用水洗涤沉淀，至倾出液无氯离子和铵盐。最后加入 300mL 水使成悬浮液。使用前振摇均匀。

（四）实验步骤

1. 水样预处理

（1）若水样有颜色，应在每 100mL 水样中加入 2mL 氢氧化铝悬浮液，在锥形瓶中搅拌 5min 后过滤，弃去最初滤液的 20mL。

（2）去氯离子。取 100mL 水样移入 100mL 具塞量筒中，根据已测定的氯离子含量加入相当量的硫酸银溶液，充分混合，在暗处放置 30min，使氯化银沉淀凝聚，然后过滤，弃去最初滤液的 20mL。

2. 制备标准系列

将硝酸盐氮标准液稀释分别取 0、0.1mL、0.3mL、0.5mL、0.7mL、1.00mL、3.00mL、5.00mL、7.00mL、10.00mL 于 50mL 比色管，加蒸馏水至 40mL，加 3mL 氨水，蒸馏水定容至标线，混匀。

3. 水样测定

（1）蒸发：取 50.0mL 水样入蒸发皿中，用 pH 试纸检查，必要时用硫酸溶液或氢氧化钠溶液调节至微碱性（pH≈8），置水浴上蒸发至干。

（2）硝化反应：加 1.0mL 酚二磺酸试剂，用玻璃棒研磨，使试剂与蒸发皿内残渣充分接触，放置片刻，再研磨一次，放置 10min，加入约 10mL 蒸馏水。

（3）显色：搅拌下加入 3～4mL 氨水，使溶液呈现最深的颜色。如有沉淀产生，过滤；或滴加 EDTA 二钠溶液，并搅拌至沉淀溶解。将溶液移入比色管中，蒸馏水稀释至标线，混匀。

（4）测定：于 410nm 波长，选用合适光程长的比色皿，以蒸馏水为参比，测量溶液的吸光度。

（五）计算

参考亚硝酸盐氮的计算方式。

五、总氮的测定——碱性过硫酸钾消解紫外分光光度法

（一）实验原理

在 120～124℃下，碱性过硫酸钾溶液使样品中含氮化合物的氮转化为硝酸盐，采用紫外分光光度法于波长 220nm 和 275nm 处，分别测定吸光度 A_{220} 和 A_{275}，按公式（3-16）计

算校正吸光度 A，总氮（以 N 计）含量与校正吸光度 A 成正比。

$$A = A_{220} - 2A_{275} \tag{3-16}$$

（二）实验仪器

（1）紫外分光光度计：具 10mm 石英比色皿。

（2）高压蒸汽灭菌器：最高工作压力不低于 $1.1 \sim 1.4 \mathrm{kgf/cm^2}$；最高工作温度不低于 $120 \sim 124 \, ℃$。

（3）具塞磨口玻璃比色管：25mL。

（三）实验试剂

（1）实验用水为无氨水。

（2）碱性过硫酸钾溶液：称取 40.0g 过硫酸钾溶于 600mL 水中；另称取 15.0g 氢氧化钠溶于 300mL 水中。待氢氧化钠溶液温度冷却至室温后，混合两种溶液定容至 1000mL，存放于聚乙烯瓶中，可保存一周。

（3）硝酸钾标准贮备液 $\rho(\mathrm{N}) = 100 \mathrm{mg/L}$：称取 0.7218g 在 105℃下烘干 2h 的硝酸钾溶于适量水，移至 1000mL 容量瓶中，定容，混匀。加入 $1 \sim 2 \mathrm{mL}$ 三氯甲烷作为保护剂，在 $0 \sim 10 \, ℃$ 下暗处保存，可保存 6 个月。

（4）硝酸钾标准使用液 $\rho(\mathrm{N}) = 10.0 \mathrm{mg/L}$：量取 10.00mL 硝酸钾标准贮备液至 100mL 容量瓶中，用水稀释至标线，混匀，临用现配。

（四）测定步骤

（1）量取 10.00mL 水样于 25mL 具塞磨口玻璃比色管中，加水稀释至 10.00mL，再加入 5.00mL 碱性过硫酸钾溶液，塞紧管塞，用纱布和线绳扎紧管塞，以防弹出。将比色管置于高压蒸汽灭菌器中，加热至顶压阀吹气，关阀，继续加热至 120℃ 开始计时，保持温度在 $120 \sim 124 \, ℃$ 之间 30min。自然冷却、开阀放气，移去外盖，取出比色管冷却至室温，按住管塞将比色管中的液体颠倒混匀 $2 \sim 3$ 次。

每个比色管分别加入 1.0mL 盐酸溶液，用水稀释至 25mL 标线，盖塞混匀。使用 10mm 石英比色皿，在紫外分光光度计上，以水作参比，分别于波长 220nm 和 275nm 处测定吸光度。

（2）用 10.00mL 水代替试样，按照步骤 1 进行测定。

（3）制备标准系列：分别量取 0.00、0.20mL、0.50mL、1.00mL、3.00mL 和 7.00mL 硝酸钾标准使用液于 25mL 具塞磨口玻璃比色管中，其对应的总氮（以 N 计）含量分别为 0.00、2.00μg、5.00μg、10.0μg、30.0μg 和 70.0μg。按步骤（1）测吸光度。

（五）计算

测标准系列的吸光度时，零浓度的校正吸光度 A_b、其他标准系列的校正吸光度 A_s 及其差值 A_r 按公式(3-17)～式(3-19)进行计算。以总氮（以 N 计）含量（μg）为横坐标，对应的 A_r 值为纵坐标，绘制校准曲线。

$$A_b = A_{b220} - 2A_{b275} \tag{3-17}$$

$$A_s = A_{s220} - 2A_{s275} \tag{3-18}$$

$$A_r = A_s - A_b \tag{3-19}$$

式中　A_b——零浓度（空白）溶液的校正吸光度；

　　　A_{b220}——零浓度（空白）溶液于波长 220nm 处的吸光度；

　　　A_{b275}——零浓度（空白）溶液于波长 275nm 处的吸光度；

　　　A_s——标准溶液的校正吸光度；

　　　A_{s220}——标准溶液于波长 220nm 处的吸光度；

　　　A_{s275}——标准溶液于波长 275nm 处的吸光度；

　　　A_r——标准溶液校正吸光度与零浓度（空白）溶液校正吸光度的差值。

样品中总氮的质量浓度 ρ（mg/L）按公式（3-20）进行计算：

$$\rho = \frac{(A_r' - a) \times f}{bV} \tag{3-20}$$

式中　ρ——样品中总氮（以 N 计）的质量浓度，mg/L；

　　　A_r'——试样的校正吸光度与空白试验校正吸光度的差值；

　　　a——校准曲线的截距；

　　　b——校准曲线的斜率；

　　　V——试样体积，mL；

　　　f——稀释倍数。

六、注意事项

（1）在氨氮测定时，水样中若含钙、镁、铁等金属离子会干扰测定，可加入络合剂或预蒸馏消除干扰。纳氏试剂显色后的溶液颜色会随时间而变化，所以必须在较短时间内完成比色操作。

（2）亚硝酸盐是含氮化合物分解过程中的中间产物，很不稳定，采样后的水样应尽快分析。

（3）可溶性有机物、NO_2^-、$Cr(Ⅵ)$ 和表面活性剂均干扰 NO_3^--N 的测定。可溶性有机物用校正法消除；NO_2^- 干扰可用氨基磺酸法消除；$Cr(Ⅵ)$ 和表面活性剂可制备各自的校正曲线进行校正。

思考题

1．如何制备无氨水？

2．为什么说氨氮是一个重要的水质指标？

3．水体中氨氮、硝酸盐氮和亚硝酸盐氮是怎样转化的？

4．可溶性有机物、亚硝酸盐、六价铬和表面活性剂均对硝酸盐氮的测定造成干扰，分别可用什么方法消除？

第九节 水中总磷的测定

一、目的和要求

学习硝酸-硫酸消解水样；掌握水中磷的测定方法。

二、方法原理

将水样中的磷（各种存在状态）经过消解都转化为正磷酸根的形式。在酸性条件下，正磷酸盐与钼酸铵反应，生成磷钼杂多酸。当加入还原剂氯化亚锡后，则转变成蓝色络合物，该络合物在 700nm 处有最大吸光度。据此可分析水样中的游离磷（不需要消解，直接进行比色分析）或总磷。

氯离子含量达 0.15％以上时，使显色减弱（其他卤素离子亦同）；硫酸根离子，含量在 1％以上时，则使色度增加；高铁离子（Fe^{3+}）具有氧化作用，含量达 40mg/L 时，可影响显色；铜离子（Cu^{2+}）含量大于 1mg/L 时，可出现负偏差；硅酸在此显色条件下不干扰；砷酸可与磷酸一样显色；其色度约为磷酸的 1/20。

水中过锰酸盐、六价铬等离子含量较高时，影响磷钼蓝显色，遇此情况，可加适量亚硫酸钠溶液使其还原，并煮沸以除去剩余的亚硫酸根离子。

本方法最低检出浓度为 0.025mg/L，测定上限为 0.6mg/L。适用于地面水中正磷酸盐的测定。

三、仪器与试剂

1. 仪器

（1）分光光度计。

（2）可调电炉。

（3）125mL 凯氏烧瓶。

2. 试剂

（1）实验用水为蒸馏水。

（2）（1＋1）硫酸。

（3）钼酸铵溶液：称取 8.25g 钼酸铵溶于约 75mL 水中，另量取 100mL 浓硫酸徐徐注入 300mL 水中。冷却后，将钼酸铵溶液在搅拌下注入硫酸溶液中，加水至 500mL，贮于聚乙烯瓶中，如浑浊或变色则应重新配制。

（4）氯化亚锡溶液：称取 0.5g 氯化亚锡，加 2.5mL 浓盐酸使完全溶解，得透明溶液（必要时放置过夜或稍稍加温）后，加水稀释至 25mL，加一粒金属锡，置暗冷处，一周后重配。

（5）磷酸盐贮备溶液：将磷酸二氢钾（KH_2PO_4）于 110℃干燥 2h，在干燥器中放冷。称取 0.217g 溶于水，移入 1000mL 容量瓶中。加（1＋1）硫酸 5mL，用水稀释至标线。此溶液每毫升含 50.0μg 磷（以 P 计）。

（6）磷酸盐标准溶液：吸取 10.00mL 磷酸盐贮备液于 250mL 容量瓶中，用水稀释至标线。此溶液每毫升含 $2.00\mu g$ 磷。临用时现配。

（7）硝酸（$\rho=1.40g/mL$）。

（8）硫酸（$1/2H_2SO_4$）：$1mol/L$。

（9）氢氧化钠溶液：$1mol/L$，$6mol/L$。

（10）1%（质量/体积）酚酞指示液：将 $0.5g$ 酚酞溶于 $50mL$ 95%的乙醇中。

四、测定步骤

1. 水样消解

吸取 $25.0mL$ 水样置于凯氏烧瓶中，加数粒玻璃珠，加 $2mL$（1+1）硫酸及 $2\sim5mL$ 硝酸。在电加热板上或可调电炉上加热至冒白烟，如液体尚未澄清透明，放冷后，加 $5mL$ 硝酸，再加热至冒白烟，并获得透明液体。放冷后加约 $30mL$ 水，加热煮沸约 $5min$。放冷后，加 1 滴酚酞指示剂，滴加氢氧化钠溶液（$1mol/L$ 或 $6mol/L$）至刚呈微红色，再滴加 $1mol/L$ 硫酸溶液使微红正好褪去，充分混匀，移至 $50mL$ 比色管中。如溶液浑浊，则用滤纸过滤，并用水洗凯氏烧瓶和滤纸，一并移入比色管中，稀释至标线，供分析用。

2. 校准曲线的绘制

取数支 $50mL$ 具塞比色管，分别加入磷酸盐标准溶液 0、$0.50mL$、$1.00mL$、$3.00mL$、$5.00mL$、$10.00mL$、$15.00mL$，加水至 $50mL$。

（1）显色：向比色管中加入 $5mL$ 钼酸铵溶液，混匀。加入 $0.25mL$ 氯化亚锡溶液，充分混匀。

（2）测量：室温（20℃）放置 $15min$ 后，用 $20mm$ 比色皿，于 $700nm$ 波长处，以零浓度空白管为参比，测量吸光度。

3. 样品测定

分取适量水样（使含磷不超过 $30\mu g$）于比色管中，用水稀释至标线。以下按绘制校准曲线的步骤进行显色、测量。减去空白实验的吸光度，并从校准曲线上查出磷含量。

五、注意事项

（1）配制钼酸铵溶液时，应注意将钼酸铵水溶液缓缓加入硫酸溶液中。如相反操作，则可导致显色不充分。

（2）此法显色与显色溶液的酸度、钼酸铵浓度、还原剂用量、显色温度和时间等条件有关。因此，应控制试剂的加入量。温度每升高 1℃，色泽增加约 1%。因此，水样和标准的显色温度应一致，如室温变动明显时，应重新制作校准曲线。显色温度亦影响最大显色所需时间，室温较高或较低时，可适当缩短或延长显色时间，水样和标准显色时间亦应一致。

（3）操作所用的玻璃器皿，可用（1+5）盐酸浸泡 $2h$，或用不含磷酸盐的洗涤剂刷洗。

（4）比色皿用后应以稀硝酸或铬酸洗液浸泡片刻，以除去吸附的钼蓝显色剂。

（5）磷浓度低的水样，可制备低浓度的校准曲线，并使用 $50mm$ 比色皿。

（6）消解时要在通风橱中进行，绝对不能将消解液蒸干。

六、计算

$$正磷酸盐(P,mg/L)=\frac{m}{V} \tag{3-21}$$

式中　m——由校准曲线查得的磷量，μg；

　　　V——所取水样体积，mL。

思考题

1. 用分光光度法测定水中总磷时，如何进行比色皿配套性检验并校正？
2. 硝酸-硫酸消解的作用是什么？
3. 用分光光度计测吸光度时，如果比色皿中有气泡，对测定结果有什么影响？

第十节　水中碱度、酸度和硬度的测定

一、水中碱度的测定

（一）目的和要求

了解碱度的基本概念，掌握碱度的测定方法。

（二）方法原理

碱度是指水中含有能与强酸发生中和作用的全部物质，主要来自水样中存在的碳酸盐、重碳酸盐及氢氧化物等。碱度可用盐酸标准溶液进行滴定，用酚酞和甲基橙作指示剂，其反应为：

酚酞指示两步反应：$OH^- + H^+ \Longrightarrow H_2O$　　　　终点变色时 $pH \approx 7.0$

　　　　　　　　　$CO_3^{2-} + H^+ \Longrightarrow HCO_3^-$　　终点变色时 $pH \approx 8.3$

甲基橙指示反应：$HCO_3^- + H^+ \Longrightarrow H_2CO_3$　　终点变色时 $pH \approx 3.89$

根据用去盐酸标准溶液的体积，可以计算各种碱度。若单独使用甲基橙为指示剂，测得的碱度是总碱度。对废水、污水来说，由于其组分复杂，这种测定与计算是没有实际意义的。

碱度单位常用碳酸钙或氧化钙的 mg/L 表示，此时，1mg/L 的碱度相当于 50mg/L 的碳酸钙，28mg/L 的氧化钙。

（三）仪器与试剂

1. 仪器

（1）250mL 锥形瓶。

（2）25mL 滴定管。

（3）100.0mL、50.0mL、20.0mL 移液管。

2. 试剂

（1）Na_2CO_3 标准溶液的配制

① 用分析天平准确称取 1.3250g 事先干燥过的 Na_2CO_3 基准物，置于小烧杯中，加入 50mL 蒸馏水，用玻璃棒搅拌，并在电炉上稍加热，使其完全溶解。

② 将小烧杯中的 Na_2CO_3 溶液，沿玻璃棒全部转移到 250mL 容量瓶中，用少量蒸馏水

洗涤烧杯 2～3 次，洗涤溶液也转移到容量瓶中，再继续加入蒸馏水至标线附近，改用滴管慢慢滴加，直至溶液的凹液面与标线相切时为止。盖好瓶塞，将容量瓶颠倒几次，使混合均匀。

（2）$c(HCl)＝0.1mol/L$ HCl 溶液的配制与标定

① 粗配：根据稀释公式 $c_1V_1＝c_2V_2$，计算出配制 500mL，浓度为 $c(HCl)＝0.1mol/L$ HCl 的溶液，需要量取浓盐酸（$\rho＝1.19$，12mol/L）的体积［见式(3-22)］：

$$V_1＝\frac{c_2V_2}{c_1}＝\frac{0.1×500}{12}＝4.17(mL) \tag{3-22}$$

用小量筒量取浓度为 12mol/L 的浓盐酸 4.2mL 于 500mL 量筒中，先用少量蒸馏水淋洗小量筒 2 次，淋洗溶液也倒入 500mL 量筒中，然后加蒸馏水至刻度。把量筒中的溶液转移到试剂瓶中，盖上瓶塞，摇匀，即得到 $c(HCl)＝0.1mol/L$ HCl 溶液。

② HCl 溶液浓度的标定：用移液管准确移取 20.00mL，$c(1/2Na_2CO_3)＝0.1000mol/L$ 的溶液于 250mL 锥形瓶中，再加入 30mL 蒸馏水；加入两滴甲基橙指示剂；将洗干净的滴定管用蒸馏水淋洗 2～3 次，再以待标定的 HCl 溶液淋洗 2～3 次，然后将滴定管盛满该 HCl 溶液；这时便可开始滴定，滴定前记录滴定管中溶液的初读数，最好把液面调在"0"刻度。滴定时要边滴定边摇动，使锥形瓶向同一方向作圆周运动，滴定至溶液颜色由黄色变为橙色即为终点。滴定完要记录滴定管溶液末读数，要准确到小数点后第一位，小数点后第二位数为估计值。末读数与初读数之差，为滴定所消耗 HCl 溶液体积；用同样的方法，平行滴定三次，三次滴定的相对偏差不应超过 0.2%。

③ 计算：盐酸的准确浓度用式(3-23)计算

$$c(HCl)＝\frac{c\left(\frac{1}{2}Na_2CO_3\right)V\left(\frac{1}{2}Na_2CO_3\right)}{V(HCl)} \tag{3-23}$$

（3）0.1%酚酞指示剂：称取 0.1g 酚酞溶于 95%乙醇中，并用此乙醇稀释至 100mL。

（4）0.1%甲基橙指示剂：称取 0.1g 甲基橙，溶解于 100mL 蒸馏水中。

（四）测定步骤

（1）用移液管量取 100.00mL 水样于 250mL 锥形瓶中，用同法另取两份 100.0mL 水样分别注入另两个锥形瓶中。向每瓶中加入酚酞指示剂 3 滴，若呈现红色，以 HCl 标准溶液滴定至红色刚刚消失，记录 HCl 标准溶液消耗量为 P。

（2）在上述每瓶溶液中，再各加甲基橙 3 滴，如有黄色出现，继续用 HCl 标准溶液滴定至溶液显橙色，记录以甲基橙为指示剂时，消耗 HCl 标准溶液量为 M。

（五）注意事项

（1）甲基橙为指示剂时，终点不易观察，快到终点时，要特别小心。

（2）在滴定分析时，必须要进行平行测定，同一水样各次结果最大不要超过 0.1mL。

（3）如果水样有色或浊度较大，则不宜用该法测定，可选择使用电位滴定法或其他方法测定。

（4）在实际测定水样时，所用标准溶液的浓度配制随碱度的大小而定，一般来说，水样中碱度越大，所使用的标准溶液的浓度越大，与此同时，水样取样量也随着碱度的增大而减少。

（六）计算

$$总碱度(CaO,mg/L)=\frac{\frac{1}{2}(P+M)c(HCl)M(CaO)\times10^3}{V} \tag{3-24}$$

或

$$总碱度(CaCO_3,mg/L)=\frac{\frac{1}{2}(P+M)c(HCl)M(CaCO_3)\times10^3}{V} \tag{3-25}$$

式中 $c(HCl)$——HCl 标准溶液浓度，mol/L；

V——水样体积，mL。

如果要得到水样中氢氧化物、碳酸盐及重碳盐碱度，可根据 P、M 值进行计算。

例如，当滴定结果 $P>M$ 时，则水样中含有氢氧化物和碳酸盐碱度〔见式（3-26）和式（3-27）〕。

$$氢氧化物碱度(mg/L)=\frac{(P-M)c(HCl)M(OH^-)\times10^3}{V} \tag{3-26}$$

$$碳酸盐碱度(mg/L)=\frac{\frac{1}{2}c(HCl)2M\times M(CO_3^{2-})\times10^3}{V} \tag{3-27}$$

式中，$M(OH^-)$ 为 OH^- 的摩尔质量，如果计算氢氧化物碱度，以氢氧化钠的量计，则用氢氧化钠的摩尔质量计算；$M(CO_3^{2-})$ 为 CO_3^{2-} 的摩尔质量，若以某一化合物的量计碳酸盐碱度，则用该化合物的摩尔质量计算；其他符号同前。

二、水中酸度的测定

（一）目的和要求

（1）了解酸度的基本概念。
（2）掌握水样酸度的测定方法。

（二）方法原理

酸度是指水中含有能与强碱发生中和作用的物质的总量，主要来自水样中存在的强酸、弱酸和强酸弱碱盐等物质。酸度采用标准氢氧化钠溶液滴定法测得。通常把用甲基橙作为指示剂滴定的酸度（pH3.7）称为甲基橙酸度或强酸酸度；用酚酞作为指示剂滴定的酸度（pH8.3）称为酚酞酸度或总酸度。

（三）仪器与试剂

1. 仪器

（1）25mL 或 50mL 碱式滴定管。
（2）250mL 锥形瓶。

2. 试剂

（1）氢氧化钠标准溶液（0.1mol/L）：称取 60g 氢氧化钠溶液于 50mL 水中，转入 150mL 的聚乙烯瓶中，冷却后，用装有碱石灰管的橡皮塞塞紧，静置 24h 以上。吸取上层清液约 7.5mL 置于 1000mL 容量瓶中，用无二氧化碳水稀释至标线，摇匀。按下述方法进行标定：

称取在 105～110℃干燥过的基准试剂即苯二甲酸氢钾（$KHC_8H_4O_4$）约 0.5g（称准至 0.0001g），置于 250mL 锥形瓶中，加无二氧化碳水 100mL 使之溶解，加入 4 滴酚酞指示剂，用待标定的氢氧化钠标准溶液滴定到浅红色为终点。同时用无二氧化碳水做空白滴定，按式（3-28）进行计算：

$$氢氧化钠标准溶液浓度(mol/L) = \frac{m \times 1000}{(V_1 - V_0) \times 204.23} \tag{3-28}$$

式中　m——称取苯二甲酸氢钾的质量，g；

V_0——滴定空白时，所耗氢氧化钠标准溶液体积，mL；

V_1——滴定苯二甲酸氢钾，所耗氢氧化钠标准溶液的体积，mL；

204.23——苯二甲酸氢钾（$KHC_8H_4O_4$）的摩尔质量，g/mol。

（2）甲基橙指示剂：称取 0.05g 甲基橙，溶于 100mL 水中。

（3）酚酞指示剂（0.5%）：称取 0.5g 酚酞溶于 50mL 95%乙醇中，然后用水稀释至 100mL。

（四）测定步骤

1. 酚酞酸度

取 100.0mL 水样于 250mL 锥形瓶中，加入 4 滴酚酞指示剂，以氢氧化钠标准溶液滴定至溶液刚变为粉红色，准确读出消耗氢氧化钠溶液的毫升数（V_1）。

2. 甲基橙酸度

另取 100.0mL 水样于 250mL 锥形瓶中，加入 2 滴甲基橙指示剂，用氢氧化钠标准溶液滴定至溶液呈橘黄色，准确读出消耗氢氧化钠溶液的毫升数（V_2）。

（五）注意事项

（1）以酚酞作为指示剂做酸度滴定时，若水样中存在硫酸铝（铁），可生成氢氧化铝（铁）沉淀物，使终点褪色造成误差，这时可加些氟化钾掩蔽或将水样煮沸 2min，趁热滴定至红色不退。

（2）若用甲基橙指示终点不够明显，可采用改良的甲基橙（pH3.7）指示剂。

改良甲基橙溶液（0.1%）：称取甲基橙 1.0g，用 500mL 水溶解，另称取 1.8g 蓝色染料二甲苯赛安路 FF 用 500mL 乙醇溶解，然后将两种指示剂混合均匀。在一定体积的 0.1mol/L 氢氧化钠溶液中加 2 滴此指示剂，再用 0.1mol/L 盐酸滴定，检查是否有鲜明的色度。如终点颜色呈蓝灰色，可滴加 0.1%甲基橙少许；如终点颜色为灰绿色带有红色，可滴加少许蓝色染料，直至有明显的终点（即从绿色变为淡灰色）。

（六）计算

$$酚酞酸度(以 CaCO_3 计,mg/L) = \frac{V_1 \times c(NaOH) \times 50.05 \times 1000}{V} \tag{3-29}$$

$$\text{甲基橙酸度(以 } CaCO_3 \text{ 计, mg/L)} = \frac{V_2 \times c(NaOH) \times 50.05 \times 1000}{V} \quad (3\text{-}30)$$

式中　V_1——酚酞作为指示剂时，NaOH 标准溶液的耗用量，mL；

　　　　V_2——甲基橙作为指示剂时，NaOH 标准溶液的耗用量，mL；

$c(NaOH)$——NaOH 标准溶液浓度，mol/L；

　　　　V——水样体积，mL；

　　50.05——碳酸钙（$1/2 CaCO_3$）摩尔质量，g/mol。

三、水中硬度的测定

（一）目的和要求

了解硬度的概念，掌握硬度的测定方法。

（二）方法原理

水中的硬度是因其中含有某些金属离子，例如 Ca^{2+}、Mg^{2+}、Fe^{2+}、Mn^{2+}、Fe^{3+}、Al^{3+} 等，对含有以上离子的水加热时容易产生水垢，在洗涤时，上述离子会与洗涤剂中的表面活性剂反应，致使肥皂使用时不易起泡沫。一般来说，水中 Ca^{2+}、Mg^{2+} 较其他离子浓度大，所以常用 Ca^{2+}、Mg^{2+} 的含量来计算硬度。在 $pH \approx 10$ 的条件下，以铬黑 T 为指示剂，它与溶液中少量钙、镁离子生成酒红色络合物。用 EDTA 标准溶液滴定试液中游离的钙、镁离子时，会与钙、镁生成无色可溶性络合物。当到达终点时，钙、镁离子全部与 EDTA 络合而使铬黑 T 游离出来，溶液由酒红色变成蓝色。

干扰与消除：水样中所含铁离子小于 30mg/L 时，可在临滴定前加入 250mg 氰化钠或数毫升三乙醇胺掩蔽。氰化物使锌、铜和钴的干扰减至最少，三乙醇胺还能减少铝的干扰。加入氰化物前必须保证溶液呈碱性。

试样中含正磷酸盐超出 1mg/L 时，在滴定条件下可使钙生成沉淀；如果滴定速度太慢，或钙含量超出 100mg/L 会析出 $CaCO_3$ 沉淀；如果上述方法不能有效地消除干扰或溶液中还含有其他与 EDTA 络合的离子，这种情况下可考虑选择其他 Ca^{2+}、Mg^{2+} 的测定方法，例如，原子吸收光度法。

本方法适合于测定地下水和地面水，不适合于测定含盐量较高的水，该方法测定浓度为：$2 \sim 100$mg/L（以 $CaCO_3$ 计）。

（三）仪器与试剂

1. 仪器

（1）50mL 滴定管。

（2）250mL 锥形瓶

（3）100.0mL 移液管、50.0mL 移液管。

2. 试剂

（1）pH＝10 的 NH_3-NH_4Cl 缓冲溶液　溶解 67g NH_4Cl 于少量水中，加入 570mL 浓氨水，用蒸馏水稀释到 1L。

或按下列方法配制：称取 1.25g EDTA 二钠镁和 16.9g 氯化铵溶于 143mL 氨水中，用水稀释至 250mL（如无 EDTA 二钠镁，可先将 16.9g 氯化铵溶于 143mL 氨水中。另取 0.78g 硫酸镁 $MgSO_4 \cdot 7H_2O$ 和 1.17g 二水合 EDTA 二钠溶于 50mL 水，加入 2mL 配好的氯化铵的氨水溶液）。配好的溶液应进行检查和调整。检查时，向配制好的溶液中加入 0.2g 铬黑 T 指示剂干粉。此时溶液应呈酒红色，如出现蓝色，应再加入极少量硫酸镁使变为酒红色。逐滴加入 EDTA 二钠溶液直至溶液由酒红色转变为蓝色为止（切勿过量）。将两液合并，加蒸馏水至 250mL。如果合并后，溶液又转为酒红色，在计算结果时应做空白校正。

（2）铬黑 T 指示剂 称取 0.5 克铬黑 T，溶于 10mL 缓冲溶液中，用乙醇稀释至 100mL，放在冰箱中保存，可稳定一个月。

用下法配制的固体指示剂可保存较长时间：称取 0.5g 铬黑 T 和 100g 氯化钠，研磨均匀，贮于棕色瓶内，密塞备用。

（3）2mol/L 氢氧化钠溶液 将 8g 氢氧化钠溶于 100mL 新煮沸放冷的蒸馏水中。盛放在聚乙烯瓶中。

（4）EDTA（乙二胺四乙酸二钠盐）标准溶液的配制和标定

① 0.01000mol/L 钙标准溶液的配制：准确称取预先在 150℃ 干燥 2h，并冷却至室温的碳酸钙 1.0010g，置于 500mL 锥形瓶中，用水浸湿，逐滴加入 4mol/L 盐酸至碳酸钙全部溶解（注意：若在烧杯中用盐酸溶解碳酸钙，应用较大的烧杯，并在烧杯上盖一表面皿，从杯嘴逐滴加入盐酸，加热煮沸，冷却转移至容量瓶中，这样避免了液体溅出，确保钙离子浓度的准确性）。加 200mL 水，煮沸数分钟去除二氧化碳，冷至室温，加入数滴甲基红指示剂（0.1g 甲基红溶于 100mL 60％乙醇中）；接着向试液中逐滴加入 3mol/L 氨水溶液，直至变为橙色，移入容量瓶中定容至 1000mL。

② EDTA 标准溶液的粗配：称取二水合 EDTA 二钠盐（$Na_2H_2Y \cdot 2H_2O$，分子量为 372.24）3.7g，溶于约 300mL 的温水中（溶解速度较慢），冷却，用去离子水稀释至 1000mL，此溶液中 EDTA 浓度约为 0.01mol/L（若配制 0.02mol/L 的 EDTA，则称取 7.5g 二水合 EDTA 二钠盐），存放在聚乙烯瓶中（在聚乙烯之类的容器中，浓度不会改变；若贮存于玻璃器皿中，根据玻璃材质的不同，EDTA 将不同程度地溶解玻璃中的 Ca^{2+}，而生成 CaY，使 EDTA 的浓度漫漫降低。因此长期保存的 EDTA 溶液，临用前，要进行标定）。

③ 标定：用移液管准确吸取 20.00mL 钙标准溶液于 250mL 锥形瓶中，加入 4mL 氨-氯化铵缓冲溶液（将溶液 pH 值调节至 10 左右）和 3 滴铬黑 T 指示剂，或加入 50～100mg 铬黑 T 指示剂干粉。立即用 EDTA 溶液滴定，络合反应速率较慢，EDTA 溶液滴加速度不能太快，开始滴定时速度可稍快，接近终点时宜稍慢，逐滴加入，并充分摇动，至溶液酒红色消失而刚刚出现亮蓝色即为终点。

计算浓度：EDTA 溶液浓度 c_1，以 mol/L 表示，用式(3-31)计算：

$$c_1 = \frac{c_2 V_2}{V_1} \tag{3-31}$$

式中　c_2——钙标准溶液浓度，mol/L；

　　　V_2——钙标准溶液体积，mL；

　　　V_1——消耗 EDTA 溶液的体积，mL。

EDTA 溶液还可用其他基准物质标定，如 Zn、Cu、ZnO、$MgSO_4 \cdot 7H_2O$ 等。

（5）氰化钠　用于消除干扰，用时直接称量固体试剂（注意氰化钠是剧毒品）。

（四）测定步骤

（1）移取 50.00mL 试样于 250mL 锥形瓶中，调 pH＝10。

（2）加入 4mL 缓冲溶液和 3 滴铬黑 T 指示剂，或加入 50～100mg 指示剂干粉。立即用 EDTA 标准溶液滴定，开始滴定时速度宜稍快，接近终点时宜稍慢，并充分摇动，至溶液酒红色消失而刚刚出现亮蓝色即为终点。

本法测定的硬度是钙、镁离子总量，并折合成 $CaCO_3$ 计算。

（五）注意事项

（1）缓冲溶液因密封不好，其中的氨气容易挥发而减少，这样会使水样测定时，pH 值调节不适当，影响络合反应的正常进行，使结果偏低。

（2）滴定快到达终点时，一定要使 EDTA 与水样充分混合，所以充分振摇是十分必要的。

（六）计算

$$总硬度(CaCO_3,mg/L)=\frac{c_1V_1\times100.09\times10^3}{V} \tag{3-32}$$

式中　c_1——EDTA 标准溶液浓度，mol/L；

V_1——滴定时消耗 EDTA 标准溶液体积，mL；

V——试样体积，mL；

100.09——碳酸钙（$CaCO_3$）的摩尔质量。

思考题

1. 用 EDTA 法测定水的硬度时，哪些离子的存在会干扰？应如何消除？
2. 如果对硬度测定中的有效数据要求保留两位有效数字，应如何量取 100mL 水样？
3. 水的酸度、碱度和 pH 值有什么联系和差别，请举例说明。
4. 水中碱度主要有哪些？在水处理工程实践中，碱度的测定有何意义？

第十一节　水中微生物指标的测定

一、大肠菌群数的测定实验

（一）目的和要求

掌握水环境监测中大肠菌群数的测定方法，了解大肠菌群的生化特性。

（二）方法原理

大肠菌群数的测定属于水卫生细菌学检验的内容。大肠菌群数是指每升水样中所含有的大肠菌群的总数目。水中大肠菌群数表明水体被粪便污染的程度，并间接地表明有肠道致病菌存在的可能性。我国现行生活饮用水卫生标准规定：大肠菌群数每升自来水中不得超过 3 个。水体受人畜粪便、生活污水或工业废水污染后，水中的细菌数量会大量增加，常用水中的细菌总数和大肠杆菌数来反映水体受微生物污染的程度，所以水的细菌学检验对了解水污染程度和流行病学以及提供水质标准中有重要的意义和价值。

人的肠道中存在三类细菌：大肠菌群（G⁻菌）、肠球菌（G⁺菌）、产气荚膜杆菌（G⁺菌）。大肠杆菌是肠道中的正常菌群，由于大肠菌群的数量大，在体外存活时间与肠道致病菌相近，且检验方法比较简便，故被定为检验肠道致病菌的指示菌。大肠菌群一般包括四种细菌：大肠埃希氏菌属、柠檬酸细菌属（包含副肠道菌）、肠杆菌属和克雷伯氏菌属（包括产气杆菌），它们都是需氧及兼性厌氧的革兰氏阴性无芽孢杆菌，都能发酵葡萄糖产酸产气，但发酵乳糖的能力不一样。将它们接种到远藤氏培养基上，它们的菌落特征不同，从而可以将之区分，其中大肠埃希氏菌的菌落呈紫红色带金属光泽，柠檬酸细菌的菌落呈紫红或者深红色，产气杆菌的菌落呈淡红色，副大肠杆菌的菌落无色透明。

大肠菌群检验方法有多管发酵法和滤膜法。

（三）实验仪器

（1）锥形瓶（500mL）1 个。
（2）试管（18mm×180mm）6 或 7 支、大试管（容积 150mL）2 支。
（3）移液管 1mL 2 支及 10mL 1 支。
（4）培养皿（直径 90mm）10 套。
（5）接种环、试管架 1 个。
（6）显微镜、500mL 滤器、0.45μm 滤膜。

（四）实验材料

（1）革兰氏染色液一套：草酸铵结晶紫、革兰碘液、95%乙醇、番红染液。
（2）蛋白胨、乳糖、磷酸氢二钾、琼脂、无水亚硫酸钠、牛肉膏、氯化钠、1.6%溴甲酚紫乙醇溶液、5%碱性品红乙醇溶液、2%伊红水溶液、0.5%美蓝水溶液、自来水 400mL。
（3）10%NaOH、10%HCl、pH 试纸（精确到 0.1 单位）。

（五）实验前准备工作

1. 玻璃器皿的洗涤和包装
（1）玻璃器皿的洗涤
① 一般玻璃器皿的洗涤和化学实验中方法一致。
② 带菌吸管和滴管的洗涤方法：先在 5%石炭酸水溶液中浸数小时，然后在洗涤液中浸数小时，用水冲洗，最后用蒸馏水冲洗。
③ 带菌玻璃器皿的洗涤方法：如果带有致病菌的器皿首先要加压灭菌后再洗涤；如果带的不是致病菌则在沸水浴中煮半小时后再洗涤。
④ 载玻片和盖玻片的洗涤方法：先用清水洗干净（如果有油脂则可以用肥皂水煮一会再洗涤），之后放入洗涤液中浸数小时，再用清水冲洗，最后用清洁软布擦干备用，或者放

入加有少许浓盐酸的 95％的乙醇中备用。

（2）玻璃器皿的包装

① 吸管和滴管的包装：在清洁干燥的吸管口的一端塞上长 1～1.5cm 的棉花，松紧适当，目的是既要防止微生物吸入口中，也要防止口中的微生物吹入吸管中。放入金属筒内待灭菌。

② 试管的包装：在清洁干燥的试管口塞上棉花塞，标准的棉花塞要求形状、大小、松紧完全合适，并且耐用，既要利于操作，又要不会被杂菌污染，而且要有良好的通气性能。一般棉花塞的 3/5 塞在管内，以免脱落。最后将塞好塞子的试管扎成一把，外面再包上牛皮纸待灭菌。

③ 锥形瓶的包装：同试管的方法塞上棉花塞，包上牛皮纸，扎好后待灭菌。

④ 培养皿的包装：清洁干燥的培养皿以 5～12 只为一包用牛皮纸包装待灭菌。

2. 培养基的配制

培养基是微生物的繁殖基地。通常根据微生物生长繁殖所需要的各种营养物配制而成，其中含水分、碳、氮、无机盐等，这些营养物可提供微生物碳源、能源、氮源等，组成细胞及调节代谢活动。按培养目的不同，或培养微生物种类不同可配成各种培养基。通常培养细菌是用牛肉膏蛋白胨培养基，培养放线菌常用淀粉培养基，用豆芽汁培养霉菌，用麦芽汁培养酵母菌。培养微生物除了满足它们各自营养物要求外，还要给予适宜的 pH、渗透压和温度等。

根据研究目的不同，可配制成固体、半固体和液体的培养基。固体培养基的成分与液体相同，仅在液体培养基中加入凝固剂使呈固态。通常向液体培养基中加入 15～30g/L 的琼脂则变成固体培养基；加入 3～5g/L 的琼脂为半固体培养基。有的细菌还需明胶或硅胶。本实验用固体培养基和液体培养基。

（1）培养基的制备过程

① 配制溶液：取一定容量的烧杯盛入定量的蒸馏水，按照培养基的配方逐一称取各个成分，并逐一加入水中溶解。如果是制备固体培养基，通常加入 15～30g/L 的琼脂，在加热熔化琼脂时要不断地搅拌，防止琼脂糊底。

② 调节 pH：用精密 pH 试纸测定培养基溶液的 pH，按照实验的 pH 要求用质量浓度 100g/L 的 NaOH 或者用体积百分数 10％的 HCl 调整到目标 pH，调节 pH 值时，应逐滴进行，每加一滴，搅匀，测 pH。

③ 过滤：用纱布或者滤纸将培养基中的杂质过滤掉。

④ 分装：按照图 3-3 操作，将培养基分装到试管或者锥形瓶，注意分装时不能将培养基沾到瓶口或管口以防引起杂菌污染。装入试管的一般是制作斜面培养基，装入的量一般不超过试管总高的 1/4～1/3，装入锥形瓶的量一般不超过 1/2。

（2）本实验用到的培养基配方

① 乳糖蛋白胨培养基（供多管发酵法的复发酵用）配方：蛋白胨 10g、牛肉膏 3g、乳糖 5g、氯化钠 5g、1.6％溴甲酚紫乙醇溶液 1mL、蒸馏水 1000mL，pH＝7.2～7.4。

② 三倍浓缩乳糖蛋白胨培养液（供多管法初发酵用）配方：按上述乳糖蛋白胨培养液浓缩三倍配制，分装于试管中，每管 5mL。再分装大试管，每管装 50mL，然后在每管内倒放装满培养基的小导管。塞棉塞、包扎，置高压灭菌锅内以 68.6 kPa 灭菌 20min，取出置于阴冷处备用。

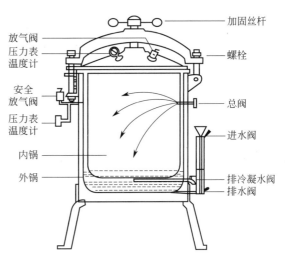

图 3-4　高压蒸汽灭菌锅构造

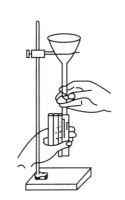

图 3-3　培养基分装操作图

③ EC 培养基配方：胰胨 20g、乳糖 5g、胆盐三号 1.5g、磷酸氢二钾 4g、磷酸二氢钾 1.5g、氯化钠 5g，加热溶解于 1000mL 水中，然后分装于有玻璃倒管的试管中，115℃高压蒸汽灭菌 20min，灭菌后 pH 值应在 6.9 左右。

3. 灭菌

用物理、化学因素杀死全部微生物的营养细胞和它们的芽孢（或孢子）。消毒和灭菌有些不同，消毒是用物理、化学因素杀死致病微生物或杀死全部微生物的营养细胞及一部分芽孢。

（1）灭菌方法　灭菌方法很多，有过滤除菌法；化学药品消毒和灭菌法，即利用酚、含汞药物及甲醛等使细菌蛋白质凝固变性以达灭菌目的；还有利用物理因素，例如高温、紫外线和超声波等灭菌的。加热灭菌是最主要的使用方法，加热灭菌法有两种：干热灭菌和高压蒸汽灭菌。高压蒸汽灭菌比干热灭菌优越，因为湿热的穿透力和热传导都比干热的强，湿热的微生物吸收高温水分，菌体蛋白很易凝固变性，所以湿热灭菌效果好。湿热灭菌的温度一般是在 121℃，灭菌 15～30min；而干热灭菌的温度则是 160℃，灭菌 2h，才能达到湿热灭菌 121℃的同样效果。

① 干热灭菌法：培养皿、移液管及其他玻璃器皿可用干热灭菌。先将已包装好的上述物品放入恒温箱中，将温度调至 160℃后维持 2h，把恒温箱的调节旋钮调回零处，待温度降到 50℃左右，才可将物品取出。（请注意：灭菌时温度不得超过 170℃，以免包装纸烧焦。灭菌好的器皿应保存好，切勿弄破包装纸，否则会染菌。）

② 高压蒸汽灭菌法：该法使用高压灭菌锅，微生物实验所需的一切器皿、器具、培养基（不耐高温者除外）等都可用此法灭菌。灭菌效果好，适用面广。常用高压蒸汽灭菌锅的一般构造如图 3-4 所示。

（2）灭菌的操作过程

① 加水：直接加水至锅内底部隔板以下 1/3 处。

② 装锅：把需灭菌的器物放入锅内（请注意：器物不要装得太满，否则灭菌不彻底），关严锅盖（对角式均匀拧紧螺旋），打开排气阀。

③ 点火：用电源的则启动开关。热源为蒸汽的灭菌锅则慢慢打开蒸汽进口，避免蒸汽

过猛冲入锅内。

④ 关闭排气阀：待锅内水沸腾后，蒸汽将锅内空气驱净，当温度计指针指向 100℃ 时，证明锅内已充满蒸汽，则关排气阀。

⑤ 升压、升温：关闭排气阀以后，锅内成为密闭系统，蒸汽不断增多，压力计和温度计的指针上升，当压力达到 1.05MPa（温度为 121℃）即灭菌开始，这时调整火力大小使压力维持在 1.05MPa，15～30min。除含糖培养基用 0.56MPa 压力外，一般都用 1.05MPa 压力。

⑥ 揭开锅盖、取出器物、排掉锅内剩余水。

⑦ 待培养基冷却后置于 37℃ 恒温箱内培养 24h，若无菌生长则放入冰箱或阴凉处保存备用。

4. 水样的采集

采集水样的器具必须事前灭菌。自来水水样的采集：先冲洗水龙头，酒精灯灼烧水龙头，放水 5～10min，在酒精灯旁打开水样瓶盖（或棉花塞），取所需的水量后盖上瓶盖（或棉塞）。经氯处理的水中含有余氯，会减少水中细菌的数目，采样瓶在灭菌前加入硫代硫酸钠，以达到取样时消除氯的目的。硫代硫酸钠的用量视采样瓶的大小而定。若是 500mL 的采样瓶，加入 1.5% 的硫代硫酸钠溶液 1.5mL（可消除余氯量为 2mg/L 的 450mL 水样中全部氯量）。其他地表水和地下水的采集用采样器如图 3-5 所示。水样采取后，应该迅速送回实验室立即检验，如果来不及检验则要放入 4℃ 冰箱内保存，并在报告中说明取样和检验之间的时间间隔。

图 3-5　水样采集器

（六）测定步骤

1. 样品稀释及接种

（1）15 管法　将样品充分混匀后，在 5 支装有已灭菌的 5mL 三倍乳糖蛋白胨培养基的试管中（内有倒管），按无菌操作要求各加入样品 10mL，在 5 支装有已灭菌的 10mL 单倍乳糖蛋白胨培养基的试管中（内有倒管），按无菌操作要求各加入样品 1mL，在 5 支装有已灭菌的 10mL 单倍乳糖蛋白胨培养基的试管中（内有倒管），按无菌操作要求各加入样品 0.1mL。

对于受到污染的样品，先将样品稀释后再按照上述操作接种，以生活污水为例，先将样品稀释 10^4 倍，然后按照上述操作步骤分别接种 10mL、1mL 和 0.1mL。15 管法样品接种量参考表见表 3-5。

表 3-5　15 管法样品接种量参考表

样品类型			接种量/mL						
			10	1	0.1	10^{-2}	10^{-3}	10^{-4}	10^{-5}
地表水	水源水		▲	▲	▲				
	湖泊（水库）		▲	▲	▲				
	河流			▲	▲	▲			
废水	生活污水						▲	▲	▲
	工业废水	处理前					▲	▲	▲
		处理后	▲	▲	▲				
地下水			▲	▲	▲				

当样品接种量小于 1mL 时，应将样品制成稀释样品后使用。按无菌操作要求方式吸取 10mL 充分混匀的样品，注入盛有 90mL 无菌水的锥形烧瓶中，混匀成 1∶10 稀释样品。吸取 1∶10 的稀释样品 10mL 注入盛有 90mL 无菌水的锥形烧瓶中，混匀成 1∶100 稀释样品。其他接种量的稀释样品依次类推。

（2）12 管法　将样品充分混匀后，在 2 支装有已灭菌的 50mL 三倍乳糖蛋白胨培养基的大试管中（内有倒管），按无菌操作要求各加入样品 100mL，在 10 支装有已灭菌的 5mL 三倍乳糖蛋白胨培养基的试管中（内有倒管），按无菌操作要求各加入样品 10mL。

2. 初发酵试验

将接种后的试管，在 37℃下培养 24h。

发酵试管颜色变黄为产酸，小玻璃倒管内有气泡为产气。产酸和产气的试管表明试验阳性。如在倒管内产气不明显，可轻拍试管，有小气泡升起的为阳性。

3. 复发酵试验

轻微振荡在初发酵试验中显示为阳性或疑似阳性（只产酸未产气）的试管，用经火焰灼烧灭菌并冷却后的接种环将培养物分别转接到装有 EC 培养基的试管中。在 44.5℃下培养 24h。转接后所有试管必须在 30min 内放进恒温培养箱或水浴锅中。培养后立即观察，倒管中产气证实为粪大肠菌群阳性。

4. 对照试验

每次试验都要用无菌水按照如上步骤进行实验室空白测定。

5. 阳性及阴性对照

将粪大肠菌群的阳性菌株（如大肠埃希氏菌 *Escherichia coli*）和阴性菌株（如产气肠杆菌 *Enterobacter aerogenes*）制成浓度为 300～3000MPN/L 的菌悬液，分别取相应体积的菌悬液按接种的要求接种于试管中，然后按初发酵试验和复发酵试验要求培养，阳性菌株应呈现阳性反应，阴性菌株应呈现阴性反应，否则，该次样品测定结果无效，应查明原因后重新测定。

（七）计算及结果

1. 计算

接种 12 份样品时，每升粪大肠菌群 MPN 值如表 3-6 所示。

接种 15 份样品时，每升粪大肠菌群 MPN 值可参照标准《水质　粪大肠菌群的测定　多管发酵法》（HJ 347.2—2018）。

表 3-6　12 管法最大可能数（MPN）

10mL 样品量的阳性管数	100mL 样品量的阳性瓶数		
	0	**1**	**2**
	1L 样品中粪大肠菌群数	1L 样品中粪大肠菌群数	1L 样品中粪大肠菌群数
0	＜3	4	11
1	3	8	18
2	7	13	27
3	11	18	38
4	14	24	52
5	18	30	70

10mL 样品量的阳性管数	100mL 样品量的阳性瓶数		
	0	1	2
	1L 样品中粪大肠菌群数	1L 样品中粪大肠菌群数	1L 样品中粪大肠菌群数
6	22	36	92
7	27	43	120
8	31	51	161
9	36	60	230
10	40	69	＞230

注：接种 2 份 100mL 样品，10 份 10mL 样品，总量 300mL。

样品中粪大肠菌群数（MPN/L）按式(3-33) 计算：

$$c = \frac{MPN \text{ 值} \times 100}{f} \tag{3-33}$$

式中 c——样品中粪大肠菌群数，MPN/L；

MPN 值——每 100mL 样品中粪大肠菌群数，MPN/100mL；

100——为 10×10mL，其中，10 将 MPN 值的单位 MPN/100mL 转换为 MPN/L，10mL 为 MPN 表中最大接种量；

f——实际样品最大接种量，mL。

2. 结果表示

测定结果保留至整数位，最多保留两位有效数字，当测定结果≥100MPN/L 时，以科学计数法表示；当测定结果低于检出限时，12 管法以"未检出"或"＜3MPN/L"表示；15 管法以"未检出"或"＜20MPN/L"表示。

二、细菌总数（CFU）的测定——平皿计数法

（一）目的和要求

掌握细菌菌落总数的测定方法。

（二）方法原理

细菌菌落总数（CFU）是指 1mL 水样在营养琼脂培养基中，于 37℃ 培养 24h 后所生长的腐生性细菌菌落总数。它是有机物污染程度的指标，也是卫生指标。在饮用水中所测得的细菌菌落总数不仅说明水的污染程度，还指示该水能否饮用。

将样品接种于营养琼脂培养基中，在特定的物理条件下（36℃，48h）培养，生长的需氧菌和兼性厌氧菌总数即为样品中细菌菌落的总数。

（三）实验仪器和材料

同上一节。

（四）测定步骤

1. 样品稀释

将样品用力振摇 20～25 次，使可能存在的细菌凝团分散。根据样品污染程度确定稀释

倍数。以无菌操作方式吸取 10mL 充分混匀的样品，注入盛有 90mL 无菌水的锥形烧瓶中（可放适量的玻璃珠），混匀成 1∶10 稀释样品。吸取 1∶10 的稀释样品 10mL 注入盛有 90mL 无菌水的锥形烧瓶中，混匀成 1∶100 稀释样品。按同法依次稀释成 1∶1000、1∶10000 稀释样品。每个样品至少应稀释 3 个适宜浓度。

2. 接种

以无菌操作方式用 1mL 灭菌的移液管吸取充分混匀的样品或稀释样品 1mL，注入灭菌平皿中，倾注 15～20mL 冷却到 44～47℃的营养琼脂培养基，并立即旋摇平皿，使样品或稀释样品与培养基充分混匀。每个样品或稀释样品倾注 2 个平皿。

3. 培养

待平皿内的营养琼脂培养基冷却凝固后，翻转平皿，使底面向上（避免因表面水分凝结而影响细菌均匀生长），在 36℃条件下，恒温培养箱内培养 48 h 后观察结果。

4. 空白试验

用无菌水做实验室空白测定，培养后平皿上不得有菌落生长，否则，该次样品测定结果无效，应查明原因后重新测定。

（五）结果计算与表示

1. 结果判读

平皿上有较大片状菌落且超过平皿的一半时，该平皿不参加计数。

片状菌落不到平皿的一半，而其余一半菌落分布又很均匀时，将此分布均匀的菌落计数，并乘以 2 代表全皿菌落总数。

外观（形态或颜色）相似，距离相近却不相触的菌落，只要它们之间的距离不小于最小菌落的直径，予以计数。紧密接触而外观相异的菌落，予以计数。

2. 结果计算

以每个平皿菌落的总数或平均数（同一稀释倍数两个重复平皿的平均数）乘以稀释倍数来计算 1mL 样品中的细菌总数。各种不同情况的计算方法如表 3-7 所示。

表 3-7 稀释倍数选择及菌落总数测定值

示例	不同稀释倍数的平均菌落数			两个稀释倍数菌落数之比	菌落总数/(CFU/mL)
	10	100	1000		
1	1365	164	20	—	16400
2	2760	295	46	1.6	37750
3	2890	271	60	2.2	27100
4	150	30	8	2	1500
5	无法计数	1650	513	—	513000
6	27	11	5	—	270
7	无法计数	305	12		30500

优先选择平均菌落数在 30～300 之间的平皿进行计数，当只有一个稀释倍数的平均菌落数符合此范围时，以该平均菌落数乘以其稀释倍数为细菌总数测定值。

若有两个稀释倍数平均菌落数在 30～300 之间，计算二者的比值（二者分别乘以其稀释倍数后，较大值与较小值之比）。若其比值小于 2，以两者的平均数为细菌总数测定值；若大于或等于 2，则以稀释倍数较小的菌落总数为细菌总数测定值。若所有稀释倍数的平均菌落数均大于 300，则以稀释倍数最大的平均菌落数乘以稀释倍数为细菌总数测定值。

若所有稀释倍数的平均菌落数均小于 30，则以稀释倍数最小的平均菌落数乘以稀释倍数为细菌总数测定值。若所有稀释倍数的平均菌落数均不在 30～300 之间，则以最接近 300 或 30 的平均菌落数乘以稀释倍数为细菌总数测定值。

3. 结果表示

测定结果保留至整数位，最多保留两位有效数字，当测定结果≥100CFU/mL 时，以科学计数法表示；若未稀释的原液的表面皿上无菌落生长，则以"未检出"或"<1CFU/mL"表示。

思考题

1. 平板计数法测定的细菌数量是样品中的实际菌数吗？为什么？
2. 为什么选用大肠杆菌作为水的卫生指标？

第十二节 水中挥发性酚类的测定

挥发酚多指沸点在 230℃以下的酚类，通常属一元酚。酚类主要来自炼油、煤气洗涤、炼焦、造纸、合成氨、木材防腐和化工等废水。水挥发酚类化合物在测定时，一般需要对水样进行预蒸馏处理，这样可以消除颜色、浑浊等的干扰。酚类的分析方法有容量法、分光光度法、色谱法等，而目前各国普遍采用 4-氨基安替比林光度法。高浓度含酚废水可采用溴化容量法，此法尤其适于车间排放口或未经处理的总排污口废水的测定。详细内容可扫描二维码查看。

第十二节 水中挥发性酚类的测定

第十三节 水中常见阴离子的离子色谱法测定

离子色谱法测定水中常见阴离子的详细内容请扫描二维码查看。

第十三节 水中常见阴离子的离子色谱法测定

第十四节 水中重金属指标的测定

重金属是指相对密度大于 5 的金属（密度大于 $4.5g/cm^3$ 的金属），包括金、银、铜、铁、铅等。重金属污染与其他有机化合物的污染不同。不少有机化合物可以通过自然界本身物理、化学或生物的净化，使有害性降低或消除。而重金属具有富集性，很难在环境中降解。

重金属在人体内能和蛋白质及各种酶发生强烈的相互作用，使它们失去活性，也可能在人体的某些器官中富集，如果超过人体所能耐受的限度，会造成人体急性中毒、亚急性中毒、慢性中毒等，对人体会造成很大的危害。

目前传统测定方法有原子吸收光谱法、原子荧光光谱法和电感耦合等离子体法。其准确度和精确度均能够达到要求，且技术成熟，检测限也有很好的保证。详细内容可扫描二维码查看。

第十四节 水中重金属指标的测定

第四章

大气环境监测实验

第一节 大气中颗粒物的测定

一、目的和要求

（1）掌握重量分析法测定大气中总悬浮颗粒物（TSP）、可吸入颗粒物（PM_{10}）和细颗粒物（$PM_{2.5}$）的原理。

（2）了解 KB-1200 型空气泵、ZW100 型中流量总悬浮颗粒物采样头及 YH-1000 型大流量 PM_{10} 采样头的使用方法。

二、实验原理

用重量分析法测定大气中总悬浮颗粒物的方法一般分为大流量（$1.1\sim1.7m^3/min$）和中流量（$0.05\sim0.15m^3/min$）采样法。其原理为：抽取一定体积的空气，使之通过已恒重的滤膜，则悬浮颗粒物被阻留在滤膜上，根据采样前后滤膜质量之差及采气体积，可计算悬浮颗粒物的质量浓度。本实验采用中流量采样法测定 TSP。

用重量分析法测定大气中可吸入颗粒物和细颗粒物的方法一般分为大流量（$1.1\sim1.7m^3/min$）和小流量（$0.013m^3/min$）采样法。其原理为：分别通过具有一定切割特性的采样器，以恒定速度抽取定量体积的空气，使环境中的 PM_{10} 和 $PM_{2.5}$ 被截留在滤膜上，根据采样前后滤膜质量差和采样体积，计算出 PM_{10} 和 $PM_{2.5}$ 的质量浓度。本实验采用大流量采样法测定 PM_{10} 与 $PM_{2.5}$。

三、实验仪器

（1）大流量采样器：流量 $500\sim1200L/min$，滤膜有效尺寸 $230mm\times180mm$。

中流量采样器：流量 $50\sim150L/min$，滤膜直径 $8\sim10cm$。

（2）流量校准装置：经过罗茨流量计校准的孔口校准器。

（3）气压计。

（4）温度计。

（5）滤膜：玻璃纤维滤膜、聚氯乙烯滤膜或聚四氟乙烯滤膜（其中，滤膜对 $0.3\mu m$ 标准粒子的截留效率不低于 99%）。

（6）滤膜贮存袋及贮存盒。

（7）分析天平：感量 0.1mg 或 0.01mg。

四、测定步骤

（一）总悬浮颗粒物测定步骤

1. 采样器的流量校准
采样器每月用孔口校准器进行流量校准。

2. 采样
（1）每张滤膜使用前均需用光照检查，不得使用有针孔或有任何缺陷的滤膜采样。

（2）迅速称量在平衡室内已平衡 24h 的滤膜，读数准确至 0.1mg，记下滤膜的编号和质量，记为 W_0（g），将其平展地放在光滑洁净的纸袋内，然后贮存于盒内备用。天平放置在平衡室内，平衡室温度在 20～25℃ 之间，温度变化小于 ±3℃，相对湿度小于 50%，湿度变化小于 5%。

（3）将已恒重的滤膜用小镊子取出，"毛"面向上，平放在采样夹的网托上，拧紧采样夹，按照规定的流量采样。

（4）采样 5min 后和采样结束前 5min，各记录一次 U 形压力计压差值，读数准至 1mm。若有流量记录器，则直接记录流量。测定日平均浓度时，一般从 8:00 开始采样至第二天 8:00 结束。若污染严重，可用几张滤膜分段采样，合并计算日平均浓度。

（5）采样后，用镊子小心取下滤膜，使采样"毛"面向内，以采样有效面积的长边为中线对叠好，放回表面光滑的纸袋并贮存于盒内。将有关参数及现场温度、大气压力等记录填写在表 4-1 中。

表 4-1　颗粒物采样记录

××市（县）××监测点

月　日	时间	采样温度/K	采样气压/kPa	采样器编号	滤膜编号	压差值/cm 水柱			流量/(m³/min)		备注
						开始	结束	平均	Q_2	Q_n	

3. 样品测定
将采样后的滤膜在平衡室内平衡 24h，迅速称量，记为 W_1（g）。结果及有关参数记录于表 4-2 中。

表 4-2　颗粒物浓度测定记录

××市（县）×××监测点

月　日	时间	滤膜编号	流量 Q_n/(m³/min)	采样体积/m³	滤膜质量/g			颗粒物浓度/μg/m³
					采样前	采样后	样品重	

分析者　　　　审核者

（二）可吸入颗粒物和细颗粒物测定步骤

1. 采样器的流量校准
采样器每月用孔口校准器进行流量校准。

2. 采样
（1）采样时，采样器入口距地面高度不得低于 1.5m。采样不宜在风速大于 8m/s 等天气条件下进行。采样点应避开污染源和障碍物。若测定交通枢纽处的 PM_{10} 和 $PM_{2.5}$，采样点布置在距人行道边缘外侧 1m 处。

（2）采样时，将已称量的滤膜用镊子放入洁净采样夹内的滤网上，滤膜毛面应朝进气方向。将滤膜牢固压紧至不漏气。如测任何一次浓度，每次需更换滤膜；如测日平均浓度样品可采集在一张滤膜上。采样结束后，用镊子取出。将有尘面朝内两次对折，放入样品盒或纸袋，做好采样记录。

3. 样品测定

将采样后的滤膜在平衡室内平衡 24h 至恒重，迅速称量，做好结果记录。

五、计算

（一）总悬浮颗粒物

$$总悬浮颗粒物（TSP，\mu g/m^3）=\frac{K\times(W_1-W_0)}{Q_n\times t} \tag{4-1}$$

式中　K——常数，大流量采样器 $K=1\times10^6$，中流量采样器 $K=1\times10^9$；

t——累积采样时间，min；

Q_n——标准状态下的采样流量，m^3/min；由式(4-2) 计算：

$$Q_n=(Q_2PT_n)/(TP_n) \tag{4-2}$$

式中　Q_2——现场采样流量，m^3/min；

P_n——标况压力，101.3kPa；

P——采样时大气压力，kPa；

T_n——标况温度，273K；

T——采样时的空气温度，K。

（二）可吸入颗粒物（由式 4-3 计算）

$$\rho=\frac{W_2-W_1}{V}\times1000 \tag{4-3}$$

式中　ρ——PM_{10} 浓度，mg/m^3；

W_2——采样后滤膜的质量，g；

W_1——采样前滤膜的质量，g；

V——标准状态下的采样体积，m^3。

（三）细颗粒物

$$\rho=\frac{W_2-W_1}{V}\times1000 \tag{4-4}$$

式中　ρ——$PM_{2.5}$ 浓度，mg/m^3；

W_2——采样后滤膜的质量，g；

W_1——采样前滤膜的质量，g；

V——标准状态下的采样体积，m^3。

六、 注意事项

（1）滤膜称量时的质量控制：取清洁滤膜若干张，在平衡室内平衡 24h，称量。每张滤膜称 10 次以上，则每张滤膜的平均值为该张滤膜的原始质量，此为"标准滤膜"。每次称清洁或样品滤膜的同时，称量两张"标准滤膜"，若称出的质量在原始质量±5mg 范围内，则认为该批样品滤膜称量合格，否则应检查称量环境是否符合要求，并重新称量该批样品滤膜。

（2）要经常检查采样头是否漏气。当滤膜上颗粒物与四周白边之间的界线逐渐模糊，则表明应更换面板密封垫。

（3）称量不带衬纸的聚氯乙烯滤膜（或聚四氟乙烯滤膜）时，在取放滤膜时，用金属镊子触一下天平盘，以消除静电的影响。

> **思考题**

1. 怎样用重量法测定大气中总悬浮颗粒物和飘尘？为提高测定准确度，应该注意控制哪些因素？

2. 在大气中颗粒物的测定中，若采样流量未进行校准，对实验结果有何影响？

第二节 大气中氮氧化物的测定

一、目的和要求

（1）掌握溶液吸收富集采样方法对大气中分子态污染物的采集；

（2）掌握光度法测定大气中氮氧化物的原理。

二、实验原理

大气中的氮氧化物主要有一氧化氮、二氧化氮、五氧化二氮、三氧化二氮等。测定大气中的氮氧化物主要是一氧化氮和二氧化氮。如果测定二氧化氮的浓度，可直接用溶液吸收法采集大气样品，若测定一氧化氮和二氧化氮的总量，则应先用酸性高锰酸钾将一氧化氮氧化成二氧化氮后，进入溶液吸收瓶。

二氧化氮被吸收后，生成亚硝酸和硝酸。在无水乙酸存在条件下，亚硝酸与对氨基苯磺酸发生重氮化反应，再与盐酸萘乙二胺耦合，生成玫瑰红色偶氮染料（反应方程式参看教材内容），在波长 540nm 处的吸光度与气样中二氧化氮浓度成正比，可用分光光度法测定。

三、实验仪器

（1）分光光度计。

（2）空气采样器：流量范围 0.1～1.0L/min，采样流量为 0.4L/min 时，相对误差小于±5%。

（3）吸收瓶：可装 10mL、25mL 或 50mL 吸收液的多孔玻板吸收瓶，液柱高度不低于 80mm。

（4）氧化瓶：可装 5mL、10mL 或 50mL 酸性高锰酸钾溶液的洗气瓶，液柱高度不能低于 80mm。

四、实验试剂

所有试剂均用不含亚硝酸根的重蒸馏水配置。其检验方法是：所配制的吸收液在 540nm 处的吸光度不超过 0.005（10mm 比色皿）。

（1）冰乙酸。

（2）盐酸羟胺溶液，$\rho=0.2\sim0.5$g/L。

（3）硫酸溶液，c（$1/2H_2SO_4$）$=1$mol/L：取 15mL 浓硫酸（$\rho_{20}=1.84$g/mL），徐徐加到 500mL 水中，搅拌均匀，冷却备用。

（4）酸性高锰酸钾溶液，ρ（$KMnO_4$）$=25$g/L：称取 25g 高锰酸钾于 1000mL 烧杯中，加入 500mL 水，稍微加热使其全部溶解，然后加入 1 mol/L 硫酸溶液 500mL，搅拌均匀，贮于棕色试剂瓶中。

（5）N-(1-萘基)乙二胺盐酸盐贮备液，ρ［($C_{10}H_7NH(CH_2)_2NH_2\cdot2HCl$)］$=1.00$g/L：称取 0.50g N-(1-萘基)乙二胺盐酸盐于 500mL 容量瓶中，用水溶解稀释至刻度。此溶液贮于密闭的棕色瓶中，在冰箱中冷藏，可稳定保存三个月。

（6）显色液：称取 5.0 g 对氨基苯磺酸［$NH_2C_6H_4SO_3H$］溶解于约 200mL 40～50℃热水中，将溶液冷却至室温，全部移入 1000mL 容量瓶中，加入 50mL N-(1-萘基)乙二胺盐酸盐贮备溶液和 50mL 冰乙酸，用水稀释至刻度。此溶液贮于密闭的棕色瓶中，在 25℃以下暗处可稳定存放三个月。若溶液呈现淡红色，应弃之重配。

（7）吸收液：使用时将显色液和水按 4：1（体积）比例混合，即为吸收液。吸收液的吸光度应小于等于 0.005。

（8）亚硝酸盐标准贮备液，ρ（NO_2^-）$=250\mu$g/mL：准确称取 0.3750g 亚硝酸钠（$NaNO_2$，优级纯，使用前在 105℃±5℃干燥恒重）溶于水，移入 1000mL 容量瓶中，用水稀释至标线。此溶液贮于密闭棕色瓶中于暗处存放，可稳定保存三个月；

（9）亚硝酸盐标准工作液，ρ（NO_2^-）$=2.5\mu$g/mL：准确吸取亚硝酸盐标准储备液 1.00mL 于 100mL 容量瓶中，用水稀释至标线。临用现配。

五、测定步骤

（一）校准曲线的绘制

取 6 支 10mL 具塞比色管，按表 4-3 所列数据配制标准色列。

表 4-3　亚硝酸钠标准色列

管号	0	1	2	3	4	5
标准工作液/mL	0.00	0.40	0.80	1.20	1.60	2.00
水/mL	2.00	1.60	1.20	0.80	0.40	0.00
显色液/mL	8.00	8.00	8.00	8.00	8.00	8.00
NO_2^- 质量浓度/(μg/mL)	0.00	0.10	0.20	0.30	0.40	0.50

以上溶液摇匀，避开阳光直射放置 20min（室温低于 20℃ 时放置 40min 以上），在 540nm 波长处，用 10mm 比色皿，以水为参比测定吸光度。以校正吸光度为纵坐标，对应 NO_2^- 质量浓度为横坐标，绘制校准曲线。

（二）采样

1. 短时间采样（1h 以内）

取两支内装 10.0mL 吸收液的多孔玻板吸收瓶和一支内装 5～10mL 酸性高锰酸钾溶液的氧化瓶（液柱高度不低于 80mm），用尽量短的硅橡胶管将氧化瓶串联在二支吸收瓶之间，以 0.4 L/min 流量采气 4～24 L。

2. 长时间采样（24h）

取两支大型多孔玻板吸收瓶，装入 25.0mL 或 50.0mL 吸收液（液柱高度不低于 80mm），标记液面位置。取一支内装 50mL 酸性高锰酸钾溶液的氧化瓶，接入采样系统，将吸收液恒温在 20℃ ± 4℃，以 0.2L/min 流量采气 288L。

（三）样品的测定

采样后放置 20min，室温 20℃ 以下时放置 40min 以上，用水将采样瓶中吸收液的体积补充至标线，混匀。将样品溶液移入 1cm 比色皿中，按绘制标准曲线的方法和条件测定样品溶液和空白液的吸光度。若样品溶液的吸光度超过标准曲线的测定上限，可用吸收液稀释后再测定吸光度，但稀释倍数不应大于 6。

六、计算

空气中二氧化氮质量浓度 ρ_{NO_2}（mg/m³）由式（4-5）计算：

$$\rho_{NO_2} = \frac{(A_1 - A_0 - a)VD}{bfV_r} \tag{4-5}$$

空气中一氧化氮质量浓度 ρ_{NO}（mg/m³），以二氧化氮计，由式（4-6）计算：

$$\rho_{NO} = \frac{(A_2 - A_0 - a)VD}{bfV_rK} \tag{4-6}$$

ρ'_{NO}（mg/m³）以一氧化氮计，式（4-7）计算：

$$\rho'_{NO} = \frac{\rho_{NO} \times 30}{46} \tag{4-7}$$

空气中氮氧化物的质量浓度 ρ_{NO_x}（mg/m³）以二氧化氮计，由式（4-8）计算：

$$\rho_{NO_x} = \rho_{NO_2} + \rho_{NO} \tag{4-8}$$

式中　A_1，A_2——串联的第一支和第二支吸收瓶样品的吸光度；

A_0——空白溶液的吸光度；

b——校准曲线斜率，吸光度·mL/μg；

a——校准曲线截距；

V——采样用吸收液体积，mL；

V_r——换算成参比状态（298.15K，1013.25hPa）的采样体积，L；

K——NO 转化为 NO_2 的氧化系数，0.68；

D——样品的稀释倍数；

f——Saltzman 实验系数，0.88（当空气中二氧化氮质量浓度高于 0.72mg/m^3 时，f 取值 0.77）。

Saltzman 实验系数（f）由式(4-9) 计算：

$$f = \frac{(A - A_0 - a)V}{bV_0 \rho_{NO_2}} \tag{4-9}$$

式中 A——样品溶液的吸光度；

A_0——空白样品的吸光度；

b——校准曲线斜率，吸光度·mL/μg；

a——校准曲线截距；

V——采样用吸收液体积，mL；

V_0——标准状态下的采样体积，L；

ρ_{NO_2}——通过采样系统的 NO_2 标准混合气体的质量浓度，mg/m^3。

七、注意事项

（1）吸收液应避光，且不能长时间暴露在空气中，以防止光照使吸收液显色或吸收空气中的氮氧化物而使试剂空白值增高。

（2）亚硝酸钠（固体）应密封保存，防止空气及湿气侵入。部分氧化成硝酸钠或呈粉末状的试剂都不能用直接法配制标准溶液。

（3）显色液若呈淡红色，应弃之重配。

（4）绘制校准曲线，向各比色管中加亚硝酸钠标准溶液时，都应以均匀、缓慢的速度加入。

思考题

1. 氧化管在使用一段时间后，其中的三氧化铬由棕黄色变绿了，为什么？还能继续使用吗？

2. 通过实验测定结果，你认为采样点的大气中氮氧化物的污染状况如何？

第三节 大气中二氧化硫的测定

一、目的和要求

（1）掌握溶液吸收富集采样方法对大气中分子态污染物的采集。

（2）掌握光度法测定大气中二氧化硫的原理。

二、实验原理

大气中的二氧化硫被甲醛缓冲溶液吸收后，生成稳定的羟甲基磺酸加成化合物，在样品溶液中加入氢氧化钠使加成化合物分解，释放出的二氧化硫与副玫瑰苯胺、甲醛作用，生成紫红色化合物，用分光光度计在波长 577nm 处测量吸光度。

三、实验仪器

（1）多孔玻板吸收管：10mL 多孔玻板吸收管，用于短时间采样；50mL 多孔玻板吸收管，用于 24h 连续采样。

（2）恒温水浴：0～40℃，控制精度为 ±1℃。

（3）具塞比色管：10mL。

（4）空气采样器：用于短时间采样的普通空气采样器，流量范围 0.1～1L/min，应配有保温装置。用于 24h 连续采样的采样器应具备有恒温、恒流、计时、自动控制开关的功能，流量范围 0.1～0.5L/min。

（5）分光光度计。

四、实验试剂

（1）碘酸钾（KIO_3），优级纯，经 110℃ 干燥 2h。

（2）氢氧化钠溶液，$c(NaOH) = 1.5$ mol/L：称取 6.0 g NaOH，溶于 100mL 水中。

（3）环己二胺四乙酸二钠溶液，$c(CDTA-2Na) = 0.05$ mol/L：称取 1.82 g 反式 1,2-环己二胺四乙酸［（trans-1,2-cyclohexylenedinitrilo）tetraacetic acid，简称 CDTA］，加入氢氧化钠溶液 6.5mL，用水稀释至 100mL。

（4）甲醛缓冲吸收贮备液：吸取 36%～38% 的甲醛溶液 5.5mL，CDTA-2Na 溶液 20.00mL；称取 2.04g 邻苯二甲酸氢钾，溶于少量水中；将三种溶液合并，再用水稀释至 100mL，贮于冰箱可保存 1 年。

（5）甲醛缓冲吸收液：用水将甲醛缓冲吸收贮备液稀释 100 倍。临用时现配。

（6）氨磺酸钠溶液，$\rho(NaH_2NSO_3) = 6.0g/L$：称取 0.60g 氨磺酸［$H_2NSO_3H$］置于 100mL 烧杯中，加入 4.0mL 1.5mol/L 氢氧化钠，用水搅拌至完全溶解后稀释至 100mL，摇匀。此溶液密封可保存 10d。

（7）碘贮备液，$c(1/2I_2) = 0.10mol/L$：称取 12.7 g 碘（I_2）于烧杯中，加入 40 g 碘化钾和 25mL 水，搅拌至完全溶解，用水稀释至 1000mL，贮存于棕色细口瓶中。

（8）碘溶液，$c(1/2I_2) = 0.010mol/L$：量取碘贮备液 50mL，用水稀释至 500mL，贮于棕色细口瓶中。

（9）淀粉溶液，$\rho(淀粉) = 5.0g/L$：称取 0.5 g 可溶性淀粉于 150mL 烧杯中，用少量水调成糊状，慢慢倒入 100mL 沸水，继续煮沸至溶液澄清，冷却后贮于试剂瓶中。

（10）碘酸钾基准溶液，$c(1/6KIO_3) = 0.1000mol/L$：准确称取 3.5667 g 碘酸钾溶于水，移入 1000mL 容量瓶中，用水稀释至标线，摇匀。

（11）盐酸溶液，$c(HCl) = 1.2mol/L$：量取 100mL 浓盐酸，加到 900mL 水中。

（12）硫代硫酸钠标准贮备液，$c(Na_2S_2O_3) = 0.10mol/L$：称取 25.0 g 硫代硫酸钠（$Na_2S_2O_3 \cdot 5H_2O$），溶于 1000mL 新煮沸但已冷却的水中，加入 0.2 g 无水碳酸钠，贮于棕色细口瓶中，放置一周后备用。如溶液呈现浑浊，必须过滤。

标定方法：吸取三份 20.00mL 碘酸钾基准溶液分别置于 250mL 碘量瓶中，加 70mL 新煮沸但已冷却的水，加 1g 碘化钾，振摇至完全溶解后，加 10mL 盐酸溶液，立即盖好瓶塞，摇匀。于暗处放置5min后，用硫代硫酸钠标准溶液滴定溶液至浅黄色，加2mL淀粉溶液，继续滴定至蓝色刚好褪去为终点。硫代硫酸钠标准溶液的浓度按式(4-10)计算：

$$c_1 = \frac{0.1000 \times 20.00}{V} \tag{4-10}$$

式中　c_1——硫代硫酸钠标准溶液的浓度，mol/L；

　　　　V——滴定所耗硫代硫酸钠标准溶液的体积，mL。

（13）硫代硫酸钠标准溶液，c（$Na_2S_2O_3$）≈ 0.01000mol/L：取50.0mL硫代硫酸钠贮备液置于500mL容量瓶中，用新煮沸但已冷却的水稀释至标线，摇匀。

（14）乙二胺四乙酸二钠盐（EDTA-2Na）溶液，ρ（EDTA-2Na）$=0.50$g/L：称取0.25g乙二胺四乙酸二钠盐［$C_{10}H_{14}N_2O_8Na_2 \cdot 2H_2O$］溶于500mL新煮沸但已冷却的水中。临用时现配。

（15）亚硫酸钠溶液，ρ（Na_2SO_3）$=1$g/L：称取0.2g亚硫酸钠（Na_2SO_3），溶于200mLEDTA-2Na溶液中，缓缓摇匀以防充氧，使其溶解。放置2～3h后标定。此溶液每毫升相当于320～400μg二氧化硫。标定方法如下：

① 取6个250mL碘量瓶（A_1、A_2、A_3、B_1、B_2、B_3），在A_1、A_2、A_3内各加入25mL乙二胺四乙酸二钠盐溶液，在B_1、B_2、B_3内加入25.00mL亚硫酸钠溶液，分别加入50.0mL碘溶液和1.00mL冰乙酸，盖好瓶盖，摇匀。

② 立即吸取2.00mL亚硫酸钠溶液加到一个已装有40～50mL甲醛吸收贮备液的100mL容量瓶中，并用甲醛吸收贮备液稀释至标线、摇匀。此溶液即为二氧化硫标准贮备溶液，在4～5℃下冷藏，可稳定6个月。

③ A_1、A_2、A_3、B_1、B_2、B_3六个瓶子于暗处放置5min后，用硫代硫酸钠溶液滴定至浅黄色，加5mL淀粉指示剂，继续滴定至蓝色刚刚消失。平行滴定所用硫代硫酸钠溶液的体积之差应不大于0.05mL。

二氧化硫标准贮备溶液的质量浓度由式(4-11)计算：

$$\rho(SO_2) = \frac{(V_0 - V) \times c_2 \times 32.02 \times 10^3}{25.00} \times \frac{2.00}{100} \tag{4-11}$$

式中　ρ（SO_2）——二氧化硫标准贮备溶液的质量浓度，μg/mL；

　　　　V_0——空白滴定所用硫代硫酸钠溶液的体积，mL；

　　　　V——样品滴定所用硫代硫酸钠溶液的体积，mL；

　　　　c_2——硫代硫酸钠溶液的浓度，mol/L。

（16）二氧化硫标准溶液，ρ（SO_2）$=1.00\mu$g/mL：用甲醛吸收液将二氧化硫标准贮备溶液稀释成每毫升含1.0μg二氧化硫的标准溶液。此溶液用于绘制标准曲线，在4～5℃下冷藏，可稳定1个月。

（17）盐酸副玫瑰苯胺（pararosaniline，简称PRA，即副品红或对品红）贮备液：ρ（PRA）$=2.0$g/L。

（18）盐酸副玫瑰苯胺溶液，ρ（PRA）$=0.50$g/L：吸取25.00mL副玫瑰苯胺贮备液于100mL容量瓶中，加30mL 85%的浓磷酸，12mL浓盐酸，用水稀释至标线，摇匀，放置过夜后使用。避光密封保存。

（19）盐酸-乙醇清洗液：由三份（1+4）盐酸和一份95%乙醇混合配制而成，用于清洗比色管和比色皿。

五、测定步骤

（一）校准曲线绘制

取 16 支 10mL 具塞比色管，分 A、B 两组，每组 7 支，分别对应编号。A 组按表 4-4 配制校准系列。

表 4-4 二氧化硫校准系列

管号	0	1	2	3	4	5	6
二氧化硫标准溶液（1.00μg/mL）/mL	0	0.50	1.00	2.00	5.00	8.00	10.00
甲醛缓冲吸收液/mL	10.00	9.50	9.00	8.00	5.00	2.00	0
二氧化硫含量/μg	0	0.50	1.00	2.00	5.00	8.00	10.00

在 A 组各管中分别加入 0.5mL 氨磺酸钠溶液和 0.5mL 氢氧化钠溶液，混匀。

在 B 组各管中分别加入 1.00mLPRA 溶液。

将 A 组各管的溶液迅速地全部倒入对应编号并盛有 PRA 溶液的 B 管中，立即加塞混匀后放入恒温水浴装置中显色。在波长 577nm 处，用 10mm 比色皿，以水为参比测量吸光度。以空白校正后各管的吸光度为纵坐标，以二氧化硫的含量（μg）为横坐标，用最小二乘法建立校准曲线的回归方程。

显色温度与室温之差不应超过 3℃。根据季节和环境条件按表 4-5 选择合适的显色温度与显色时间。

表 4-5 显色温度与显色时间

显色温度/℃	10	15	20	25	30
显色时间/min	40	25	20	15	5
稳定时间/min	35	25	20	15	10
试剂空白吸光度 A_0	0.030	0.035	0.040	0.050	0.060

（二）采样

1. 短时间采样

采用内装 10mL 吸收液的多孔玻板吸收管，以 0.5L/min 的流量采气 45～60min。吸收液温度保持在 23～29℃ 的范围。

2.24h 连续采样

用内装 50mL 吸收液的多孔玻板吸收瓶，以 0.2L/min 的流量连续采样 24h。吸收液温度保持在 23～29℃ 的范围。

3. 现场空白

将装有吸收液的采样管带到采样现场，除了不采气之外，其他环境条件与样品相同。

（三）样品测定

样品浑浊时，应离心分离除去。采样后样品放置 20min，以使臭氧分解。

1. 短时间样品

将吸收管中的样品溶液移入 10mL 比色管中，用少量甲醛吸收液洗涤吸收管，洗液并入比色管中并稀释至标线。加入 0.5mL 氨磺酸钠溶液，混匀，放置 10min 以除去氮氧化物的干扰。以下步骤同校准曲线的绘制。

2. 24h 样品

将吸收瓶中样品移入 50mL 容量瓶（或比色管）中，用少量甲醛吸收液洗涤吸收瓶后再倒入容量瓶（或比色管）中，并用吸收液稀释至标线。吸取适当体积的试样（视浓度高低而决定取 2～10mL）于 10mL 比色管中，再用吸收液稀释至标线，加入 0.5mL 氨磺酸钠溶液，混匀，放置 10min 以除去氮氧化物的干扰，以下步骤同校准曲线的绘制。

六、计算

空气中二氧化硫的质量浓度，按式（4-12）计算：

$$\rho(SO_2) = \frac{(A - A_0 - a)}{b V_r} \times \frac{V_t}{V_a} \tag{4-12}$$

式中 $\rho(SO_2)$ ——空气中二氧化硫的质量浓度，mg/m^3；

           A ——样品溶液的吸光度；

          A_0 ——试剂空白溶液的吸光度；

           b ——校准曲线的斜率，吸光度/μg；

           a ——校准曲线的截距（一般要求小于 0.005）；

         V_t ——样品溶液的总体积，mL；

         V_a ——测定时所取试样的体积，mL；

         V_r ——换算成参比状态下（101.325kPa，298.15K）的采样体积，L。

计算结果准确到小数点后三位。

七、注意事项

（1）温度对显色影响较大，温度越高，空白值越大。温度高时显色快，褪色也快，最好用恒温水浴控制显色温度。

（2）对品红试剂必须提纯后方可使用，否则，其中所含杂质会引起试剂空白值增高，使方法灵敏度降低。现已有经提纯合格的 0.2% 对品红溶液出售。

（3）用过的具塞比色管及比色皿应及时用酸洗涤，否则红色难于洗净。具塞比色管用（1+4）盐酸溶液洗涤，比色皿用（1+4）盐酸加 1/3 体积乙醇混合液洗涤。

思考题

1. 多孔玻板吸收管的作用是什么？
2. 实验过程中存在哪些干扰？如何消除？
3. 盐酸副玫瑰苯胺中的盐酸用量对显色有无影响？如有，怎样影响？

第四节　大气中臭氧的测定

一、目的和要求

（1）掌握光度法测定大气中 O_3 的方法。

（2）掌握环境臭氧分析仪的使用方法。

二、实验原理

臭氧（O_3）为无色气体，有特殊臭味。臭氧具有强烈的刺激性，$2\sim4mg/m^3$ 浓度的臭氧可刺激黏膜和损害中枢神经系统，引起支气管炎和头痛。众所周知，臭氧是已知最强的氧化剂之一，在紫外线的作用下，臭氧参与烃类和氮氧化物的光化学反应，形成具有强烈刺激作用的有机化合物——光化学烟雾，带来更严重的大气环境污染。臭氧的测定方法有很多，如蓝二磺酸钾分光光度法、紫外分光光度法、硼酸碘化钾分光光度法等。

本实验采用的是**紫外分光光度法**。原理为：当样品空气以恒定的流速通过除湿器和颗粒物过滤器进入仪器的气路系统，分成两路，一路为样品空气，一路通过选择性臭氧洗涤器成为零空气，样品空气和零空气在电磁阀的控制下交替进入样品吸收池（或分别进入样品吸收池和参比池），臭氧对 253.7nm 波长的紫外光有特征吸收。设零空气通过吸收池时检测的光强度为 I_0，样品空气通过吸收池时检测的光强度为 I，则 I/I_0 为透光率。仪器的微处理系统根据朗伯-比尔定律公式，由式(4-13)计算臭氧浓度。

$$\ln(\frac{I}{I_0}) = -a\rho d \tag{4-13}$$

式中　$\dfrac{I}{I_0}$——样品的透光率，即样品空气和零空气的光强度之比；

ρ——采样温度压力条件下臭氧的质量浓度，$\mu g/m^3$；

d——吸收池的光程，m；

a——臭氧在 253.7nm 处的吸收系数，$a=1.44\times10^{-5}\ m^2/\mu g$。

三、实验仪器

（1）颗粒过滤器。

（2）空气采样器：流量范围 $1\sim2L/min$。

（3）环境臭氧分析仪，典型的紫外光度臭氧测量系统组成如图 4-1 所示。

（4）紫外吸收池：紫外吸收池应由不与臭氧起化学反应的惰性材料制成，并具有良好的机械稳定性，以致光学校准不受环境温度变化的影响。吸收池温度控制精度为 $\pm0.5℃$，吸收池中样品空气压力控制精度 $\pm0.2kPa$。

（5）紫外光源灯：例如低压汞灯，其发射的紫外单色光集中在 253.7nm，而 185nm 的光（照射氧产生臭氧）通过石英窗屏蔽去除。光源灯发出的紫外辐射应足够稳定，能够满足分析要求。

（6）紫外检测器：能定量接收波长 253.7nm 处辐射的 99.5%，其电子组件和

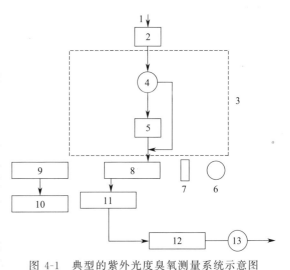

图 4-1　典型的紫外光度臭氧测量系统示意图

1—空气输入；2—颗粒物过滤器和除湿器；

3—环境臭氧分析仪；4—旁路阀；5—涤气器；

6—紫外光源灯；7—光学镜片；8—UV 吸收池；

9—UV 检测器；10—信号处理器；11—空气流量计；

12—流量控制器；13—泵

传感器的响应稳定，能满足分析要求。

（7）带旁路阀的涤气器：其活性组分能在环境空气样品流中选择性地去除臭氧。

（8）采样泵：采样泵安装在气路的末端，抽取空气流过臭氧分析仪，能保持流量在1～2L/min。

（9）流量控制器：紧接在采样泵的前面，可适当调节流过臭氧分析仪的空气流量。

（10）空气流量计：安装在紫外吸收池的后面，流量范围为1～2L/min。

（11）温度指示器：能测量紫外吸收池中样品空气的温度，准确度为±0.5℃。

（12）压力指示器：能测量紫外吸收池内样品空气的压力，准确度为±0.2kPa。

四、实验试剂

零空气：符合分析校准程序要求的零空气，可以由零空气发生装置产生，也可由零空气钢瓶提供。如使用合成空气，其中氧的含量应为合成空气的20.9%±2%。

五、测定步骤

接通电源，打开臭氧分析仪主电源开关，预热1h。待仪器稳定后，正确设置各种参数，包括紫外光源灯的灵敏度、采样流速、激活电子温度和压力补偿功能等，向仪器导入零空气和样气，检查零点和跨度，用合适的记录装置记录臭氧浓度。

六、计算

大多数臭氧分析仪能够测量吸收池内样品空气的温度和压力，并根据测得的数据，自动将采样状态下臭氧的质量浓度换算为标准状态下的质量浓度。否则，按式（4-14）计算：

$$\rho_r = \rho \times \frac{101.325}{P} \times \frac{t+298.15}{298.15} \tag{4-14}$$

式中　ρ_r——参比状态下臭氧的质量浓度，mg/m³；

ρ——仪器读数，采样温度、压力条件下臭氧的质量浓度，mg/m³；

P——光度计吸收池压力，kPa；

t——光度计吸收池温度，℃。

思考题

1. 采用紫外光度法测定空气中臭氧时，需要使用零空气，什么是零空气？
2. 采用紫外光度法测定空气中臭氧时，主要干扰是什么？应如何消除？

第五节　大气中一氧化碳的测定

一、目的和要求

（1）掌握非分散红外吸收法的原理。

（2）掌握测定一氧化碳的技术。

二、实验原理

一氧化碳对以 $4.7\mu m$ 为中心波段的红外辐射具有选择性吸收，在一定的浓度范围内，其吸光度与一氧化碳浓度呈线性关系，故根据气样的吸光度可确定一氧化碳的浓度。水蒸气和悬浮颗粒物干扰一氧化碳的测定。测定时，气样需通过冷却或窄带滤光器除去水蒸气，经玻璃纤维滤膜除去颗粒物。

三、实验仪器

（1）非分散红外一氧化碳分析仪：量程 $0\sim62.5mg/m^3$。

（2）记录仪：$0\sim10mV$。

（3）流量计：$0\sim1L/min$。

（4）聚乙烯塑料采气袋、铝箔采气袋或衬铝塑料采气袋。

（5）止水夹。

（6）双联球。

四、实验试剂

（1）高纯氮气：99.99％。

（2）霍加拉特管。

（3）一氧化碳标准气：浓度应选在仪器量程的 60％～80％ 范围内。

五、实验步骤

1. 采样

用双联球将现场空气抽入采气袋内，洗 3～4 次，采气 500mL，用止水夹夹紧进气口。

2. 测定

（1）**启动和调零**　开启电源开关，预热 30min，将高纯氮气连接在仪器进气口，通入氮气，用流量计控制流量为 0.5L/min。校准仪器零点。也可以用经霍加拉特管（加热至 90～100℃）净化后的空气调零。

（2）**校准仪器**　在仪器进气口通入流量为 0.5L/min 的一氧化碳标定气，调节仪器灵敏度电位器，使记录器指针调在一氧化碳浓度的相应位置。

（3）**样品测定**　将采气袋连接在仪器进气口，则样气被抽入仪器中，待仪器读数稳定后直接读取指示格数。

六、数据处理

$$c = 1.25n \tag{4-15}$$

式中　c——样品气体中一氧化碳浓度，mg/m^3；

　　　n——仪器显示的一氧化碳格数；

　　1.25——CO 换算成标准状态下的换算系数。

七、注意事项

（1）仪器启动后，必须预热，稳定一定时间再进行测定。仪器具体操作按仪器说明书规定进行。

（2）空气样品应通过冷却或窄带滤光器，玻璃纤维滤膜过滤后再进入仪器，以消除水蒸气和颗粒物的干扰。

（3）仪器接上记录仪，将空气连续抽入仪器，可连续监测空气中一氧化碳浓度的变化。

思考题

1. 用非色散红外法测定环境空气和固定污染源排气中一氧化碳时，水和二氧化碳为什么会干扰测定？

2. 用非色散红外法测定环境空气和固定污染源排气中一氧化碳时，为了保证测量数据的准确，应主要注意哪几个方面？

第六节　大气中苯系化合物的测定

一、目的和要求

（1）了解气相色谱法的分离和测定原理。

（2）掌握大气中苯系化合物的分析方法。

二、实验原理

苯系化合物的来源主要有化工、炼油、炼焦等工业废水和废弃物，由于它的种类很多，一般主要测定的是苯、甲苯、乙苯、二甲苯等化合物。苯、甲苯、乙苯、二甲苯都是无色、有芳香味、有挥发性、易燃的液体，微溶于水，易溶于乙醚、乙醇、氯仿和二硫化碳等有机溶剂，在空气中以蒸气状态存在。

气相色谱法测定苯系化合物，具有灵敏度高、可同时测定等特点。本方法采用填充2，6-二苯基对苯醚采样管，在常温条件下，富集环境空气或室内空气中的苯系物，采样管连入热脱附仪，加热后将吸附成分导入带有氢火焰离子化检测器（FID）的气相色谱仪进行分析。

三、实验仪器

（1）气相色谱仪，具有氢火焰离子化检测器。

（2）色谱柱：填充柱和毛细管柱。

（3）热脱附装置：具有一级脱附或二级脱附功能。

（4）老化装置：温度在200～400℃可控，同时保持一定的氮气流速。

（5）样品采集装置：无油采样泵，流量范围0.01～0.1L/min和0.1～0.5L/min，流量稳定。

（6）采样管。

（7）温度计：精度0.1℃。

（8）气压表：精度0.01kPa。

（9）微量进样器：1～5μL。

四、实验试剂

（1）甲醇：色谱纯。

（2）标准储备液：取适量色谱纯的苯、甲苯、乙苯、邻二甲苯、间二甲苯、对二甲苯等配制于一定体积的甲醇中。

（3）载气：氮气，纯度99.999%，用净化管净化。

（4）燃烧气：氢气，纯度99.99%。

（5）助燃气：空气，用净化管净化。

五、实验步骤

（一）采样

采样前应对采样器进行流量校准。在采样现场，将一只采样管与空气采样装置相连，调整采样装置流量。在常温下，将老化后的采样管去掉两侧的聚四氟乙烯帽，按照采样管上流量方向与采样器相连，检查采样系统的气密性。以 10～200mL/min 的流量采集空气 10～20min。采样结束前，再次记录采样流量，取下采样管，立即用聚四氟乙烯帽密封。

（二）校准曲线绘制

分别取适量的标准贮备液，用甲醇稀释并定容至 1.00mL，配制质量浓度依次为 5μg/mL、10μg/mL、20μg/mL、50μg/mL 和 100μg/mL 的校准系列。将老化后的采样管连接于其他气相色谱仪的填充柱进样口，设定进样口温度为 50℃，用注射器注射 1.0μL 标准系列溶液，用 100mL/min 的流量通载气 5min，迅速取下采样管，用聚四氟乙烯帽将采样管两端密封，得到 5ng、10ng、20ng、50ng 和 100ng 校准曲线系列采样管。将校准曲线系列采样管按吸附标准溶液时气流相反方向连接热脱附仪分析，根据目标组分质量和响应值绘制校准曲线。

（三）气相色谱测定

将样品采样管安装在热脱附仪上，样品管内载气流的方向与采样时的方向相反，调整分析条件，目标组分脱附后，经气相色谱仪分离，由 FID 检测。记录色谱峰的保留时间和相应值。

六、数据处理

由式(4-16) 计算：

$$\rho = \frac{W - W_0}{V_{nd} \times 1000} \tag{4-16}$$

式中　ρ——气体中被测组分质量浓度，mg/m^3；

W——热脱附进样，由校准曲线计算的被测组分的质量，ng；

W_0——由校准曲线计算的空白管中被测组分的质量，ng；

V_{nd}——标准状况下的采样体积，L。

七、注意事项

（1）本法同样适用于室内空气中甲苯、乙苯、邻二甲苯、间二甲苯、对二甲苯、异丙苯和苯乙烯的测定。

（2）分析时可根据色谱仪的条件进行设置，色谱柱采用毛细管柱时，需要注意进样量等。

（3）外标法测定要注意取样和进样量必须准确。

思考题

1. 如何确定色谱图上各主要峰的归属？
2. 如何确定各组分的含量？

第七节　大气中多环芳烃的测定

一、目的和要求

（1）了解高效液相色谱仪的构造与组成。
（2）掌握用高效液相色谱法测定环境样品中的多环芳烃。

二、实验原理

多环芳烃（PAH_S）广泛存在于环境中，因其具有致癌或致突变作用，日益引起人们的关注。PAH_S主要是煤、石油等矿物性燃料不完全燃烧时产生，来自焦化、石化、钢铁等工业废水和废气的排放。各类水质标准为：地下水 $50\mu g/L$；地面水 $1\mu g/L$；废水 $100\mu g/L$。

高效液相色谱法（HPLC）测定 PAH_S，不需要高温气化样品，对某些不稳定、易分解样品的分析尤为重要。气相中的多环芳烃分别收集于采样筒与玻璃（或石英）纤维滤膜/筒，采样筒和滤膜/筒用 10/90（体积比）乙醚/正己烷的混合溶剂提取，提取液经过浓缩、硅胶柱或弗罗里硅土柱等方式净化后，用具有荧光/紫外检测器的高效液相色谱仪分离检测。

三、实验仪器

（1）液相色谱仪（HPLC）：具有可调波长紫外检测器或荧光检测器和梯度洗脱功能。
（2）色谱柱：C_{18} 柱，$4.60mm\times250mm$，填料粒径为 $5.0\mu m$ 的反相色谱柱或其他性能相近的色谱柱。
（3）环境空气采样设备。
（4）滤膜。80mm 超细玻璃纤维滤膜。
（5）索氏提取器。
（6）K-D 浓缩器。
（7）恒温水浴。
（8）固相萃取净化装置。

（9）玻璃层析柱。

（10）微量注射器和气密性注射器。

四、实验试剂

（1）乙腈（CH_3CN）。

（2）二氯甲烷（CH_2Cl_2）。

（3）正己烷（C_6H_{14}）。

（4）无水硫酸钠（Na_2SO_4）：在马弗炉中450℃下烘烤2h，冷却后，贮于磨口玻璃瓶中密封保存。

（5）多环芳烃标准贮备液。

（6）十氟联苯标准贮存液。

（7）样品提取液：1+9（体积）乙醚/正己烷混合溶液。

（8）聚氨基甲酸乙酯泡沫（PUF）。

（9）硅胶。

五、实验步骤

（一）采样

现场采样前要对采样器的流量进行校正，依次安装好滤膜夹、吸附剂套筒，连接于采样器，调节采样流量，开始采样。采样结束后打开采样头上的滤膜夹，用镊子轻轻取下滤膜，采样面向里对折，从吸附剂套筒中取出采样筒，与对折的滤膜一同用铝箔纸包好，放入原来的盒中密封。采样后进行流量校正。

（二）样品预处理

1. 提取

将玻璃纤维滤膜（或滤筒）、装有树脂和PUF的玻璃采样筒放入索氏提取器中，在PUF上加上0.1mL十氟联苯溶液，加入适量1+9（体积）乙醚/正己烷提取液，以每小时回流不少于4次的速度提取16h。回流完毕，冷却至室温，取出底瓶，清洗提取器及接口处，将清洗液一并转移入底瓶，于提取液中加入无水硫酸钠至硫酸钠颗粒可自由流动，放置30min，脱水干燥。

2. 浓缩

将提取液转移至浓缩瓶中，温度控制在45℃以下浓缩至1mL，如需净化，加入5～10mL正己烷，重复此浓缩过程3次，将溶剂完全转换为正己烷，最后浓缩至1mL，待净化。如不需净化，浓缩至0.5～1.0mL，加入3mL乙腈，再浓缩至1mL以下，将溶剂完全转换为乙腈，最后准确定容到1.0mL待测。制备的样品在4℃以下冷藏保存，30日内完成分析。

3. 净化

玻璃层析柱依次填入玻璃棉，以二氯甲烷为溶剂湿法填充10g硅胶，最后填1～2cm高无水硫酸钠。柱子装好后用20～40mL二氯甲烷冲洗层析柱2次，确保液面保持在硫酸钠表面以上，不能流干，再用40mL正己烷冲洗层析柱，关闭活塞。将浓缩后的样品提取溶液转移到柱内，用约 3mL 正己烷清洗装样品的浓缩瓶，并转移到层析柱内，弃去流出液。用 25mL 正己烷洗脱层析柱，弃去流出液。再用 30mL 二氯甲烷/正己烷淋洗液洗脱层析柱，以 2～5mL/min 流速接收流出液。洗脱液转移至浓缩瓶中，浓缩至 0.5～1.0mL，加入 3mL 乙腈，再浓缩至 1mL 以下，将溶剂完全转换为乙腈，最后准确定容到 1.0mL 待测。制备的样品在 4℃ 以下冷藏保存，30 日内完成分析。

（三）HPLC 分析

1. 参考色谱条件

（1）梯度洗脱程序　65% 乙腈＋35% 水，保持 27min；以 2.5% 乙腈/min 的增量至 100% 乙腈，保持至出峰完毕。

（2）流动相流量　1.2mL/min。

（3）柱温　30℃。

（4）推荐紫外检测器的波长　254nm、220nm、230nm、290nm。

2. 标准曲线的绘制

标准系列的制备：取一定量多环芳烃标准使用液和十氟联苯标准使用液于乙腈中，制备至少 5 个浓度点的标准系列，多环芳烃质量浓度分别为 0.1μg/mL、0.5μg/mL、1.0μg/mL、5.0μg/mL、10.0μg/mL，贮存在棕色小瓶中，于冷暗处存放。

标准曲线：通过自动进样器或样品定量环分别移取 5 种浓度的标准使用液 10 μL，注入液相色谱，得到各不同浓度的多环芳烃的色谱图。以峰高或峰面积为纵坐标，浓度为横坐标，绘制标准曲线。标准曲线的相关系数 ≥0.999，否则重新绘制标准曲线。

（四）PAH_s 的测定

取 10μL 待测样品注入高效液相色谱仪中。记录色谱峰的保留时间和峰高（或峰面积）。

六、数据处理

由式(4-17)计算标准状态（0℃、101.325kPa）下的采样体积（V_s）：

$$V_s = V_m \times \frac{p_A}{101.325} \times \frac{273}{273 + t_A} \tag{4-17}$$

式中　V_s——0℃、101.325kPa 标准情况下的采样总体积，m^3；

　　　V_m——在测定温度、压力下的样品总体积，m^3；

　　　p_A——采样时环境的大气压，kPa；

　　　t_A——采样时环境温度，℃。

由式(4-18)计算样品中多环芳烃的质量浓度：

$$\rho = \frac{\rho_i \times V \times DF}{V_s} \tag{4-18}$$

式中　ρ——样品中目标化合物的质量浓度，$\mu g/m^3$；

　　　ρ_i——从标准曲线得到目标化合物的质量浓度，$\mu g/mL$；

　　　V——样品的浓缩体积，mL；

　　　V_s——标准状况下的采样总体积，m^3。

DF——稀释因子（目标化合物的浓度超出范围，进行稀释）。

七、注意事项

（1）本实验分析对象为致癌物，因此，要有保护措施，如使用一次性塑料手套。

（2）整个操作要在避光条件下进行，防止 PAH_S 分解。

（3）配备标样的溶剂必须能与流动相很好混合，并且，不能有杂质色谱峰检出。应当选择 HPLC 级或更高纯试剂。

思考题

1. 在样品采集过程中，聚氨基甲酸乙酯泡沫（PUF）的主要作用是什么？
2. 为什么作为高效液相色谱仪的流动相在使用前必须过滤、脱气？

第八节　空气中微生物指标的测定

评价空气的清洁程度，需要测定空气中的微生物数量和空气污染微生物。测定的细菌指标有细菌总数和绿色链球菌，必要时测定病原微生物。空气中有较强的辐射，而且干燥、温度变化大、缺乏营养，所以空气中并不是微生物的生长繁殖场所。虽然空气中还是有较多的来自其他环境微生物，但都只是短暂停留，最终会沉降到土壤、水体、地面，停留的时间随气流和气象条件等变化，让空气中的微生物落到培养基上，对其进行监测。详细内容可扫描二维码查看。

第八节　空气中微生物指标的测定

第五章

土壤环境监测实验

第一节　土壤 pH 值的测定

一、目的和要求

（1）掌握土壤酸碱度的测定方法。

（2）巩固酸度计的使用。

二、实验原理

以水为浸提剂，水土比为 2.5∶1，将指示电极和参比电极（或 pH 复合电极）浸入土壤悬浊液时，构成原电池，在一定的温度下，其电动势与悬浊液的 pH 值有关，通过测定原电池的电动势即可得到土壤的 pH 值。

三、实验仪器与试剂

1. 仪器

（1）pH 计：精度为 0.01 个 pH 单位，具有温度补偿功能。

（2）电极：玻璃电极和饱和甘汞电极，或 pH 复合电极。

（3）磁力搅拌器或水平振荡器：具有温控功能。

（4）土壤筛：孔径 2mm（10 目）。

（5）一般实验室常用仪器和设备。

2. 试剂

（1）实验用水：去除二氧化碳的新制备的蒸馏水或纯水。将水注入烧瓶中，煮沸 10min，放置冷却。临用现制。

（2）邻苯二甲酸氢钾（$C_8H_5KO_4$）。使用前 110～120℃烘干 2h。

（3）磷酸二氢钾（KH_2PO_4）。使用前 110～120℃烘干 2h。

（4）无水磷酸氢二钠（Na_2HPO_4）。使用前 110～120℃烘干 2h。

（5）四硼酸钠（$Na_2B_4O_7 \cdot 10H_2O$）。与饱和溴化钠（或氯化钠加蔗糖）溶液（室温）共同放置在干燥器中 48h，使四硼酸钠晶体保持稳定。

（6）pH4.01（25℃）标准缓冲溶液：$c(C_8H_5KO_4)=0.05mol/L$。称取 10.12 g 邻苯二甲酸氢钾，溶于水中，于 25℃下在容量瓶中稀释至 1L。也可直接采用符合国家标准的标准溶液。

（7）pH6.86（25℃）标准缓冲溶液：$c(KH_2PO_4)=0.025mol/L$，$c(Na_2HPO_4)=0.025mol/L$。分别称取 3.387g 磷酸二氢钾和 3.533g 无水磷酸氢二钠，溶于水中，于 25℃

下在容量瓶中稀释至 1L。也可直接采用符合国家标准的标准溶液。

（8）pH9.18（25℃）标准缓冲溶液：$c(Na_2B_4O_7)=0.01mol/L$。称取 3.80g 四硼酸钠，溶于水中，于 25℃下在容量瓶中稀释至 1L，在聚乙烯瓶中密封保存。也可直接采用符合国家标准的标准溶液。

上述 pH 标准缓冲溶液于冰箱中 4℃冷藏可保存 2～3 个月。发现有浑浊、发霉或沉淀等现象时，不能继续使用。

四、实验步骤

（一）样品的制备

土壤样品的制备，包括样品的风干、缩分、粉碎和过筛。制备后的样品不立刻测定时，应密封保存，以免受大气中氨和酸性气体的影响，同时避免日晒、高温、潮湿的影响。

（二）试样的制备

称取 10.0g 土壤样品置于 50mL 的高型烧杯或其他适宜的容器中，加入 25mL 水。将容器用封口膜或保鲜膜密封后，用磁力搅拌器剧烈搅拌 2min 或用水平振荡器剧烈振荡 2min 后静置 30min，在 1h 内完成测定。

（三）测定

1. 校准
至少使用两种 pH 标准缓冲溶液对 pH 计进行校准。先用 pH6.86（25℃）标准缓冲溶液，再用 pH4.01（25℃）标准缓冲溶液或 pH9.18（25℃）标准缓冲溶液校准。校准步骤如下：

（1）将盛有标准缓冲溶液并内置搅拌子的烧杯置于磁力搅拌器上，开启磁力搅拌器。

（2）控制标准缓冲溶液的温度在（25±1）℃，用温度计测量标准缓冲溶液的温度，并将 pH 计的温度补偿旋钮调节到该温度上。有自动温度补偿功能的仪器，可省略此步骤。

（3）将电极插入标准缓冲溶液中，待读数稳定后，调节仪器示值与标准缓冲溶液的 pH 值一致。重复步骤（1）和（2），用另一种标准缓冲溶液校准 pH 计，仪器示值与该标准缓冲溶液的 pH 值之差应不超过 0.02 个 pH 单位。否则应重新校准。

2. 测定
控制试样的温度为（25±1）℃，与标准缓冲溶液的温度之差不应超过 2℃。将电极插入试样的悬浊液，电极探头浸入液面下悬浊液垂直深度的 1/3～2/3 处，轻轻摇动试样。待读数稳定后，记录 pH 值。每个试样测定完成后，立刻用水冲洗电极，并用滤纸将电极外部水吸干，再测定下一个试样。

五、结果表示

测定结果保留至小数点后 2 位。当读数小于 2.00 或大于 12.00 时，结果分别表示为 pH＜2.00 或 pH＞12.00。

六、注意事项

（1）pH 计应参照仪器说明书使用和维护。

（2）电极应参照电极说明书使用和维护。

（3）温度对土壤 pH 值的测定具有一定影响，在测定时，应按要求控制温度。

（4）在测定时，将电极插入试样的悬浊液，应注意去除电极表面气泡。

思考题

1. 测定土壤 pH 值有什么重要意义？

2. 水土比是否影响土壤 pH 值测定结果？不同水土比测定结果能否直接进行比较？为什么？

第二节　土壤干物质和水分的测定

一、目的和要求

土壤含水量的测定方法有多种，本实验目的是掌握烘干法测定土壤样品含水量的原理和方法。

二、实验原理

土壤水大致可分为化学结合水、吸湿水和自由水三类。自由水可供作物利用，吸湿水是土粒表面分子力所吸附的单分子水层，只有转变为气态时才能摆脱土粒表面分子力的吸附，而化学结合水则要在 $600 \sim 700\,℃$ 下才能脱离土粒。由于风干的土壤样品中存在一定数量的吸湿水，且因土壤机械组成的不同差异明显，故在土壤理化分析时，需要在 $105\,℃$ 下烘干，测定风干土吸湿水含量，并以烘干样重为相对统一的计算基础，从而使土壤理化分析数据具有可比性。土壤样品在 $(105 \pm 5)\,℃$ 烘至恒重，以烘干前后的土样质量差值计算干物质和水分的含量，用质量分数表示。

三、实验仪器和设备

鼓风干燥箱：$(105 \pm 5)\,℃$。干燥器：装有无水变色硅胶。分析天平：精度为 $0.01\mathrm{g}$。具盖容器：防水材质且不吸附水分，用于烘干风干土壤时容积应为 $25 \sim 100\mathrm{mL}$，用于烘干新鲜潮湿土壤时容积应至少为 $100\mathrm{mL}$。样品勺。样品筛：2mm。一般实验室常用仪器和设备。

四、实验步骤

（一）试样的制备

1. 风干土壤试样

取适量新鲜土壤样品平铺在干净的搪瓷盘或玻璃板上，避免阳光直射，环境温度不超过 $40\,℃$，自然风干，去除石块、树枝等杂质，过 2mm 样品筛。将大于 2mm 的土块粉碎后过 2mm 样品筛，混匀，待测。

2. 新鲜土壤试样

取适量新鲜土壤样品撒在干净、不吸收水分的玻璃板上，充分混匀，去除直径大于

2mm 的石块、树枝等杂质，待测。

（二）分析步骤

1. 风干土壤试样的测定

具盖容器和盖子于（105±5）℃下烘干 1h，稍冷，盖好盖子，然后置于干燥器中至少冷却 45min，测定带盖容器的质量 m_0，精确至 0.01g。用样品勺将 10～15g 风干土壤试样转移至已称量的具盖容器中，盖上容器盖，测定总质量 m_1，精确至 0.01g。取下容器盖，将容器和风干土壤试样一并放入烘箱中，在（105±5）℃下烘干至恒重，同时烘干容器盖。盖上容器盖，置于干燥器中至少冷却 45min，取出后立即测定带盖容器和烘干土壤的总质量 m_2，精确至 0.01g。

2. 新鲜土壤试样的测定

具盖容器和盖子于（105±5）℃下烘干 1h，稍冷，盖好盖子，然后置于干燥器中至少冷却 45min，测定带盖容器的质量 m_0，精确至 0.01g。用样品勺将 30～40g 新鲜土壤试样转移至已称量的具盖容器中，盖上容器盖，测定总质量 m_1，精确至 0.01g。取下容器盖，将容器和新鲜土壤试样一并放入烘箱中，在（105±5）℃下烘干至恒重，同时烘干容器盖。盖上容器盖，置于干燥器中至少冷却 45min，取出后立即测定带盖容器和烘干土壤的总质量 m_2，精确至 0.01g。

五、数据处理

土壤样品中的干物质含量 w_{dm} 和水分含量 w_{H_2O}，分别按式（5-1）和式（5-2）进行计算。测定结果精确至 0.1%。

$$w_{dm} = \frac{m_2 - m_0}{m_1 - m_0} \times 100\% \tag{5-1}$$

$$w_{H_2O} = \frac{m_1 - m_2}{m_2 - m_0} \times 100\% \tag{5-2}$$

式中　w_{dm}——土壤样品中的干物质含量，%；

　　　w_{H_2O}——土壤样品中的水分含量，%；

　　　m_0——带盖容器的质量，g；

　　　m_1——带盖容器及风干土壤试样或带盖容器及新鲜土壤试样的总质量，g；

　　　m_2——带盖容器及烘干土壤的总质量，g。

六、注意事项

（1）测定样品中的微量有机污染物不能去除石块、树枝等杂质。因此，测定其干物质含量时不剔除石块、树枝等杂质。

（2）对于新鲜土壤试样，为减少水分的蒸发对测定结果的影响，应尽快分析待测试样。

（3）试验过程中应避免具盖容器内土壤细颗粒被气流或风吹出。

（4）一般情况下，在（105±5）℃下有机物的分解可以忽略。但是对于有机质含量大于 10%（质量分数）的土壤样品（如泥炭土），应将干燥温度改为 50℃，然后干燥至恒重，必要时，可抽真空，以缩短干燥时间。

（5）一些矿物质（如石膏）在105℃干燥时会损失结晶水。

（6）如果样品中含有挥发性（有机）物质，本方法不能准确测定其水分含量。

（7）如果待测样品中含有石膏或测定含有石子、树枝等的新鲜潮湿土壤，以及其他影响测定结果的内容，均应在报告中注明。

（8）土壤水分含量是基于干物质量计算的，所以其结果可能超过100％。

思考题

1. 土壤水在农业生态系统中有何重要作用？
2. 土壤含水量有哪些表示方法？
3. 土壤水分的类型有哪些？其性质如何？
4. 如何合理地调节土壤的水分状态？

第三节 土壤铜和锌的测定

一、目的和要求

（1）了解火焰原子吸收分光光度法的原理。
（2）掌握土壤样品的消化及分析方法。

二、实验原理

土壤经酸消解后，试样中铜、锌在空气-乙炔火焰中原子化，其基态原子分别对铜、锌的特征谱线产生选择性吸收，其吸收强度在一定范围内与铜、锌的浓度成正比。

试样的制备一般有电热消解法和微波消解法，本书主要介绍微波消解法，若读者想了解其他方法，可参考《土壤和沉积物 铜、锌、铅、镍、铬的测定 火焰原子吸收分光光度法》（HJ 491—2019），仅限前处理为微波消解。

三、实验仪器与试剂

1. 仪器
（1）火焰原子吸收分光光度计。
（2）微波消解装置：功率600～1500W，配备微波消解罐。
（3）聚四氟乙烯坩埚或聚四氟乙烯消解管：50mL。
（4）分析天平：感量0.1mg。
（5）一般实验室常用器皿和设备。
（6）铜和锌元素锐线光源或连续光源。

2. 试剂
（1）盐酸：$\rho(HCl)=1.19g/mL$。
（2）硝酸：$\rho(HNO_3)=1.42g/mL$。
（3）氢氟酸：$\rho(HF)=1.49g/mL$。

（4）高氯酸：$\rho(HClO_4) = 1.68g/mL$。

（5）盐酸溶液：（1＋1）。

（6）硝酸溶液：（1＋1）。

（7）硝酸溶液：（1＋99）。

（8）锌标准贮备液：$\rho(Zn) = 1000mg/L$。称取 1g（精确到 0.1mg）金属锌，用 40mL 盐酸（1＋1）加热溶解，冷却后用水定容至 1L。贮存于聚乙烯瓶中，4℃以下冷藏保存，有效期两年。也可直接购买市售有证标准溶液。

（9）铜标准贮备液：$\rho(Cu) = 1000mg/L$。称取 1g（精确到 0.1mg）金属铜，用 30mL 硝酸（1＋1）加热溶解，冷却后用水定容至 1L。贮存于聚乙烯瓶中，4℃以下冷藏保存，有效期两年。也可直接购买市售有证标准溶液。

（10）锌标准使用液：$\rho(Zn) = 100mg/L$。准确移取锌标准贮备液 10.00mL 于 100mL 容量瓶中，用硝酸溶液（1＋99）定容至标线，摇匀，贮存于聚乙烯瓶中，4℃以下冷藏保存，有效期一年。

（11）铜标准使用液：$\rho(Cu) = 100mg/L$。准确移取铜标准贮备液 10.00mL 于 100mL 容量瓶中，用硝酸溶液（1＋99）定容至标线，摇匀，贮存于聚乙烯瓶中，4℃以下冷藏保存，有效期一年。

（12）燃气：乙炔，纯度≥99.5%。

（13）助燃气：空气，进入燃烧器之前应除去其中的水、油和其他杂质。

四、实验步骤

1. 样品的制备

除去样品中的异物（枝棒、叶片、石子等），将采集的样品在实验室中风干、破碎、过筛，保存备用。

2. 标准曲线的绘制

取 100mL 容量瓶，按表 5-1 用硝酸溶液（1＋99）分别稀释各元素标准使用液，配制成标准系列。

表 5-1 标准系列的配制和浓度 单位：mg/L

元素	标准系列					
Cu	0.00	0.10	0.50	1.00	3.00	5.00
Zn	0.00	0.10	0.20	0.30	0.50	0.80

按照仪器测量条件，用标准曲线零浓度点调节仪器零点，由低浓度到高浓度依次测定标准系列的吸光度，以各元素标准系列质量浓度为横坐标，相应的吸光度为纵坐标，建立标准曲线。

调节仪器工作参数如下（或按仪器软件操作），测量。分别绘制铜、锌标准曲线。

原子吸收测量条件见表 5-2。

表 5-2 原子吸收测量条件

元素	λ/nm	I/mA	光谱通带/nm	增益	燃气	助燃气	火焰
Cu	324.7	5.0	0.5	2	C_2H_2	空气	中性
Zn	213.0	5.0	1.0	2	C_2H_2	空气	中性

3. 样品的测定

（1）样品的消解　微波消解法：准确称取 0.2～0.3g（精确至 0.1mg）样品于消解罐中，用少量水润湿后加入 $\rho(HCl)=1.19g/mL$ 的盐酸 3mL、$\rho(HNO_3)=1.42g/mL$ 的硝酸 6mL、$\rho(HF)=1.49g/mL$ 的氢氟酸 2mL，按照《土壤和沉积物　金属元素总量的消解　微波消解法》（HJ 832—2017）消解方法一消解样品。试样定容后，保存于聚乙烯瓶中，静置，取上清液待测，于 30d 内完成分析。

（2）测定　在与标准系列相同的条件下，将消解液直接喷入空气-乙炔火焰中，测定吸收值。

五、数据处理

土壤中铜、锌的质量分数 w_i（mg/kg），按式(5-3)进行计算：

$$w_i = \frac{(\rho_i - \rho_{0i})V}{m w_{dm}} \tag{5-3}$$

式中　w_i——土壤中元素的质量分数，mg/kg；
　　　　V——消解后试样的定容体积，mL；
　　　　m——试样质量，g；
　　　　ρ_i——试样中元素的质量浓度，mg/L；
　　　　ρ_{0i}——空白试样中元素的质量浓度，mg/L；
　　　　w_{dm}——土壤样品的干物质含量，%。

六、结果表示

当测定结果小于 100mg/kg 时，结果保留至整数位，当测定结果大于等于 100mg/kg 时，结果保留三位有效数字。

七、注意事项

（1）消解时细心控制温度，升温过快反应物易溢出或炭化。

（2）土壤消解物若不呈灰白色，应补加少量高氯酸，继续消解。由于高氯酸对空白影响大，需控制用量。

（3）高氯酸具有氧化性，应待土壤里大部分有机质消化完，冷却后再加入，或者在常温下，加入大量硝酸后加入，否则会使罐中样品溅出或爆炸，使用时务必小心。

思考题

1. 重金属（如铜、锌等）在土壤中以哪些结合态形式存在？土壤重金属形态分析有什么环境学意义？

2. 土壤中重金属的存在形态不同，采用盐酸—硝酸—氢氟酸消解后再进行测定，测定的是哪种形态的重金属？

第四节　土壤石油类的测定

一、目的和要求

（1）熟悉红外测油仪或红外分光光度计的使用。

（2）掌握红外分光光度法测定土壤中石油类的原理和方法。

二、实验原理

土壤用四氯乙烯提取，提取液经硅酸镁吸附，除去动植物油等极性物质后，测定石油类。石油类的含量由波数分别为 $2930cm^{-1}$（CH_2 基团中 C—H 键的伸缩振动）、$2960cm^{-1}$（CH_3 基团中 C—H 键的伸缩振动）和 $3030cm^{-1}$（芳香环中 C—H 键的伸缩振动）处的吸光度 A_{2930}、A_{2960} 和 A_{3030}，根据校正系数进行计算。

三、实验仪器与试剂

1. 仪器

（1）红外测油仪或红外分光光度计：能在 $2930cm^{-1}$、$2960cm^{-1}$ 和 $3030cm^{-1}$ 处测量吸光度，并配有 40mm 带盖石英比色皿。

（2）水平振荡器：振荡频次为（150～250）次/min。

（3）马弗炉。

（4）天平：感量为 0.01g 和 0.0001g。

（5）具塞锥形瓶：100mL。

（6）玻璃漏斗：直径为 60mm。

（7）采样瓶：500mL，广口棕色玻璃瓶，具聚四氟乙烯衬垫。

（8）一般实验室常用器皿和设备。

2. 试剂

（1）四氯乙烯（C_2Cl_4）：以干燥 40mm 空石英比色皿为参比，在波数 $2930cm^{-1}$、$2960cm^{-1}$ 和 $3030cm^{-1}$ 处吸光度应分别不超过 0.34、0.07 和 0。

（2）正十六烷（$C_{16}H_{34}$）：色谱纯。

（3）异辛烷（C_8H_{18}）：色谱纯。

（4）苯（C_6H_6）：色谱纯。

（5）无水硫酸钠（Na_2SO_4）。置于马弗炉内 450℃ 加热 4h，稍冷后置于磨口玻璃瓶中，置于干燥器内贮存。

（6）硅酸镁（$MgSiO_3$）：150～250μm（100～60 目）。取硅酸镁于瓷蒸发皿中，置于马弗炉内 450℃ 加热 4h，稍冷后移入干燥器中冷却至室温，置于磨口玻璃瓶中保存。使用时，称取适量的硅酸镁于磨口玻璃瓶中，根据硅酸镁的质量，按 6%（质量分数）比例加入适量的蒸馏水，密塞并充分振荡，放置 12h 后使用。

（7）石英砂：270～830μm（20～50 目）。置于马弗炉内 450℃ 烘烤 4h，稍冷后置于磨口玻璃瓶中，置于干燥器内贮存。

（8）玻璃纤维滤膜：直径 60mm。置于马弗炉内 450℃烘烤 4h，稍冷后置于干燥器内贮存。

（9）正十六烷标准贮备液：$\rho \approx 10000$mg/L。称取 1.0g（准确至 0.1mg）正十六烷于 100mL 容量瓶中，用四氯乙烯稀释定容至标线，摇匀。0～4℃冷藏、避光可保存 1 年。

（10）正十六烷标准使用液：$\rho = 1000$mg/L。取 10.00mL 正十六烷标准贮备液，用四氯乙烯稀释定容于 100mL 容量瓶中。临用现配。

（11）异辛烷标准贮备液：$\rho \approx 10000$mg/L。称取 1.0g（准确至 0.1mg）异辛烷于 100mL 容量瓶中，用四氯乙烯定容，摇匀。0～4℃冷藏、避光可保存 1 年。

（12）异辛烷标准使用液：$\rho = 1000$mg/L。取 10.00mL 异辛烷标准贮备液，用四氯乙烯稀释定容于 100mL 容量瓶中。临用现配。

（13）苯标准贮备液：$\rho \approx 10000$mg/L。称取 1.0g（准确至 0.1mg）苯于 100mL 容量瓶中，用四氯乙烯定容，摇匀。0～4℃冷藏、避光可保存 1 年。

（14）苯标准使用液：$\rho = 1000$mg/L。取 10.00mL 苯标准贮备液，用四氯乙烯稀释定容于 100mL 容量瓶中。临用现配。

（15）石油类标准贮备液：$\rho \approx 10000$mg/L。按 65∶25∶10（体积）的比例，量取正十六烷、异辛烷和苯配制混合物。称取 1.0g（准确至 0.1mg）混合物于 100mL 容量瓶中，用四氯乙烯定容，摇匀。0～4℃冷藏、避光可保存 1 年。

（16）石油类标准使用液：$\rho = 1000$mg/L。取 10.00mL 石油类标准贮备液，用四氯乙烯稀释定容于 100mL 容量瓶中。临用现配。

（17）玻璃棉。使用前，将玻璃棉用四氯乙烯浸泡洗涤，晾干备用。

（18）吸附柱。在内径 10mm、长约 200mm 的玻璃柱出口处填塞少量玻璃棉，将硅酸镁缓缓倒入玻璃柱中，边倒边轻轻敲打，填充高度约为 80mm。

四、实验步骤

（一）样品的制备

除去样品中的异物（石子、叶片等），混匀。称取 10g（精确至 0.01g）样品，加入适量无水硫酸钠，研磨均化成流沙状，转移至具塞锥形瓶中。

（二）干物质含量的测定

见本章第二节。

（三）试样的制备

在锥形瓶中加入 20.0mL 四氯乙烯，密封，置于振荡器中，以 200 次/min 的频次振荡提取 30min。静置 10min 后，用带有玻璃纤维滤膜的玻璃漏斗将提取液过滤至 50mL 比色管中。再用 20.0mL 四氯乙烯重复提取一次，将提取液和样品全部转移过滤。用 10.0mL 四氯乙烯洗涤具塞锥形瓶、滤膜、玻璃漏斗以及土壤样品，合并提取液。将提取液倒入吸附柱，弃去前 5mL 流出液，保留剩余流出液，待测。如土壤样品中石油类含量过高，可适当增加重复提取次数。

(四) 分析步骤

1. 校准

分别移取 2.00mL 正十六烷标准使用液、2.00mL 异辛烷标准使用液和 10.00mL 苯标准使用液于 3 个 100mL 容量瓶中，用四氯乙烯定容至标线，摇匀。正十六烷、异辛烷和苯标准溶液的浓度分别为 20.0mg/L、20.0mg/L 和 100mg/L。以 40mm 石英比色皿加入四氯乙烯为参比，分别测量正十六烷、异辛烷和苯标准溶液在 $2930cm^{-1}$、$2960cm^{-1}$ 和 $3030cm^{-1}$ 处的吸光度 A_{2930}、A_{2960} 和 A_{3030}。将正十六烷、异辛烷和苯标准溶液在上述波数处的吸光度按式(5-4)联立方程式，经求解后分别得到相应的校正系数 X，Y，Z 和 F。

$$\rho_1 = XA_{2930} + YA_{2960} + Z\left(A_{3030} - \frac{A_{2930}}{F}\right) \tag{5-4}$$

式中　　　　　　　ρ_1——石油类标准溶液浓度，mg/L；

A_{2930}，A_{2960}，A_{3030}——各对应波数下测得的吸光度；

X——与 CH_2 基团中 C—H 键吸光度相对应的系数，mg/ (L·吸光度)；

Y——与 CH_3 基团中 C—H 键吸光度相对应的系数，mg/ (L·吸光度)；

Z——与芳香环中 C—H 键吸光度相对应的系数，mg/ (L·吸光度)；

F——脂肪烃对芳香烃影响的校正因子，即正十六烷在 $2930cm^{-1}$ 与 $3030cm^{-1}$ 处的吸光度之比。

对于正十六烷和异辛烷，由于其芳香烃含量为零，即 $A_{3030} - \frac{A_{2930}}{F} = 0$，则有：

$$F = \frac{A_{2930}(H)}{A_{3030}(H)} \tag{5-5}$$

$$\rho(H) = XA_{2930}(H) + YA_{2960}(H) \tag{5-6}$$

$$\rho(I) = XA_{2930}(I) + YA_{2960}(I) \tag{5-7}$$

由式(5-5)可得 F 值，由式(5-4)和式(5-5)可得 X 和 Y 值。对于苯，则有：

$$\rho(B) = XA_{2930}(B) + YA_{2960}(B) + Z\left[A_{3030}(B) - \frac{A_{2930}(B)}{F}\right] \tag{5-8}$$

由式(5-8)可得 Z 值。

式中　　　　　　　ρ (H) ——正十六烷标准溶液的浓度，mg/L；

ρ (I) ——异辛烷标准溶液的浓度，mg/L；

ρ (B) ——苯标准溶液的浓度，mg/L；

A_{2930} (H)，A_{2960} (H)，A_{3030} (H) ——各对应波数下测得的正十六烷标准溶液的吸光度；

A_{2930} (I)，A_{2960} (I) ——各对应波数下测得的异辛烷标准溶液的吸光度；

A_{2930} (B)，A_{2960} (B)，A_{3030} (B) ——各对应波数下测得的苯标准溶液的吸光度。

2. 测定

将经硅酸镁吸附后的剩余流出液转移至 40mm 石英比色皿中，以四氯乙烯作参比，在波数 $2930cm^{-1}$、$2960cm^{-1}$ 和 $3030cm^{-1}$ 处测量其吸光度 A_{2930}、A_{2960} 和 A_{3030}。按式(5-4)计算石油类浓度。同时做试剂空白。

五、数据处理

土壤中石油类的含量 W (mg/kg)，按式(5-9)进行计算：

$$w = \frac{\rho_2 V}{m w_{dm}}$$ (5-9)

式中　w——土壤中石油类的含量，mg/kg；

ρ_2——提取液中石油类浓度，mg/L；

V——提取液体积，mL；

m——土壤样品质量，g；

w_{dm}——土壤干物质含量，%。

六、结果表示

测定结果小数点后位数的保留与检出限一致，最多保留三位有效数字。

七、注意事项

（1）同一批样品测定所使用的四氯乙烯应来自同一瓶，如样品数量多，可将多瓶四氯乙烯混合均匀后使用。

（2）样品制备间应清洁、无污染，样品制备过程中应远离有机气体，使用的所有工具都应进行彻底清洗，防止交叉污染。

（3）实验中所使用的四氯乙烯对人体健康有害，标准溶液配制、样品制备以及测定过程应在通风橱内进行，操作时应按规定要求佩戴防护器具，避免接触皮肤和衣物。

思考题

1. 红外分光光度法与非色散红外光度法测定石油类的区别是什么？
2. 土壤的哪些理化性质可影响土壤中石油类的含量？

第五节　土壤全氮的测定

一、目的和要求

（1）掌握土壤中全氮的测定原理和方法。
（2）了解凯氏定氮仪的使用方法。

二、实验原理

全氮指在本方法规定的条件下，能测定的样品中氮含量的总和，包括有机氮（如蛋白质、氨基酸、核酸、尿素等）、硝态氮、亚硝态氮以及氨态氮，还包括部分联氮、偶氮和叠氮等含氮化合物。

土壤中的全氮在硫代硫酸钠、浓硫酸、高氯酸和催化剂的作用下，经氧化还原反应全部转化为氨态氮。消解后的溶液碱化蒸馏出的氨被硼酸吸收，用标准盐酸溶液滴定，根据标准盐酸溶液的用量来计算土壤中全氮含量。

三、实验仪器与试剂

1. 仪器

（1）研磨机。

（2）玻璃研钵。

（3）土壤筛：孔径 2mm（10 目）；0.25mm（60 目）。

（4）分析天平：精度为 0.0001g 和 0.001g。

（5）带孔专用消解器或电热板（温度可达 400℃）。

（6）凯氏氮蒸馏装置（图 5-1）或氨氮蒸馏装置。

（7）凯氏氮消解瓶：容积 50mL 或 100mL。

（8）酸式滴定管（最小刻度不超过 0.1mL）：25mL 或 50mL。

（9）锥形瓶：容积 250mL。

（10）一般实验室常用仪器设备。

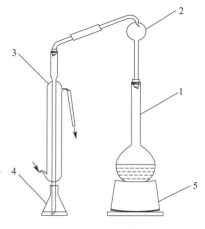

图 5-1 凯氏氮蒸馏装置

1—凯氏蒸馏瓶；2—定氮球；3—直形冷凝管；4—接收瓶；5—加热装置

2. 试剂

（1）无氨水：每升水中加入 0.10mL 浓硫酸蒸馏，收集馏出液于具塞玻璃容器中，也可使用新制备的去离子水。

（2）浓硫酸、浓盐酸、高氯酸、无水乙醇、硫酸钾、五水合硫酸铜（$CuSO_4 \cdot 5H_2O$）、二氧化钛（TiO_2）、五水合硫代硫酸钠（$Na_2S_2O_3 \cdot 5H_2O$）、氢氧化钠（NaOH）、硼酸（H_3BO_3）、无水碳酸钠（Na_2CO_3）。

（3）催化剂：200g 硫酸钾、6g 五水合硫酸铜和 6g 二氧化钛于玻璃研钵中充分混匀，研细，贮于试剂瓶中保存。

（4）还原剂：将五水合硫代硫酸钠研磨后过 0.25mm（60 目）筛，临用现配。

（5）氢氧化钠溶液：ρ（NaOH）＝400g/L。称取 400g 氢氧化钠溶于 500mL 水中，冷却至室温后稀释至 1000mL。

（6）硼酸溶液：ρ（H_3BO_3）＝20g/L。称取 20g 硼酸溶于水中，稀释至 1000mL。

（7）碳酸钠标准溶液：c（1/2 Na_2CO_3）＝0.0500mol/L。称 2.6498g（于 250℃烘干 4h 并置干燥器中冷却至室温）无水碳酸钠，溶于少量水中，移入 1000mL 容量瓶中，用水稀释至标线，摇匀。贮于聚乙烯瓶中，保存时间不得超过一周。

（8）甲基橙指示剂：ρ＝0.5g/L。称取 0.1g 甲基橙溶于水中，稀释至 200mL。

（9）盐酸标准贮备溶液：c（HCl）≈0.05mol/L。用分度吸管吸取 4.20mL 浓盐酸，并用水稀释至 1000mL，此溶液浓度约为 0.05mol/L。其准确浓度按下述方法标定：

用无分度吸管吸取 25.00mL 碳酸钠标准溶液于 250mL 锥形瓶中，加水稀释至约 100mL，加入 3 滴甲基橙指示剂，用盐酸标准贮备溶液滴定至颜色由橘黄色刚变成橘红色，记录盐酸标准溶液用量。按式（5-10）计算其准确浓度：

$$c = \frac{25.00 \times 0.0500}{V} \tag{5-10}$$

式中 c——盐酸标准溶液浓度，mol/L；

V——盐酸标准溶液用量，mL。

（10）盐酸标准溶液：c（HCl）≈ 0.01mol/L。吸取 50.00mL 盐酸标准贮备溶液于 250mL 容量瓶中，用水稀释至标线。

（11）混合指示剂：将 0.1g 溴甲酚绿和 0.02g 甲基红溶解于 100mL 无水乙醇中。

四、实验步骤

（一）试样的制备

将土壤样品置于风干盘中，平摊成 2～3cm 厚的薄层，先剔除植物、昆虫、石块等残体，用铁锤或瓷质研磨棒压碎土块，每天翻动几次，自然风干。

充分混匀风干土壤，采用四分法，取其两份，一份留存，一份用研磨机研磨至全部通过 2mm（10 目）土壤筛。取 10～20g 过筛后的土壤样品，研磨至全部通过 0.25mm（60 目）土壤筛，装于样品袋或样品瓶中。

（二）干物质含量的测定

同本章第二节。

（三）分析步骤

1. 消解

称取适量试样 0.2000～1.0000g（含氮约 1 mg），精确到 0.1 mg，放入凯氏氮消解瓶（图 5-1）中，用少量水（约 0.5～1mL）润湿，再加入 4mL 浓硫酸，瓶口上盖小漏斗，转动凯氏氮消解瓶使其混合均匀，浸泡 8h 以上。

使用干燥的长颈漏斗将 0.5g 还原剂加到凯氏氮消解瓶底部，置于消解器（或电热板）上加热，待冒烟后停止加热。冷却后，加入 1.1 g 催化剂，摇匀，继续在消解器（或电热板）上消煮。消煮时保持微沸状态，使白烟到达瓶颈 1/3 处回旋，待消煮液和土样全部变成灰白色稍带绿色后，表明消解完全，再继续消煮 1h，冷却。在土壤样品消煮过程中，如果不能完全消解，可以冷却后加几滴高氯酸后再消煮。

2. 蒸馏

按照图 5-1 连接蒸馏装置，蒸馏前先检查蒸馏装置的气密性，并将管道洗净。把消解液全部转入蒸馏瓶中，并用水洗涤凯氏氮消解瓶 4～5 次，总用量不超过 80mL，连接到凯氏氮（或氨氮）蒸馏装置上（图 5-1）。在 250mL 锥形瓶中加入 20mL 硼酸溶液和 3 滴混合指示剂吸收馏出液，导管管尖伸入吸收液液面以下。将蒸馏瓶成 45°斜置，缓缓沿壁加入 20mL 氢氧化钠溶液，使其在瓶底形成碱液层。迅速连接定氮球和冷凝管，摇动蒸馏瓶使溶液充分混匀，开始蒸馏，待馏出液体积约 100mL 时，蒸馏完毕。用少量已调节 pH4.5 的水洗涤冷凝管的末端。

3. 滴定

用盐酸标准溶液滴定蒸馏后的馏出液，溶液颜色由蓝绿色变为红紫色，记录所用盐酸标准溶液体积。

4. 空白试验

凯氏氮消解瓶中不加入试样，按照试样相同步骤进行测定，记录所用盐酸标准溶液体积。

五、数据处理

土壤中全氮的含量按式(5-11)计算:

$$w_N = \frac{(V_1 - V_0) \times c_{HCl} \times 14.0 \times 1000}{m \times w_{dm}}$$ (5-11)

式中　w_N——土壤中全氮的含量，mg/kg；

V_1——样品消耗盐酸标准溶液的体积，mL；

V_0——空白消耗盐酸标准溶液的体积，mL；

c_{HCl}——盐酸标准溶液的浓度，mol/L；

14.0——氮的摩尔质量，g/mol；

w_{dm}——土壤样品的干物质含量，%；

m——称取土样的质量，g。

结果保留三位有效数字，按科学计数法计。

六、注意事项

(1) 实验中使用的试剂具有一定的腐蚀性，操作时应尽量避免与这些化学品的直接接触。

(2) 样品消解过程应在通风橱中进行。

(3) 热的高氯酸与有机物接触易爆炸，因此消解后的溶液必须冷却后再加入高氯酸。

(4) 对实验过程中产生的废液及分析后的高浓度样品，应放置于适当的密闭容器中保存，并委托有资质的单位进行处理，防止对人员及环境造成危害。

思考题

1. 测定土壤全氮时能否使用烘干土样？为什么？

2. 土壤中的氮素主要有哪些形态？

3. 如何检验氨是否完成蒸馏出来，并被硼酸吸收液吸收？

第六节　土壤氨氮、亚硝酸盐氮、硝酸盐氮的测定

一、目的和要求

(1) 掌握土壤中氨氮、亚硝酸盐氮、硝酸盐氮的测定原理和方法。

(2) 了解各形态氮之间的相互转化。

二、实验原理

(1) 氨氮的测定　氯化钾溶液提取土壤中的氨氮，在碱性条件下，提取液中的氨离子在有次氯酸根离子存在时与苯酚反应生成蓝色靛酚染料，在630nm波长具有最大吸收。在一定浓度范围内，氨氮浓度与吸光度值符合朗伯-比尔定律。

(2) 亚硝酸盐氮的测定　氯化钾溶液提取土壤中的亚硝酸盐氮，在酸性条件下，提取液

中的亚硝酸盐氮与磺胺反应生成重氮盐，再与盐酸 N-(1-萘基)-乙二胺偶联生成红色染料，在波长 543nm 处具有最大吸收。在一定浓度范围内，亚硝酸盐氮浓度与吸光度值符合朗伯-比尔定律。

(3) 硝酸盐氮的测定　氯化钾溶液提取土壤中的硝酸盐氮和亚硝酸盐氮，提取液通过还原柱，将硝酸盐氮还原为亚硝酸盐氮，在酸性条件下，亚硝酸盐氮与磺胺反应生成重氮盐，再与盐酸 N-(1-萘基)-乙二胺偶联生成红色染料，在波长 543nm 处具有最大吸收，测定硝酸盐氮和亚硝酸盐氮总量。硝酸盐氮和亚硝酸盐氮总量与亚硝酸盐氮含量之差即为硝酸盐氮含量。

三、实验仪器与试剂

(一) 仪器

(1) 分光光度计：具 10mm 比色皿。

(2) pH 计：配有玻璃电极和参比电极。

(3) 恒温水浴振荡器：振荡频率可达 40 次/分钟。

(4) 还原柱：用于将硝酸盐氮还原为亚硝酸盐氮，其示意图如图 5-2，具体制备方法如下。

① 镉粉的处理。用浓盐酸浸泡约 10g 镉粉 10min，然后用水冲洗至少五次。再用水（水量盖过镉粉即可）浸泡（约 10min），加入约 0.5 g 硫酸铜，混合 1min，然后用水冲洗至少 10 次，直至黑色铜絮凝物消失。重复采用浓盐酸浸泡混合 1min，然后用水冲洗至少五次。处理好的镉粉，用水浸泡，在 1h 内装柱。

② 还原柱的准备。向还原柱底端加入少许棉花，加水至漏斗 2/3 处（L_1），缓慢添加处理好的镉粉至 L_3 处（约为100mm），添加镉粉的同时，应不断敲打柱子使其填实，最后，在上端加入少许棉花至 L_2 处。

如果还原柱在 1h 内不使用，应加入氯化铵缓冲溶液贮备液至 L_1 处。盖上漏斗盖子，防止蒸发和灰尘进入。在这样的条件下，还原柱可保存一个月。但是，每次使用前要检查还原柱的转化效率。

(5) 离心机：转速可达 3000r/min，具 100mL 聚乙烯离心管。

(6) 天平：精度为 0.001g。

(7) 聚乙烯瓶：500mL，具螺旋盖。或采用既不吸收也不向溶液中释放所测组分的其他容器。

(8) 具塞比色管：20mL、50mL、100mL。

(9) 样品筛：5mm。

(10) 一般实验室常用仪器和设备。

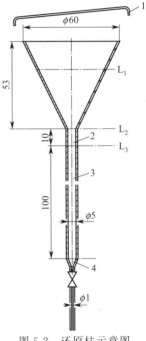

图 5-2　还原柱示意图

1—还原柱盖子；2—填充的棉花；
3—处理后的镉粉（颗粒直径
为 0.3～0.8mm）；4—填充的棉花

(二) 试剂

1. 氨氮

(1) 浓硫酸、二水柠檬酸钠（$C_6H_5Na_3O_7 \cdot 2H_2O$）、氢氧化钠（NaOH）、二氯异氰尿酸钠（$C_3Cl_2N_3NaO_3 \cdot H_2O$）、氯化钾（KCl）、氯化铵（$NH_4Cl$，于 105℃下烘干 2h）。

(2) 氯化钾溶液：c（KCl）＝1mol/L。称取 74.55 g 氯化钾，用适量水溶解，移入

1000mL 容量瓶中，用水定容，混匀。

（3）氯化铵标准贮备液：ρ（NH$_4$Cl）＝200 mg/L。称取 0.764 g 氯化铵，用适量水溶解，加入 0.30mL 浓硫酸，冷却后，移入 1000mL 容量瓶中，用水定容，混匀。该溶液在避光、4℃下可保存一个月。

（4）氯化铵标准使用液：ρ（NH$_4$Cl）＝10.0 mg/L。量取 5.0mL 氯化铵标准贮备液于 100mL 容量瓶中，用水定容，混匀。用时现配。

（5）苯酚溶液。称取 70g 苯酚（C$_6$H$_5$OH）溶于 1000mL 水中。该溶液贮存于棕色玻璃瓶中，在室温条件下可保存一年。

（6）二水硝普酸钠溶液。称取 0.8g 二水硝普酸钠{Na$_2$[Fe(CN)$_5$NO]·2H$_2$O}溶于 1000mL 水中。该溶液贮存于棕色玻璃瓶中，在室温条件下可保存三个月。

（7）缓冲溶液。称取 280g 二水柠檬酸钠及 22.0g 氢氧化钠，溶于 500mL 水中，移入 1000mL 容量瓶中，用水定容，混匀。

（8）硝普酸钠-苯酚显色剂。量取 15mL 二水硝普酸钠溶液及 15mL 苯酚溶液和 750mL 水，混匀。该溶液用时现配。

（9）二氯异氰尿酸钠显色剂。称取 5.0g 二氯异氰尿酸钠溶于 1000mL 缓冲溶液中，4℃下可保存一个月。

2. 亚硝酸盐氮

（1）浓磷酸（H$_3$PO$_4$）、氯化钾（KCl）、亚硝酸钠（NaNO$_2$，干燥器中干燥 24h）。

（2）氯化钾溶液：c（KCl）＝1mol/L。

（3）亚硝酸盐氮标准贮备液：ρ（NO$_2^-$-N）＝1000mg/L。称取 4.926g 亚硝酸钠，用适量水溶解，移入 1000mL 容量瓶中，用水定容，混匀。该溶液贮存于聚乙烯塑料瓶中，4℃下可保存六个月。

（4）亚硝酸盐氮标准使用液 I：ρ（NO$_2^-$-N）＝100mg/L。量取 10.0mL 亚硝酸盐氮标准贮备液于 100mL 容量瓶中，用水定容，混匀。用时现配。

（5）亚硝酸盐氮标准使用液 II：ρ（NO$_2^-$-N）＝10.0mg/L。量取 10.0mL 亚硝酸盐氮标准使用液 I 于 100mL 容量瓶中，用水定容，混匀。用时现配。

（6）磺胺溶液（C$_6$H$_8$N$_2$O$_2$S）。向 1000mL 容量瓶中加入 600mL 水，再加入 200mL 浓磷酸，然后加入 80 g 磺胺。用水定容，混匀。该溶液于 4℃下可保存一年。

（7）盐酸 N-（1-萘基）-乙二胺溶液。称取 0.40g 盐酸 N-(1-萘基)-乙二胺（C$_{12}$H$_{14}$N$_2$·2HCl）溶于 100mL 水中。4℃下保存，当溶液颜色变深时应停止使用。

（8）显色剂。分别量取 20mL 磺胺溶液、20mL 盐酸 N-(1-萘基)-乙二胺溶液、20mL 浓磷酸于 100mL 棕色试剂瓶中，混合。4℃下保存，当溶液变黑时应停止使用。

3. 硝酸盐氮

（1）浓磷酸（H$_3$PO$_4$）、浓盐酸（HCl）、镉粉（粒径 0.3mm～0.8mm）、氯化钾（KCl）、硝酸钠（NaNO$_3$，干燥器中干燥 24h）、氯化铵（NH$_4$Cl）、硫酸铜（CuSO$_4$·5H$_2$O）、氨水（NH$_4$OH）。

（2）硝酸盐氮标准贮备液：ρ（NO$_3^-$-N）＝1000mg/L。称取 6.068g 硝酸钠，用适量水溶解，移入 1000mL 容量瓶中，用水定容，混匀。该溶液贮存于聚乙烯塑料瓶中，4℃下可保存六个月。

（3）硝酸盐氮标准使用液Ⅰ：ρ（$NO_3^- $-N）＝100mg/L。量取 10.0mL 硝酸盐氮标准贮备液于 100mL 容量瓶中，用水定容，混匀。用时现配。

（4）硝酸盐氮标准使用液Ⅱ：ρ（NO_3^--N）＝10.0mg/L。量取 10.0mL 硝酸盐氮标准使用液Ⅰ于 100mL 容量瓶中，用水定容，混匀。用时现配。

（5）硝酸盐氮标准使用液Ⅲ：ρ（NO_2^--N）＝6.0mg/L。量取 6.0mL 硝酸盐氮标准使用液Ⅰ于 100mL 容量瓶中，用水定容，混匀。用时现配。

（6）氨水溶液：（1＋3）。

（7）氯化铵缓冲溶液贮备液：ρ（NH_4Cl）＝100g/L，将 100g 氯化铵溶于 1000mL 容量瓶中，加入约 800mL 水，用氨水调节 pH 为 8.7～8.8，定容，混匀。

（8）氯化铵缓冲溶液使用液：ρ（NH_4Cl）＝10g/L。量取 100mL 氯化铵缓冲溶液贮备液于 1000mL 容量瓶中，用水定容，混匀。

（9）亚硝酸钠（$NaNO_2$）、氯化钾溶液[c（KCl）＝1mol/L]、亚硝酸盐氮标准贮备液[ρ（NO_2^--N）＝1000mg/L]、亚硝酸盐氮标准使用液Ⅰ[ρ（NO_2^--N）＝100mg/L]、磺胺溶液、盐酸 *N*-（1-萘基）-乙二胺溶液、显色剂与亚硝酸盐氮相同。

四、实验步骤

（一）试样的制备

将采集后的土壤样品去除杂物，手工或仪器混匀，过样品筛。在进行手工混合时应戴橡胶手套。过筛后样品分成两份，一份用于测定干物质含量；另一份用于测定待测组分含量。

（二）试料的制备

称取 40.0g 试样，放入 500mL 聚乙烯瓶中，加入 200mL 氯化钾溶液，在（20±2）℃的恒温水浴振荡器中振荡提取 1h。转移约 60mL 提取液于 100mL 聚乙烯离心管中，在 3000r/min 的条件下离心分离 10min。然后将约 50mL 上清液转移至 100mL 比色管中，制得试料，待测。同时以相同方法制备空白试料。

（三）测定

1. 氨氮

（1）校准　分别量取 0、0.10mL、0.20mL、0.50mL、1.00mL、2.00mL、3.50mL 氯化铵标准使用液于一组 100mL 具塞比色管中，加水至 10.0mL，制备标准系列。氨氮含量分别为 0、1.0μg、2.0μg、5.0μg、10.0μg、20.0μg、35.0μg。向标准系列中加入 40mL 硝普酸钠-苯酚显色剂，充分混合，静置 15min。然后分别加入 1.00mL 二氯异氰尿酸钠显色剂，充分混合，在 15～35℃条件下至少静置 5h。于 630nm 波长处，以水为参比，测量吸光度。以扣除零浓度的校正吸光度为纵坐标，氨氮含量（μg）为横坐标，绘制校准曲线。

（2）测定　量取 10.0mL 试样至 100mL 具塞比色管中，按照校准曲线比色步骤测量吸光度。同时测定试剂空白。若当试样中氨氮浓度超过校准曲线的最高点时，应用氯化钾溶液稀释试料，重新测定。

2. 亚硝酸盐氮

（1）校准　分别量取 0、1.00mL、5.00mL 亚硝酸盐氮标准使用液Ⅱ和 1.00mL、

3.00mL、6.00mL 亚硝酸盐氮标准使用液Ⅰ于一组 100mL 容量瓶，加水稀释至标线，混匀，制备标准系列，亚硝酸盐氮含量分别为 0、10.0μg、50.0μg、100μg、300μg、600μg。

分别量取 1.00mL 上述标准系列于一组 25mL 具塞比色管中，加入 20mL 水，摇匀。向每个比色管中加入 0.20mL 显色剂，充分混合，静置 60~90min，在室温下显色。于 543nm 波长处，以水为参比，测量吸光度。以扣除零浓度的校正吸光度为纵坐标，亚硝酸盐氮含量（μg）为横坐标，绘制校准曲线。

（2）测定 量取 1.00mL 试样至 25mL 比色管中，按照校准曲线比色步骤测量吸光度。同时测定试剂空白。若试样中的亚硝酸盐氮含量超过校准曲线的最高点时，应用氯化钾溶液稀释试料，重新测定。

3. 硝酸盐氮

（1）还原柱使用前的准备 打开活塞，让氯化铵缓冲溶液全部流出还原柱。必要时，用水清洗掉表面所形成的盐。再分别用 20mL 氯化铵缓冲溶液使用液、20mL 氯化铵缓冲溶液贮备液和 20mL 氯化铵缓冲溶液使用液滤过还原柱，待用。

（2）校准 分别量取 0、1.00mL、5.00mL 硝酸盐氮标准使用液Ⅱ和 1.00mL、3.00mL、6.00mL 硝酸盐氮标准使用液Ⅰ于一组 100mL 容量瓶中，用水稀释至标线，混匀，制备标准系列，硝酸盐氮含量分别为 0、10.0μg、50.0μg、100μg、300μg、600μg。

关闭活塞，分别量取 1.00mL 校准系列于还原柱中。向还原柱中加入 10mL 氯化铵缓冲溶液使用液，然后打开活塞，以 1mL/min 的流速通过还原柱，用 50mL 具塞比色管收集洗脱液。当液面达到顶部棉花时再加入 20mL 氯化铵缓冲溶液使用液，收集所有流出液，移开比色管。最后用 10mL 氯化铵缓冲溶液使用液清洗还原柱。

向上述比色管中加入 0.20mL 显色剂，充分混合，在室温下静置 60~90min。于 543nm 波长处，以水为参比，测量吸光度。以扣除零浓度的校正吸光度为纵坐标，硝酸盐氮含量（μg）为横坐标，绘制校准曲线。

（3）测定 量取 1.00mL 试样至还原柱中，按照校准曲线步骤测量吸光度。同时测定试剂空白。若试样中硝酸盐氮和亚硝酸盐氮的总量超过校准曲线的最高点时，应用氯化钾溶液稀释试料，重新测定。

五、数据处理

1. 氨氮
样品中的氨氮的含量 w(mg/kg)，按式(5-12)进行计算。

$$w=\frac{m_1-m_0}{V}f R \tag{5-12}$$

式中 w——样品中氨氮的含量，mg/kg；

m_1——从校准曲线上查得的试料中氨氮含量，μg；

m_0——从校准曲线上查得的空白试料中氨氮含量，μg；

V——测定时的试料体积，10.0mL；

f——试料的稀释倍数；

R——试样体积（包括提取液体积与土壤中水分的体积）与干土的比例系数，mL/g。

按式(5-13)进行计算。

第七节　土壤阳离子交换量的测定

一、目的和要求

（1）理解阳离子交换量的含义及其环境化学意义。

（2）掌握土壤阳离子交换量的测定原理和方法。

二、实验原理

在（20±2）℃条件下，用三氯化六氨合钴溶液作为浸提液浸提土壤，土壤中的阳离子被三氯化六氨合钴交换下来进入溶液。三氯化六氨合钴在波长 475nm 处有特征吸收，吸光度与浓度成正比，根据浸提前后浸提液吸光度差值，计算土壤阳离子交换量。

干扰与消除：当试样中溶解的有机质较多时，有机质在 475nm 处也有吸收，影响阳离子交换量的测定结果。可同时在 380nm 处测量试样吸光度，用来校正可溶有机质的干扰。假设 A_1 和 A_2 分别为试样在 475nm 和 380nm 处测量所得的吸光度，则试样校正吸光度 A 为：$A = 1.025A_1 - 0.205A_2$。

三、实验仪器与试剂

1. 仪器

（1）分光光度计：配备 10mm 光程比色皿。

（2）振荡器：振荡频率可控制在 150～200 次/min。

（3）离心机：转速可达 4000r/min，配备 100mL 圆底塑料离心管（具密封盖）。

（4）分析天平：感量为 0.001g 和 0.01g。

（5）尼龙筛：孔径 1.7mm（10 目）。

（6）一般实验室常用仪器和设备。

2. 试剂

三氯化六氨合钴溶液：$c[\text{Co}(\text{NH}_3)_6\text{Cl}_3] = 1.66\text{cmol/L}$。准确称取 4.458g 三氯化六氨合钴溶于水中，定容至 1000mL，4℃低温保存。

四、实验步骤

（一）试样的制备

将风干样品过尼龙筛，充分混匀。称取 3.5g 混匀后的样品，置于 100mL 离心管中，加入 50.0mL 三氯化六氨合钴溶液，旋紧离心管密封盖，置于振荡器上，在（20±2）℃条件下振荡（60±5）min，调节振荡频率，使土壤浸提液混合物在振荡过程中保持悬浮状态。以 4000r/min 离心 10min，收集上清液于比色管中，24h 内完成分析。同时以相同方法制备试样空白。

（二）分析步骤

1. 标准曲线

分别量取 0.00、1.00mL、3.00mL、5.00mL、7.00mL、9.00mL 三氯化六氨合钴溶液

于 6 个 10mL 比色管中，分别用水稀释至标线，三氯化六氨合钴的浓度分别为 0.000、0.166cmol/L、0.498cmol/L、0.830cmol/L、1.16cmol/L 和 1.49cmol/L。用 10mm 比色皿在波长 475nm 处，以水为参比，分别测量吸光度。以标准系列溶液中三氯化六氨合钴溶液的浓度（cmol/L）为横坐标，以其对应吸光度为纵坐标，建立标准曲线。

2. 测定

按照与标准曲线的建立相同的步骤进行试样和空白试样的测定。

五、数据处理

样品中，按式(5-17) 计算：

$$\mathrm{CEC}=\frac{(A_0-A)\times V\times 3}{bmw_{\mathrm{dm}}} \tag{5-17}$$

式中　CEC——土壤样品阳离子交换量，cmol（＋）/kg；

　　　A_0——空白试样吸光度；

　　　A——试样吸光度或校正吸光度；

　　　V——浸提液体积，mL；

　　　3——$[Co(NH_3)_6]^{3+}$ 的电荷数；

　　　b——标准曲线斜率；

　　　m——取样量，g；

　　　w_{dm}——土壤样品干物质含量，%。

六、注意事项

实验过程中产生的废液和废物应分类收集和保管，并做好相应标识，委托有资质的单位进行处理。

思考题

1. 在润湿地区的一般酸性土壤中，吸附的阳离子主要有哪些？在干旱地区的中性或碱性土壤中，吸附的阳离子主要是什么？

2. 土壤中的离子交换与吸附作用对污染物的迁移转化有什么影响？

3. 影响土壤阳离子交换量的因素有哪些？

第八节　土壤总磷的测定

一、目的和要求

（1）了解土壤中磷的存在形式及来源。

（2）通过对土壤全磷含量的测定，掌握土壤全磷测定的原理和方法。

二、实验原理

经氢氧化钠熔融，土壤样品中的含磷矿物及有机磷化合物全部转化为可溶性的正磷酸盐，在酸性条件下与钼锑抗显色剂反应生成磷钼蓝，在波长 700nm 处测量吸光度。在一定浓度范围内，样品中的总磷含量与吸光度值符合朗伯-比尔定律。

三、实验仪器与试剂

1. 仪器

（1）分光光度计：配有 30mm 比色皿。

（2）马弗炉。

（3）离心机：2500～3500r/min，配有 50mL 离心杯。

（4）镍坩埚：容量大于 30mL。

（5）天平：精度为 0.0001g。

（6）样品粉碎设备：土壤粉碎机（或球磨机）。

（7）土壤筛：孔径为 1mm、0.149mm（100 目）。

（8）具塞比色管：50mL。

（9）一般实验室常用仪器和设备。

2. 试剂

（1）浓硫酸（H_2SO_4）、氢氧化钠（NaOH）、无水乙醇（CH_3CH_2OH）、浓硝酸（HNO_3）。

（2）磷酸二氢钾：优级纯。取适量磷酸二氢钾（KH_2PO_4）于称量瓶中，在 110℃ 下烘干 2h，置于干燥器中放冷，备用。

（3）硫酸溶液：$c(H_2SO_4)=3mol/L$。于 800mL 水中，在不断搅拌下缓慢加入 168mL 浓硫酸，待溶液冷却后加水至 1000mL，混匀。

（4）硫酸溶液：$c(H_2SO_4)=0.5mol/L$。于 800mL 水中，在不断搅拌下缓慢加入 28mL 浓硫酸，待溶液冷却后加水至 1000mL，混匀。

（5）硫酸溶液：（1+1），用浓硫酸配制。

（6）氢氧化钠溶液：$c(NaOH)=2mol/L$。称取 20.0g 氢氧化钠，溶解于 200mL 水中，待溶液冷却后加水至 250mL，混匀。

（7）抗坏血酸溶液：$\rho=0.1g/mL$。称取 10.0g 抗坏血酸溶于适量水中，溶解后加水至 100mL，混匀。该溶液贮存在棕色玻璃瓶中，在约 4℃ 可稳定两周。如颜色变黄，则弃去重配。

（8）钼酸铵溶液：$\rho[(NH_4)_6Mo_7O_{24}\cdot4H_2O]=0.13g/mL$。称取 13.0g 钼酸铵溶于适量水中，溶解后加水至 100mL，混匀。

（9）酒石酸锑氧钾溶液：$\rho[K(SbO)C_4H_4O_6\cdot1/2H_2O]=0.0035g/mL$。称取 0.35g 酒石酸锑氧钾溶于适量水中，溶解后加水至 100mL，混匀。

（10）钼酸盐溶液：在不断搅拌下，将 100mL 钼酸铵溶液缓慢加入至已冷却的 300mL 硫酸溶液中，再加入 100mL 酒石酸锑氧钾溶液，混匀。该溶液贮存在棕色玻璃瓶中，在 4℃ 下可以稳定两个月。

（11）磷标准贮备溶液（以 P 计）：$\rho=50.0mg/L$。称取 0.2197g 磷酸二氢钾溶于适量水中，溶解后移入 1000mL 容量瓶，再加入 5mL 1+1 硫酸溶液，加水至标线，混匀。该溶液贮存在棕色玻璃瓶中，在 4℃ 下可稳定六个月。

（12）磷标准工作溶液（以 P 计）：$\rho=5.00mg/L$。量取 25.00mL 磷标准贮备溶液于 250mL 容量瓶中，加水至标线，混匀。该溶液临用时现配。

（13）2,4-二硝基酚（或2,6-二硝基酚）指示剂：$\rho = 0.002 \text{g/mL}$。称取0.2g2,4-二硝基酚（或2,6-二硝基酚）溶于适量水中，溶解后加水至100mL，混匀。

四、实验步骤

（一）试样的制备

将采集好的样品置于风干盘中，摊成2~3cm的薄层，适时地压碎、翻动，拣出碎石、沙砾、植物残体。用木棒研压，然后去杂物，粉碎，充分混匀，通过1mm土壤筛，然后将土样在牛皮纸上铺成薄层，划分成四分法小方格。用小勺在每个方格中取出等量土样（总量大于20g），在土壤粉碎机（或球磨机）中进行研磨，使其全部通过0.149mm（100目）土壤筛，混匀后装入磨口瓶中，备用。

（二）干物质含量的测定

见本章第二节。

（三）分析测试

1. 试料的制备

称取0.2500g试样于镍坩埚底部，用几滴无水乙醇湿润样品；然后加入2g氢氧化钠平铺于样品的表面，将样品覆盖，盖上坩埚盖；将坩埚放入马弗炉中升温，当温度升至400℃左右时，保持15min；然后继续升温至640℃，保持15min，取出冷却。再向坩埚中加入10mL水加热至80℃，待熔块溶解后，将坩埚内的溶液全部转入50mL离心杯中，再用10mL3mol/L硫酸溶液分三次洗涤坩埚，洗涤液转入离心杯中，然后再用适量水洗涤坩埚3次，洗涤液全部转入离心杯中，以2500~3500r/min离心分离10min，静置后将上清液全部转入100mL容量瓶中，用水定容，待测。

2. 校准曲线的绘制

分别量取0、0.50mL、1.00mL、2.00mL、4.00mL、5.00mL磷标准工作溶液于6支50mL具塞比色管中，加水至刻度，标准系列中的磷含量分别为0.00、2.50μg、5.00μg、10.00μg、20.00μg、25.00μg。然后分别向比色管中加入2~3滴指示剂，再用0.5mol/L硫酸溶液和氢氧化钠溶液调节pH值为4.4左右，使溶液刚呈微黄色，再加入1.0mL抗坏血酸溶液，混匀。30s后加入2.0mL钼酸盐溶液，充分混匀，于20~30℃下放置15min。用30mm比色皿，于700nm波长处，以水为参比，测量吸光度。以试剂空白校正吸光度为纵坐标，对应的磷含量（μg）为横坐标，绘制校准曲线。

3. 测定

量取10.0mL（或根据样品浓度确定量取体积）试样于50mL具塞比色管中，加水至刻度。然后按照与绘制校准曲线相同操作步骤进行显色和测量。同时按照与试样相同的操作步骤进行空白试样的测量。

五、数据处理

土壤中总磷的含量w（mg/kg），按式（5-18）进行计算。

$$w = \frac{(A_0 - A - a)V_1}{bmw_{dm}V_2} \tag{5-18}$$

式中　w——土壤中总磷的含量，mg/kg；

A_0——空白试样吸光度；

A——试样吸光度；

V_1——试样定容体积，mL；

a——校准曲线的截距；

V_2——试样体积，mL；

b——校准曲线斜率；

m——取样量，g；

w_{dm}——土壤样品干物质含量，%。

六、注意事项

（1）最后显色液中含磷量在 $20\sim30\mu g$ 最好，可通过称样量和最后显色时吸取待测液体积进行控制。

（2）样品批量测定时，加入浓硫酸后放置数小时，甚至过夜，可缩短消化时间。

（3）钼锑抗法要求显色温度为 $15\sim60℃$，如果温度低于 $15℃$，可放置在 $30\sim40℃$ 烘箱中保温 30min，取出冷却后比色。

（4）钼锑抗法要求显色液中硫酸的浓度为 $0.23\sim0.33$mol/L。如果酸度小于 0.23mol/L，虽然显色加快但稳定时间较短，如果酸度大于 0.33mol/L，则显色变慢。

思考题

1. 土壤中磷素养分的存在形态有哪些？

2. 除了碱熔—钼锑抗分光光度法外，土壤总磷还有哪些测定方法？各自的优缺点是什么？

第九节　土壤有机碳的测定

一、目的和要求

（1）掌握土壤有机碳的测定原理及方法。

（2）熟悉仪器的操作和使用方法。

二、实验原理

风干土壤样品在燃烧炉中加热至 900℃ 以上，样品中有机碳被氧化为二氧化碳，产生的二氧化碳用过量的氢氧化钡溶液吸收生成碳酸钡沉淀，反应后剩余的氢氧化钡用草酸标准溶液滴定，由空白滴定和样品滴定消耗的草酸标准溶液的体积差计算二氧化碳的产生量，根据二氧化碳产生量计算土壤中的有机碳含量。

三、干扰与消除

当样品加热至 200℃ 以上时，所有碳酸盐均完全分解，产生二氧化碳，对本方法的测定产生正干扰，可通过加入适量盐酸去除。

空气中的二氧化碳会对测定产生相当于 0.2% 有机碳的正干扰，通过扣除空白去除。

四、实验仪器与试剂

1. 仪器

（1）管式炉：采用硅碳管作为加热体，能够加热样品至 900℃ 以上，温度可调节，精度 1℃；高温区长度大于 90mm。

（2）玻板吸收瓶：吸收瓶容积为 450mL，玻板直径大于等于 10mm。

（3）磁力搅拌器：搅拌速度约为 500r/min，且连续可调。

（4）陶瓷舟。

（5）抽气泵。

（6）气体流量计：浮子流量计，配有针型阀，流量范围为 0～1.0L/min。

（7）天平：精度为 0.1mg。

（8）烘箱：温度调节范围为 0～250℃。

（9）土壤筛：2mm（10 目）、0.097mm（160 目），不锈钢材质。

（10）酸式滴定管：50.00mL。

（11）一般实验室常用仪器和设备。

2. 试剂

（1）无二氧化碳水。

（2）正丁醇：φ（C_4H_9OH）≥99.0%。

（3）乙醇：φ（C_2H_5OH）=95%。

（4）盐酸溶液：c（HCl）=4mol/L。量取 340mL 浓盐酸[ρ（HCl）=1.19g/mL]，边搅拌边缓慢倒入 500mL 无二氧化碳水中，用无二氧化碳水稀释至 1000mL，混匀。

（5）氢氧化钡吸收液 I：ρ[Ba(OH)$_2$]=1.40g/L。称取 1.40g 氢氧化钡和 0.08g 氯化钡溶于 800mL 无二氧化碳水中，加入 3mL 正丁醇，用无二氧化碳水稀释至 1000mL，混匀。

（6）氢氧化钡吸收液 II：ρ[Ba(OH)$_2$]=2.80g/L。称取 2.80g 氢氧化钡和 0.16g 氯化钡溶于 800mL 无二氧化碳水中，加入 3mL 正丁醇，用无二氧化碳水稀释至 1000mL，混匀。

（7）草酸标准溶液：ρ（$H_2C_2O_4 \cdot 2H_2O$）=0.5637g/L。称取 0.5637g 草酸溶于适量无二氧化碳水，移至 1000mL 容量瓶中，用无二氧化碳水稀释至标线，混匀。1mL 此溶液相当于标准状态下（101.325kPa，273.15K）0.1mL 二氧化碳。临用现配。

（8）酚酞指示剂。称取 0.5g 酚酞溶于 50mL 乙醇中，再加入 50mL 无二氧化碳水，摇匀。

五、实验步骤

（一）试样的制备

将采集好的样品置于风干盘中，摊成 2～3cm 的薄层，适时地压碎、翻动，拣出碎石、沙砾、植物残体。用木棒研压，然后去杂物，粉碎，充分混匀，通过 2mm 土壤筛，然后将土样在牛皮纸上铺成薄层，划分成四分法小方格。用小勺在每个方格中取出等量土样（总量 10～20g），在土壤粉碎机（或球磨机）中进行研磨，使其全部通过 0.097mm（160 目）土壤筛，混匀后装入棕色磨口瓶中，备用。

（二）干物质含量的测定

见本章第二节。

（三）分析步骤

1. 试料的制备

称取适量试样，精确到 0.001g，置于陶瓷舟中，并缓慢滴加 4mol/L 盐酸溶液至试样无气泡冒出。充分混合，静置 4h 后，于 60～70℃下烘干 16h，待测。

2. 气密性检查

连接管式炉燃烧和吸收装置，塞好玻板吸收瓶，打开抽气泵，关闭气体流量计前阀门。若流量计流量归零，则设备气密性良好。

3. 测定

向玻板吸收瓶中准确加入 200mL 氢氧化钡吸收液Ⅰ的上清液，塞紧吸收瓶，将上述装有试料的陶瓷舟放入管式炉中，调节管式炉炉温至 900～1000℃，打开抽气泵，调节抽气流量为 0.5L/min，调节磁力搅拌器转速，使气泡分布均匀。反应时间为（600±10）s，反应结束后，倾出所有吸收液于 250mL 具塞玻璃瓶中，加塞密闭静置 3～4h，使碳酸钡沉淀完全，准确量取 50mL 上清液于 250mL 锥形瓶中，加入 4～5 滴酚酞指示剂，用草酸标准溶液滴定至溶液由红色变为无色为终点，记录所消耗的草酸标准溶液体积 V_1。同时按相同方法进行空白试样的测定。

六、数据处理

土壤中的有机碳含量 w_{OC}（以碳计，质量分数，%），按式(5-19)和式(5-20)进行计算。

$$m_1 = m \times \frac{w_{dm}}{100} \tag{5-19}$$

$$w_{oc} = \frac{(V_0 - V_1) \times C \times 12 \times 200}{126 \times 50 \times 1000 \times m_1} \times 100 \tag{5-20}$$

式中　m_1——试样中干物质的质量，g；

m——试样取样量，g；

w_{dm}——土壤样品的干物质含量（质量分数），%；

w_{oc}——土壤样品中有机碳的含量（以碳计，质量分数），%；

V_0——滴定空白消耗草酸标准溶液体积，mL；

V_1——滴定试料消耗草酸标准溶液体积，mL；

C——草酸标准溶液质量浓度，g/L；

12——碳元素的摩尔质量，g/mol；

200——氢氧化钡吸收液体积，mL；

126——草酸的摩尔质量，g/mol；

50——用于滴定的氢氧化钡吸收液体积，mL。

七、注意事项

（1）二氧化碳的吸收效率受气泡的大小和分布情况影响较大，因此要求玻板吸收瓶的玻板孔隙较小，使用前应检查玻璃砂芯的质量。方法如下：以 0.5L/min 的流量抽气，气泡路径（泡沫高度）为（50±5）mm，玻板阻力为（4.7±0.7）kPa，且气泡均匀，无特大气泡。磁力搅拌器搅拌速度要合适，以使气泡在溶液中分布均匀。

（2）陶瓷舟在初次使用前，应将其放入小烧杯中，向烧杯中加入 4mol/L 盐酸溶液，使之浸没完全，片刻后取出，沥干，于 60～70℃ 下烘干 16h 后，再将陶瓷舟放入管式炉中，调节炉温至 900～1000℃，灼烧 10min，以去除陶瓷舟材质对测定结果的影响。

（3）氢氧化钡吸收液配制后，应密封保存，放置 1d 使之沉淀。

思考题

1. 燃烧法测定土壤有机碳时，有哪些干扰？如何消除这些干扰？
2. 土壤有机碳的赋存状态有哪些？其变化对地球碳汇有什么影响？

第十节　土壤中有机氯农药的测定

一、目的和要求

（1）了解和熟悉仪器的工作条件及操作。
（2）掌握色谱法的分析原理和测定方法。

二、实验原理

土壤中的有机氯农药经提取、净化、浓缩、定容后，用具电子捕获检测器的气相色谱检测。根据保留时间定性，外标法定量。

三、实验仪器与试剂

1. 仪器
（1）气相色谱仪：具有电子捕获检测器，具分流/不分流进样口，可程序升温。
（2）色谱柱

色谱柱 1：柱长 30m，内径 0.32mm，膜厚 0.25μm，固定相为 5% 聚二苯基硅氧烷和 95% 聚二甲基硅氧烷，或其他等效的色谱柱。

色谱柱 2：柱长 30m，内径 0.32mm，膜厚 0.25μm，固定相为 14% 聚苯基氰丙基硅氧烷和 86% 聚二甲基硅氧烷，或其他等效的色谱柱。

（3）提取装置：微波萃取装置、索氏提取装置、加压流体萃取装置或具有相当功能的设备，所有接口处严禁使用油脂润滑剂。
（4）浓缩装置：氮吹仪、旋转蒸发仪、K-D 浓缩仪或具有相当功能的设备。
（5）采样瓶：广口棕色玻璃瓶或聚四氟乙烯衬垫螺口玻璃瓶。
（6）一般实验室常用仪器和设备。

2. 试剂
（1）正己烷（C_6H_{14}）、丙酮（CH_3COCH_3）、二氯甲烷（CH_2Cl_2）：色谱纯。

（2）无水硫酸钠（Na_2SO_4）：优级纯。在马弗炉中450℃烘烤4h，冷却后置于具磨口塞的玻璃瓶中，并放干燥器内保存。

（3）丙酮-正己烷混合溶剂Ⅰ：1+1。用丙酮和正己烷按1∶1的体积比混合。

（4）丙酮-正己烷混合溶剂Ⅱ：1+9。用丙酮和正己烷按1∶9的体积比混合。

（5）有机氯农药标准贮备液：$\rho = 10 \sim 100mg/L$。购买市售有证标准溶液，在4℃下避光密闭冷藏保存，或参照标准溶液证书进行保存。使用时应恢复至室温并摇匀。

（6）有机氯农药标准使用液：$\rho = 1.0mg/L$。用正己烷稀释有机氯农药标准贮备液。在4℃下避光密闭冷藏，保存期为半年。

（7）硅酸镁固相萃取柱：市售，$\rho = 1000mg/6mL$。

（8）石英砂：$270 \sim 830\mu m$（20～50目）。在马弗炉中450℃烘烤4h，冷却后置于具磨口塞的玻璃瓶中，并放干燥器内保存。

（9）硅藻土：$37 \sim 150\mu m$（100～400目）。在马弗炉中450℃烘烤4h，冷却后置于具磨口塞的玻璃瓶中，并放干燥器内保存。

（10）玻璃棉或玻璃纤维滤膜。在马弗炉中400℃烘烤1h，冷却后置于具磨口塞的玻璃瓶中密封保存。

（11）高纯氮气：纯度≥99.999%。

（12）异狄氏剂和p, p'-滴滴涕混合标准溶液：$\rho = 1.0mg/L$。购买市售有证异狄氏剂和p, p'-滴滴涕标准溶液，用正己烷稀释。在4℃下避光密闭冷藏。

四、实验步骤

（一）土样的制备

除去样品中的异物（石子、叶片等），称取两份约10g（精确到0.01g）的样品。土壤样品一份用于测定干物质含量；另一份加入适量无水硫酸钠，研磨均化成流沙状脱水；如果使用加压流体萃取法提取，则用硅藻土脱水。

（二）分析步骤

1. 试样的制备

试样经提取（微波萃取或索氏提取）、脱水、浓缩、净化、浓缩定容后可用于分析。具体步骤为：

微波萃取：将样品全部转移至萃取罐中，加入30mL丙酮-正己烷混合溶剂Ⅰ，设置萃取温度为110℃，微波萃取10min。离心或过滤后收集提取液。

索氏提取：将样品全部转移至索氏提取器纸质套筒中，加入100mL丙酮-正己烷混合溶剂Ⅰ，提取16～18h，回流速度约3～4次/h。离心或过滤后收集提取液。

脱水：在玻璃漏斗上垫一层玻璃棉或玻璃纤维滤膜，铺加约5g无水硫酸钠，然后将提取液经漏斗直接过滤到浓缩装置中，再用约5～10mL丙酮-正己烷混合溶剂Ⅰ充分洗涤盛装提取液的容器，经漏斗过滤到上述浓缩装置中。

浓缩：在45℃以下将脱水后的提取液浓缩到1mL，待净化。如需更换溶剂体系，则将提取液浓缩至1.5～2.0mL后，用5～10mL正己烷置换，再将提取液浓缩到1mL，待净化。

净化：用约8mL正己烷洗涤硅酸镁固相萃取柱，保持硅酸镁固相萃取柱内吸附剂表面浸润。用吸管将浓缩后的提取液转移到硅酸镁固相萃取柱上停留 1min 后，弃去流出液。加入 2mL 丙酮-正己烷混合溶剂 Ⅱ 并停留 1min，用 10mL 小型浓缩管接收洗脱液，继续用丙酮-正己烷混合溶剂 Ⅱ 洗涤小柱，至接收的洗脱液体积到 10mL 为止。

浓缩定容：将净化后的洗脱液继续浓缩并定容至 1.0mL，再转移至 2mL 样品瓶中，待分析。同时制备空白试样。

2. 分析

气相色谱仪参考条件：进样口温度：220℃；进样方式：不分流进样至 0.75min 后打开分流，分流出口流量为 60mL/min；载气：高纯氮气，2.0mL/min，恒流；尾吹气：高纯氮气，20mL/min；柱温升温程序：初始温度 100℃，以 15℃/min 升温至 220℃，保持 5min，以 15℃/min，升温至 260℃，保持 20min；检测器温度：280℃；进样量：1.0μL。

标准曲线：分别量取适量的有机氯农药标准使用液，用正己烷稀释，配制标准系列，有机氯农药的质量浓度分别为 5.0μg/L、10.0μg/L、20.0μg/L、50.0μg/L、100μg/L、200μg/L 和 500μg/L。按仪器条件由低浓度到高浓度依次对标准系列溶液进行进样、检测，记录有机氯农药的保留时间、峰高或峰面积。以标准系列溶液中有机氯农药浓度为横坐标，以其对应的峰高或峰面积为纵坐标，建立标准曲线。

按照与标准曲线建立相同的仪器分析条件进行试样和空白试样的测定。

五、数据处理

土壤中的有机氯农药含量 $w(μg/kg)$，按式(5-21)进行计算。

$$w = \frac{\rho V}{m w_{dm}} \tag{5-21}$$

式中　w——土壤样品中有机氯农药的含量，μg/kg；

ρ——由标准曲线计算所得试样中有机氯农药的质量浓度，μg/L。

V——试样的定容体积，mL；

m——试样取样量，g；

w_{dm}——土壤样品的干物质含量（质量分数），%。

六、注意事项

（1）本方法适用于 α-六六六、六氯苯、γ-六六六、β-六六六、δ-六六六、硫丹Ⅰ、艾氏剂、硫丹Ⅱ、环氧七氯、外环氧七氯、o,p'-滴滴伊、γ-氯丹、α-氯丹、反式-九氯、p,p'-滴滴伊、o,p'-滴滴滴、狄氏剂、异狄氏剂、o,p'-滴滴涕、p,p'-滴滴滴、顺式-九氯、p,p'-滴滴涕、灭蚁灵等 23 种有机氯农药的测定。其他有机氯农药若通过验证，也可采用本方法测定。

（2）实验中所用的有机溶剂及标准物质为有毒物质，标准溶液配制及样品前处理过程应在通风橱中进行。操作时应按规定佩戴防护器具，避免直接接触皮肤和衣物。

思考题

1. 色谱柱被称为气相色谱仪的"心脏"，在测定土壤中有机氯农药时如何选择合适的色谱柱？

2. 应如何保存用于测定有机氯农药的土壤样品？

3. 土壤有机氯农药污染对土壤中微生物、原生动物有什么影响？

第三篇

环境监测自动化技术

第六章

水环境常用监测仪表与设备

为认识、评价、控制和改善水体污染，必须对水质进行监测。目前，各类水质指标如pH、电导率、溶解氧、浊度、油分、BOD、TOC、重金属离子和其他有害离子等浓度的检测，均有相应的专用仪器，并已用于实践。随着近年来水工程事业的飞速发展以及人们对可持续发展理念的理解和认同，人们的环保意识和对水质的要求逐渐提高，对水质监测及分析的准确性、快速性以及在线监测分析的要求也愈来愈高。同时，水质分析技术在仪器自动化和痕量有机污染物分析方面也有长足进步。本章将列出常见的水质监测指标，着重介绍有关指标在监测中常用仪器设备的原理、结构、特点、测定方法，读者可根据水质类型的监测技术规范阅读相应章节。

第一节　pH 值监测仪表

一、概述

pH 是水体酸碱度的指标，不仅能腐蚀金属，还影响水生动植物的新陈代谢，并且与水中沉淀物的产生、溶解以及农作物、水产品的生长有关。江河水域 pH 值大约为 6.0～8.8，海水 pH 值大约为 7.8～8.3。

ORP（Oxidation Reduction Potential：氧化还原电位）是试样中氧化、还原物质量的指标。氧化还原电位随着温度、pH、电导率的变化而变化。所以，适用于测定水中剧烈氧化或还原物质的相对量，如氰基系废液的氧化处理、铬酸系废液的还原处理等。由于测定氧化还原电位的仪表与测量 pH 的仪表几乎一致，有关测量仪表参阅本章节。

二、测定方法与原理

pH 测定方法有玻璃电极法、比色法、锑电极法、氢醌电极法等。工业上，将玻璃电极法作为普及测定法推荐，市售仪器基本都采用玻璃电极法。连续测定时，试样中含氟或电极表面有附着物则不能测定。所以也可采用锑电极法，此法通常随锑表面状态、试样条件的不同，而使测定值有明显的差异，应予注意。比色法虽不能连续测定，但测定方法简单，尤其适用于玻璃电极法不适用的场合。此法以一系列缓冲液为标准，并在其水溶液中加入指示剂使之变色。测定时，在试样中加入等量的同一指示剂使之变色，变色后将两者颜色进行比较，可大致测定出 pH 值。方法简单，但受试样的原有颜色、浑浊度、氧化剂（游离氯元素等）、还原剂及试样中高浓度盐类的影响，容易产生误差。此外，也不适用于缓冲作用小的试样。

ORP 测定与 pH 测定相似，传感器用金属电极（金、铂等）代替玻璃电极，参比电极与 pH 测定所用的参比电极一样。

玻璃电极法原理：玻璃薄膜隔开的两种不同溶液相接触，玻璃薄膜的两侧产生两种溶液 pH 值之差的电位，如图 6-1 所示为 pH 计测定电极，将玻璃电极的玻璃薄膜内侧和外侧溶液的 pH 值分别取为 pH_i 和 pH_0，则薄膜内外两侧的电位差 E_g 以式（6-1）表示：

$$E_g = K \frac{2.303RT}{F}(pH_0 - pH_i) + E_{as} \tag{6-1}$$

式中　R——气体常数；

　　　T——绝对温度；

　　　F——法拉第常数。

pH 计测定电极和基本结构如图 6-1 和图 6-2 所示。

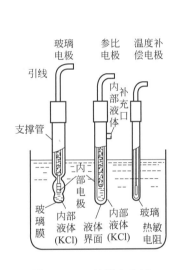

图 6-1　pH 计测定电极

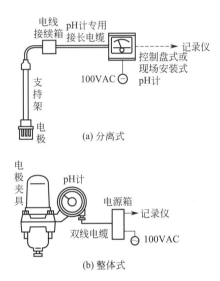

图 6-2　pH 计的基本结构图

式（6-1）的电位梯度系数 $K=1.00$ 时，$2.303RT/F$ 是理想的玻璃电极电位梯度，称为"单位 pH 值电动势"，其值随温度 T 的不同而不同。实际上，玻璃电极的单位 pH 值电动势与上述的理论值并不一致，一般比 1 小。计量法检定时，可取 $K=0.95$。实际测定时，用两种标准溶液标定以调节灵敏度，pH 计校正，规定使用邻苯二甲酸盐、中性磷酸盐、硼酸盐等标准溶液。E_{as} 称为非对称电位，其值为玻璃薄膜内外两侧的电位差，是各种玻璃薄膜所固有的值。实际测定时，将玻璃电极与参比电极组合，此电位还需加上两内部电极的电位差和参比电极液体界面之间的电位差，统称为非对称电位，均通过 pH 计的内部电路自动调节实现各电位相加。

为测出玻璃电极电动势，需使用参比电极。目前，市售参比电极有甘汞电极和氯化银电极。并且，必须使用与玻璃电极内部电极同类型的参比电极。比如，玻璃电极内部电极为甘汞电极，与其配对的参比电极为氯化银电极，虽作用相同，但在校正 pH 计后进行测定，试样温度稍有变化，测定值就变化很大，而且参比电极内部的 KCl 溶液浓度须与玻璃电极内部溶液浓度一致。参比电极液之间的电位差，因参比电极内部溶液与试样在液体界面接触，由于组成浓度不同而产生正离子和负离子扩散速度的差异，导致不稳定的电位差，对 pH 值有很大影响。因此，此电位差应尽可能小且为一定值，所以参比电极液体界面应对应于试样的特性，设计成各种类型，代表性的形状有：套筒形、纤维形、针孔形等。

同上，玻璃电极单位 pH 电动势与温度变化成比例，为自动地补偿这一变化，需用温度补偿电极。在不使用温度补偿电极的场合，应在放大指示部分装有手动温度补偿刻度盘。温度补偿电极的感温电阻为热敏电阻、镍线、铜线等，其阻值随各制造厂家而异。所以，应注意与放大指示部分组合相匹配。玻璃电极和参比电极产生的电位差用高输入阻抗的电位差计（放大指示部分）进行测定。

ORP 测定法：在试样中金属电极和参比电极之间所产生的电位差如式（6-2）所示，并可用电位差计测定。

$$E = E_0 + \frac{2.3TR}{nF} \lg \frac{[O_x]}{[R_{ed}]} \tag{6-2}$$

式中　n——价数；

　$[O_x]$——氧化体的活动浓度；

　$[R_{ed}]$——还原体的活动浓度；

　E_0——$[O_x] = [R_{ed}]$ 时的单位电位。

三、仪器结构

pH（ORP）计有移动式（携带式、台式）和固定式（固定放置连续测定式）等形式。

（一）移动式

移动式 pH（ORP）计可分成轻量型便携式仪器和高精度测定台式仪器。两者的监测部分都由玻璃电极（ORP 测定法为金属电极）、参比电极、温度补偿电极（手动温度补偿在ORP 测定时不用）等三根电极组成，玻璃电极和参比电极都有温度使用范围，一般分为高温用电极和常温用电极。但是，近年已有将玻璃电极和参比电极或上述三电极组合成一体的仪器。此外，为便于携带，已造出将玻璃电极小型化、易于更换的弹壳式仪器。

放大指示部分将电极输出的电信号放大，然后用指示计或数字式显示器显示测定值。放大器是直流放大器，电源有直流（干电池）、交流、交直流两用三种方式。一般台式仪器以高精度测定为目的，标准刻度除数值为 0～14 以外，还可用转换开关扩展刻度读数值，如将刻度间距扩展为 1 或 2。除测定 pH（ORP）外，还具备测定温度等功能，仪器内部设有小型计算机，易于仪器校正。

（二）固定式

固定式仪器设置在室外排水沟、废水处理装置等附近，进行连续测定，分为控制盘安装型和现场设置型。固定式仪器在设计上应具有耐用性、工作稳定性，并适用于连续测定等特点。固定式仪器线路与移动式基本相同。

检测部分技术要点包括参比电极内部液体补充次数少和应对电极部分污脏。针对补充次数问题，已研究出液体界面电位差小且内部液体流出量少的结构。检测部分已设计出出压力罐向参比电极自动补充内部液体的方法，后又改进液体接界面结构，采用特殊材料，内部液体流出量极少。针对电极污脏问题，已制造出易于保养、轻量化，安装有自动电极清洗器（超声波式、刷子式、喷水式、药液式）的仪器。因试样中附着物和条件不同，每一种清洗方式的效果也不同，应选择适当的清洗方式。

电极夹分为浸渍式和流动式两种，与液体接触部分要选用适应于试样条件（耐腐蚀、耐高温等）的材料，主要材料有聚氯乙烯、不锈钢、聚丙烯等。放大指示部分分为与检测部分组合为一体或分开两种类型。近年来以放大指示部分与检测部分组合为一体类型居多，该系统放大指示部分的电源由一般监测仪器室中的电源箱（如直流24V等）供给，该电源也是记录仪、警报器的电源。同时，在记录仪中设置pH专用放大器，在指示仪（记录仪）中组装有ON-OFF或比例调节器以及防爆等装置。

四、选用条件

（一）移动式

移动式pH（ORP）计的型号、性能各有不同，应根据需要选用适合的仪器，尤其是测定参比电极液体界面之间电位差大的试样（如有机溶液、与仪器内部溶液浓度差大的溶液、导电率低的溶液等）。对于自动温度补偿pH计，温度补偿电极的反应稍滞后于温度变化，测定时需要注意，并且参比电极与玻璃电极的内部电极型号需要相同。

（二）固定式

检测部分根据试样的温度、压力和组成选用合适的电极。根据试样中附着物的情况，电极应有涂层，如还不能测定，需应用带有清洗装置的电极夹。参比电极液体界面的结构选择方法与移动式相同。放大指示部分，根据室内或室外的情况，选用室内类型、防潮或防水类型等，爆炸危险场所使用，应选用防爆型。测定地点与仪器放置点之间的距离需小于100m，电源箱与仪器分离时，双线传输方式的电线长度通常为1～2km以下，信号接续电缆需用绝缘线。

思考题

1. 常用pH监测仪的测定方法有哪些？分别适用于哪些场合？
2. 移动式和固定式pH监测仪的应用场合有何不同？

第二节　化学需氧量（COD）监测仪表

一、概述

COD（Chemical Oxygen Demand）代表化学氧需求量，是水体污染指标之一。水中有机物在氧化剂作用下被分解，所消耗的氧量用mg/L表示，数值越小，水质污染程度越小。

一般河流水质状况用BOD值表示，湖泊、海域等非流动性水域用COD表示。水质污

161

染防治法规定由特定场所排出的废水，用 BOD 值和 COD 值表示。COD 测定相对 BOD 测定更简便，不同试样测定方法也不同。COD 自动监测仪按照氧化分解条件，分为酸法仪器和碱法仪器，选用时需要注意。

COD 自动监测仪在河流、湖泊、港湾等公共水域水质监测中发挥着重要作用，还用于工厂、企业等排放废水的 COD 连续监测。根据最新的水质管理体制法，需用有机物污染自动监测仪（COD-TOD 监测仪、UV 监测计等）、流量计及负荷量运算器等组成监测系统，记录每天的排放污染负荷量。

二、 COD 在线监测仪简介

根据氧化方式不同，将 COD 自动在线监测仪器分为两大类，即采用重铬酸钾氧化方式和非重铬酸钾氧化方式。前者分为重铬酸钾消解-光度比色法和重铬酸钾消解-库仑滴定法，后者分为电化学氧化法、UV 计法。

（一）重铬酸钾消解-光度比色法

分为程序式和流动注射分析式两类。

1. 程序式

在微机控制下，将水样与过量重铬酸钾标液混合，加入硫酸汞络合液中的氯离子，加入硫酸银作催化剂。混合液在 165℃下回流一定时间（30min）（或催化消解，或采用微波快速消解 15min），氧化剂中的六价铬被还原为三价铬，反应结束后用光度法测量剩余六价铬（600nm）或反应生成的三价铬（440nm）的吸光度，通过工作曲线查找、计算得出 COD 值。流程如图 6-3 所示。

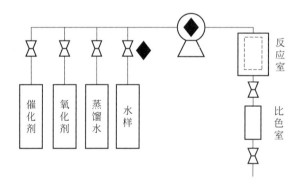

图 6-3　程序式重铬酸钾消解-光度比色法流程

2. 流动注射分析式

基本原理：试剂连续进入直径为 1mm 的聚氟材料毛细管中，水样定量注入载流液中，在流动过程中完成混合、加热、反应和测量（光度法）的方法。

仪器工作原理：反应试剂（含重铬酸钾的硫酸 6∶4）由陶瓷恒流泵以恒定流速向前推进，通过注样阀将定量水样切换进流路，在推进过程中水样与载流液相互混合，在 180℃恒温加热反应后溶液进入检测系统，测定标准系列和水样在 380nm 波长时的吸光度，从而计算出水样 COD 值。流动注射式 COD 分析仪原理如图 6-4 所示。

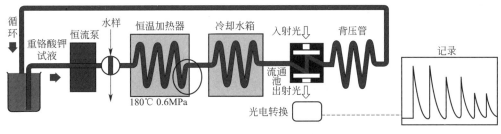

图 6-4　流动注射式 COD 分析仪原理图

（二）重铬酸钾消解-库仑滴定法

1. 方法原理

在水样中加入已知过量的重铬酸钾标液，在强酸加热环境下将水样中的还原性物质氧化后，用硫酸亚铁铵标准溶液返滴定过量的重铬酸钾，通过电位滴定进行滴定判终，根据硫酸亚铁铵标准溶液的消耗量进行计算。该法应用相对较少。

仪器的工作过程：程序启动→加入重铬酸钾到计量杯→排入消解池→加入水样到计量杯→排入消解池→注入硫酸＋硫酸银→加热消解→冷却→排入沉淀池→加蒸馏水稀释→搅拌冷却→加硫酸亚铁铵滴定→排泄→打印结果。

2. 仪器操作

操作仪器之前应认真阅读仪器使用说明书，最好经厂家培训。一般的 COD 监测仪操作内容主要包括仪器参数设定、仪器的校准、仪器的维护和故障处理等。

（1）仪器安装要求　包括水泵选择、管路材质选择及安装。根据采样点到仪器的距离选择水泵功率；根据水样腐蚀性考虑是否选用耐腐蚀泵；根据水样具体情况考虑选用管路材质，包括硬聚氯乙烯塑料、ABS 工程塑料或钢、不锈钢等材质的硬质管材。

（2）仪器调试和使用

① 仪器调试　放好所需的各种试剂，仪器上电稳定半小时，调整好测量模块的各级参数且稳定一段时间，可进行仪器标定，再用标样作为水样进行分析，判断是否达到仪器规定的精度要求，如果没达到则应进行修改校正，直至达到要求。

② 仪器使用　完成安装调试后，在系统配置中设置好仪器的采水时间以及分析周期。各参数确认无误后即可用自动方式进行 COD 在线自动监测。

（3）曲线校准　仪器使用前需用 COD 标液对工作曲线进行一点或多点校准，使用中也应定期校准，一般 3～6 个月一次，并与手工方法进行实际水样对比，以保证工作曲线准确。参照说明书和水质情况进行。

（4）仪器维护　应严格按照要求定期维护，以保证仪器长期稳定运行。一般定期维护内容有：

① 定期添加试剂，添加频次根据单次用量、分析频次和容器容量来确定。

② 定期更换泵管以防老化损坏仪器，一般约 3～6 个月一次，与分析频次有关。

③ 定期清洗采样头，以防堵塞无法采水，一般 2～4 周一次。

④ 定期校准工作曲线。

（5）故障处理　对于一般故障，运营人员应及时处理，快速恢复运行；对于复杂故障，运营人员应及时与生产厂家联系，及时修复仪器。

（三）电化学氧化法

1. 基本原理

利用氢氧基（电解反应产生）作为氧化剂，用工作电极测量氧化时消耗的工作电流，然后计算水样中的 COD 值。电化学氧化法 COD 分析仪流程如图 6-5 所示。

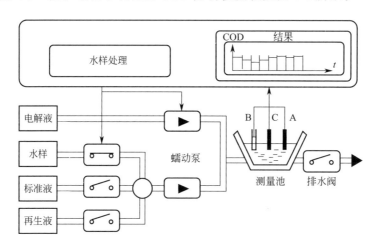

图 6-5　电化学氧化法 COD 分析仪流程图
A—工作电极（氧化）；B—参比电极；C—负极

2. 仪器设备操作

操作仪器之前应认真阅读仪器使用说明书，最好经厂家培训，掌握仪器操作及注意事项。操作内容主要包括以下方面：

（1）仪器参数设定　仪器使用前应进行相关参数设定。

（2）仪器校准　使用前需要与标准方法进行实际水样对比，然后对工作曲线进行校准，使用中也要定期与实际水样对比、校准。校准方法：仪器与实验室手工方法同步取样，进行多点对比。

（3）仪器维护　按照说明书要求定期进行现场维护，确保仪器长期稳定工作。一般维护包括如下内容：

① 添加试剂，一般每周 1 次，需根据具体测定频次、每次试剂用量及试剂容器容量确定；检查泵阀，每周 1 次；保养参比电极，每周 1 次；校正分析仪，每周 1 次。

② 清洗测量槽，每月 1 次；更换泵管和阀门管道，每月 1 次。

③ 清洗取水系统，每季 1 次；更换取水系统管道，每季 1 次。

（4）故障处理　对于一般故障，运营人员应及时处理，快速恢复运行；对于复杂故障，运营人员应及时与生产厂家联系，及时修复仪器。

思考题

1. COD 自动在线监测仪器可分为哪两类？

2. 采用重铬酸钾消解-光度比色法、重铬酸钾消解-库仑滴定法和电化学氧化法的 COD

自动在线监测仪之间有何区别？

第三节　生化需氧量（BOD）监测仪表

一、概述

生物化学需氧量指由于水中好氧微生物的繁殖或呼吸作用，水中有机物被分解时所消耗的溶解氧量，简称 BOD，通常规定为 20℃时 5 天中所消耗氧量，单位为 mg/L。

水体发生生物化学反应须具备好氧微生物、足够的溶解氧以及适合微生物的营养物质等三个条件。大量研究表明有机物在好氧微生物作用下分解大致分成两个阶段：第一阶段主要氧化分解碳水化合物及脂肪等易被氧化分解的有机物，氧化产物为二氧化碳和水，此阶段称作含碳物质的氧化阶段，亦称碳化阶段，20℃下碳化阶段可进行 16 天左右；第二阶段主要氧化含氮有机化合物，氧化产物为硝酸盐和亚硝酸盐，称为硝化阶段。目前资料或书籍中的BOD 数值一般不包括硝化阶段 BOD 值，而是指碳化阶段 BOD 值。

造纸、食品、纤维等化学工业废水及城市生活污水中，含有许多有机物，如碳水化合物、脂肪酸、油脂、含氮有机物（氨基酸、蛋白质）等。废水未经处理排入水体，水体受到有机污染，有机物质被好氧微生物分解，消耗水中溶解氧。当水体 BOD 达到 10mg/L，水质很差，溶解氧极少甚至没有。当溶解氧低于 4mg/L 时，鱼类已无法生活，并且水体溶解氧较低时耗氧有机物会腐败发臭并放出氨、甲烷、硫化氢等臭气，变成黑臭水体。

目前，BOD 监测仪包括不稀释和稀释并可测定溶解氧的仪器。

二、测定方法原理及结构

（一）库仑法

库仑法可不稀释直接求出 BOD 浓度，仪器结构如图 6-6 所示。

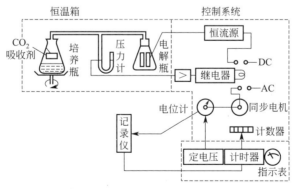

图 6-6　库仑法 BOD 监测仪结构图

在试样中加入菌种及缓冲液，由电磁搅拌器连续搅拌，通过微生物的新陈代谢，试样中溶解氧消耗并生成二氧化碳被培养瓶上部的二氧化碳吸收剂所吸收，瓶内压力降低。电极式压力表检测到瓶内压力降低，继电器闭合，电解瓶内开始产生氧气，对培养瓶供氧。当培养瓶内压力复原，压力表停止给出信号，电解瓶中止产生氧气，瓶上部可保持一定空间，促进微生物的活动。因消耗的溶解氧与电解产生的氧等量，所以，电解产生的氧便与消耗的电量成比例关系。因此，在定电流情况下，计算电解时间，便能自动地确定所消耗的氧气量。电解时间由仅与电解电流流通时间同步的电动机推动电位差计进行计算。

本方法的优点是对于浓度相当高的试样也不必稀释，而且记录了 5 天反应全过程，可了解微生物的活动情况和毒性影响。

（二）曝气法

曝气法不需稀释可直接求出 BOD 浓度，仪器结构和测定程序如图 6-7、图 6-8 所示。

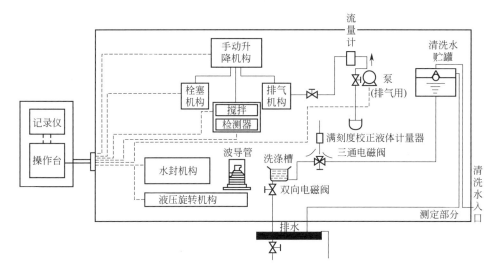

图 6-7　曝气法 BOD 监测仪结构图

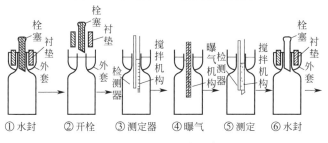

图 6-8　曝气法测定程序图

该装置将曝气和溶解氧测定进行组合，试样加入瓶内放置一段时间，打开瓶栓，用氧气传感器测定溶解氧，曝气后再测定溶解氧，用水密封。5 天内不断重复上述操作，通过消耗的氧量求出 BOD 浓度。

本方法的优点为测定过程中需供给氧，与标准稀释法比较，浓度较高的试样（30mg/L 左右）不必稀释即可测定。

（三）氧传感器法

氧传感器法是自动分析溶解氧的唯一方法。培养瓶中加入监测水试样，放置在规定场所，氧传感器和搅拌棒自动插入瓶中测定溶解氧。测定完成时，传感器与搅拌棒自动提出，在 20℃ 温度下放置 5 天，进行第二次溶解氧测定。将第一次测定值输入仪器，再乘以稀释率，得 BOD_5 浓度。

本方法的优点是只需将试样移至规定场所，对人员的熟练程度要求不高，并且不必担心操作失误；溶解氧测定时间短（约 5 分钟），测定效率高。

（四）其他

除上述各方式，还有亚甲基蓝监测方式和压力监测方式，压力监测结构如图 6-9 所示。

前者是利用亚甲基蓝的脱色时间与 BOD 相关为依据，通过测定亚甲基蓝的脱色时间推算 BOD_5 浓度。后者是用压力计监测 CO_2 被吸收时产生的压力变化反推氧气消耗量。

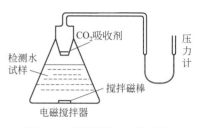

图 6-9　压力监测方式结构图

> 思考题

1. BOD 监测仪的测定原理有哪些？
2. 以库仑法、曝气法和氧传感器法测定 BOD 的监测仪各自有何优点？

第四节　溶解氧（DO）监测仪表

一、概述

溶解氧（以下称 DO）指水中溶解的分子态氧，是水生生物呼吸不可缺少的成分，也是一种氧化剂。氧在水中的溶解量，遵守亨利定律，取决于水温和氧的压力，也受溶解盐类浓度的影响。

DO 测定法分为化学分析法（滴定法）和电化学法（隔膜电极测定法）。化学分析法受试样中有害物质（硫化物）、亚硫酸根离子等还原性物质和残余氯等氧化性物质的影响，实测值存在误差。

隔膜电极测定法是根据 DO 浓度或氧压力测定产生的扩散电流或还原电流，求出 DO 浓度。与 pH、盐浓度、氧化-还原性物质、颜色和浊度等无关，测定值重复性好。目前，几乎所有的自动连续性监测仪都采用此法。

环境保护方面，测定 DO 可掌握公用水域水质污染程度，有助于废水处理的管理，DO 测定仪也广泛应用于土壤肥料学和井水检查等。

二、仪器原理

（一）隔膜极谱仪

隔膜极谱仪是在水银滴定极谱仪基础上改进的一种仪器，用氧气透过性高的隔膜（聚乙烯、玻璃纸和聚四氟乙烯）在试样溶液中隔开电极和电解槽。电解液用氯化钾或氢氧化钾溶液，当两电极间加上 0.5～0.8V 电压时，通过隔膜的氧在电极上发生还原反应，测定外部电路极谱仪临界电流，得 DO 浓度。极谱仪原理如图 6-10 所示，反应式如式(6-3) 和式(6-4) 所示。

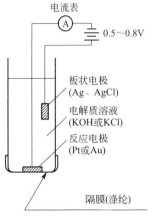
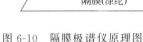

图 6-10　隔膜极谱仪原理图

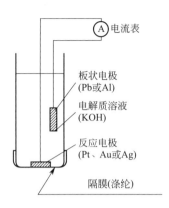

图 6-11　隔膜原电池原理图

$$板状电极:4Cl^- + 4Ag \longrightarrow 4AgCl + 4e^- \tag{6-3}$$
$$反应电极:O_2 + 2H_2O + 4e^- \longrightarrow 4OH^- \tag{6-4}$$

板状电极多数用银-氧化银，反应电极用金或铂制造。隔膜材料初期使用玻璃纸和高压聚乙烯，目前，多用聚四氟乙烯（厚度为 $25\mu m$ 或 $50\mu m$）。

（二）隔膜原电池方式

隔膜原电池结构如图 6-11 所示。

板状电极由价格便宜的金属制作，反应电极则用贵重金属制作。隔膜原电池的原理是透过隔膜的氧分子在反应电极上还原，测定两电极间还原电流。氢氧化钾作电解液时电极反应如式(6-5) 和式(6-6) 所示：

$$板状电极:2Pb + 4OH^- \longrightarrow 2Pb(OH)_2 + 4e^- \tag{6-5}$$
$$反应电极:O_2 + 2H_2O + 4e^- \longrightarrow 4OH^- \tag{6-6}$$

目前，从加工性和价格考虑，板状电极采用铅或铝，反应电极采用金或铂，少部分用银制作。隔膜极谱仪和隔膜原电池方法，两者除是否有外加电压以外，在性能、特征、使用上基本相同。

（三）隔膜的透过性与扩散电流

试样与隔膜及电解槽内部关系，如图 6-12 所示：

横轴为距离，纵轴为氧气浓度 C_s 或氧气分压（p_{O_2}），L 为隔膜厚度。

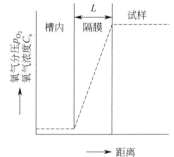

图 6-12　试样与隔膜及电解槽之间的关系曲线图

因 DO 逐步透过隔膜向电解槽扩散，所以，其扩散系数 D 与膜的透过率 P_m、水样中的 DO 浓度 C_s 成正比，与隔膜厚度成反比，如式(6-7) 所示：

$$D = K' \frac{P_m C_s}{L} \tag{6-7}$$

曼西（Mancy）等人将隔膜电极在稳定状态下产生的电流以式（6-8）表示：

$$I = \frac{nFAP_{m}C_{s}}{L} \tag{6-8}$$

式中　I——稳定状态下的指示电流，μA；

　　　n——包括电极反应产生的电子数；

　　　F——法拉第常数；

　　　A——作用于电极的面积，cm^{2}；

　　　P_{m}——膜透过系数，cm^{2}/s；

　　　L——膜的厚度。cm；

　　　C_{s}——试样中溶解氧数量（平衡时）。

因产生的指示电流正比于试样中 DO 浓度，所以，隔膜电极式溶解氧监测计是检测指示电流再求出 DO 浓度的仪器。

（四）灵敏度、线性、响应速度、残余电流

隔膜电极不仅能测定 DO，对气体中的氧分子灵敏度也较高，使用方法相同，都具有良好的线性。响应速度随电解液数量、膜与阴极间的距离变化而变化，90％响应时间在 1 分钟以内。极谱电极的残余电流相对较大。因主要是利用隔膜扩散原理，所以，试样的流速通常要在 20cm/s 以上。

（五）温度的影响

隔膜电极法以隔膜的氧透过性为基础，膜透过率 P_{m} 依据温度不同呈指数变化，所以，各生产厂家都用热敏电阻进行温度补偿。

（六）高盐类浓度的影响

同一温度、同一大气压下，盐浓度大，饱和溶解氧减少。但是，水中氧气分压与大气相平衡，影响较小。所以，高盐类浓度中的 DO 测定，需设定在该浓度下的饱和溶解氧的比较值。各厂家使用换算表、计算图表或在电路上采取盐分补偿措施。

三、仪器结构

（一）移动式（携带式）

携带式 DO 测定仪，检测器体积小，测定方便。极谱法必须外加电压，需要电源。移动式电源为原电池，相对简便，但是，原电池也有不足，由于大气中的氧分子，即使仪器停止工作，电路中也存在电流，导致测定仪的寿命较短。携带式 DO 测定仪如图 6-13 所示。

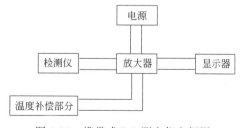

图 6-13　携带式 DO 测定仪方框图

显示器的刻度单位，浓度为 ppm 或 mg/L、饱和度为％。多数仪器都是浓度监测，测定范围为 0～15mg/L（部分为 0～20mg/L），也有低量程的仪器型号。

携带式 DO 测定仪的检测器多为浸渍式，可用于河流及远距离监测。一般水温的温度补

偿范围为 0～40℃，补偿方法有刻度盘式手动补偿或应用热敏电阻自动补偿。具有盐分补偿功能（刻度盘手动补偿）的仪器可对海水等高盐试样进行测定。为便于移动，接续电缆多数为 2m，用于河流等表层水测定。深层水测定，接续电缆长度随着各仪器型号不同而长短不一，最长约 10m。携带式 DO 测定仪现场测定时，试样水的流速往往达不到隔膜电极法的要求，需配备搅拌器。

（二）固定式

固定式 DO 测定仪在携带式基础上将讯息传送到记录仪、警报线路和自动控制系统中。检测器的设置方法如图 6-14～图 6-16 所示。

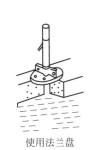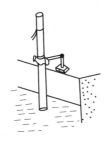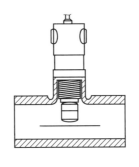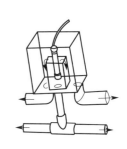

图 6-14 浸渍式型检测器　　　图 6-15 流通型检测器　　　图 6-16 吸水浸渍型检测器

浸渍型检测器（图 6-14）直接浸渍在试样水中，对 DO 变化监测性好，可用于曝气池等的监测。为防止隔膜露出而产生损伤，需对检测器使用保护用具。当试样流速达不到要求，需用搅拌器，适用于浅表层（水面下 2～3m）测定，深水监测需用特殊结构装置。

流通型检测器（图 6-15）连续输送试样水，不易受流速变动影响，监测稳定。可清除造成隔膜损伤的异物，电极检修、校正容易，但须考虑试样水输送当中 DO 与温度的变化。

吸水浸渍型检测器（图 6-16）结构介于上述两种类型之间，可与其他检测器同时使用。固定式测定仪要根据设置条件，考虑指示器主体和监测部分的防爆结构及漏电对策，如电讯号输入和输出的绝缘，输入输出电源的绝缘等安全性问题。

思考题

1. 与化学分析法的溶解氧（DO）测定仪相比，隔膜电极测定法的 DO 监测仪有哪些优势？
2. DO 测定仪在测定 DO 过程中的影响因素有哪些？

第五节　浊度监测仪表

一、概述

浊度监测仪是检测液体浑浊程度的仪器，广泛应用于环境监测和工业生产。主要用于河水、污水处理厂排水、生活污水、工厂排放水的浊度测定。

浊度及其单位定义：浊度表示水的浑浊程度，即 1L 水中含 1mg 纯高岭土时产生的浑浊程度定为 1 度或 10^{-6}。浊度监测仪就是根据上述定义配制标准溶液并以标准溶液为基准标定仪器监测刻度。

目前的浊度监测仪均以光通过测定溶液，引起吸收、散射或折射等，再测定光强度的变化为原理。主要的测定方式如下：

① 光穿透测定。

② 表面光散射测定。

③ 光散射、光穿透测定。

④ 光散射测定。

⑤ 积分球测定。

二、测定方式原理及结构

（一）光穿透测定法

光穿透测定法是从测定液槽的一个侧面向测定液槽投射光，在另一侧测定穿透光强。穿透光的衰减程度与液体中悬浮物质的浓度相关，即可测得悬浮物质的浊度。原理简单，但容易受测定窗口污垢的影响。目前，用于连续测定的仪器尚未推广。

窗式透射光浊度计原理如图 6-17 所示。

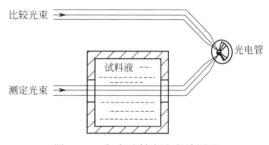

图 6-17　窗式透射光浊度计原理

由光源发出的一束平行光，投在测量槽上，入射的平行光束经过测量槽被吸收散射掉一部分，透过测量槽的光被光电管所接收。由光源发出的另一束光作为参考光束，与测定光束作周期切换相互交替被光电管或光电池所接收。当水样为蒸馏水时，测定光束强度与参考光束强度相等，浊度为零。当水样含有悬浮物质时，经过水样的测定光束强度被衰减，衰减越厉害，浊度越大。光电管将参考光束强度与经过测量槽的测定光束强度转换成电讯号，经运算放大器运算，显示水样浊度数值。

窗式透射光浊度计形式最简单，主要缺点是测定槽两侧的光学窗玻璃使用一段时间后会被污染，造成测量误差。为消除污染，往往配有超声波清洗器、喷射式清洗器或刮片式清洗器，定期对测量槽两侧光学窗玻璃进行清洗。

（二）表面光散射测定法

向测定液体表面投射光，测定从液面散射的光，由于此散射光与液体中悬浊物质的浓度成比例，因此，可得悬浊物质浓度。表面光散射测定法与光穿透法不同，没有接触测定液的光投射窗口，不会由于窗口的污垢引起测定误差。表面光散射测定法只测定液体表面部分的散射光，测量影响大大减小。连续测定仪器已广泛应用于现场测定，并采用消除测定液中气泡，防止光杂乱散射等措施。

表面散射式浊度计以丁达尔效应为基础，水中固体颗粒受到光束照射后，产生散射光，水样中固体颗粒浓度越大，散射光强度越大。散射光由光电池或光电管接收转化成电能，散射光越强，光电流就越大，将光电流输入放大器及显示仪表，显示浊度数值。仪器的结构及测量系统如图 6-18、图 6-19 所示。

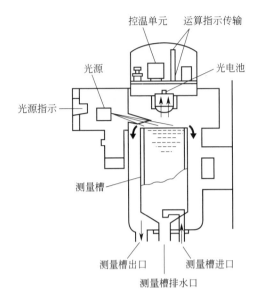
图 6-18 表面散射式浊度计结构图

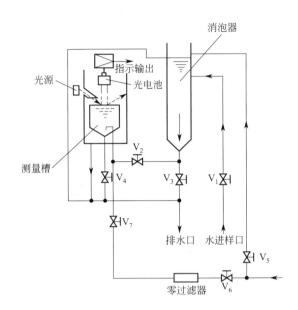
图 6-19 表面散射式浊度计测量系统图

被测水样经过阀门 V_1 进入消泡器，去除水样中气泡，经消除气泡的水样，大部分从消泡器底部经过阀门 V_2 进入测量槽。连续流入测量槽的水样，由测量槽顶端溢流，后从测量槽出口流出。测量槽顶端能使溢流出水保持稳定，从而形成微波极少的稳定水面。从光源射入溢流水面的光束，因水样中所含悬浮颗粒而发生散射现象。散射光被测量槽上部的光电池所接收，转化为电流。光源通过光导纤维装置导入参考光束输入到另一光电池中（图中未画出），两光电池将所接收光讯号变为电流讯号输入到运算放大器中运算并转换成与水样浊度呈线性关系的电讯号，由电表显示水样浊度。

（三）散射光、光穿透测定法

向测定液体投射光束，穿透光与散射光两者的比值与测定液中悬浊物的浓度成比例，可测定液体的浑浊程度。散射光、光穿透测定法不受电源不稳定和光源劣化的影响，液体颜色的影响也能互相抵消，所以测定值的变化非常小。

投射光窗口污垢对测定影响不大，连续测定仪器已研制成功，并得到广泛应用。为提高仪器的性能和稳定性，市售仪器采取了各种措施，如为使窗口污垢引起的影响尽可能小，在机器内装有超声波洗涤装置，研制防止水滴滴到窗口的结构以及提高仪器的耐用性等。

散射光、光穿透测定仪器的原理如图 6-20 所示。

（四）散射光测定法

测定液体内部散射光，此散射光与液体内悬浊物质的浓度成比例，可测出悬浊物浓度。散射光测定法与上述方法三的不同点是：方法三测定液体表面的散射光。

测定方法：向试样投射光，测定投射光及 90° 方向上的散射光并将光源、受光两部分合为一体，投入测定液中，在液体中测定散射光等。仪器也可测定 SS（悬浮固体粒子）。

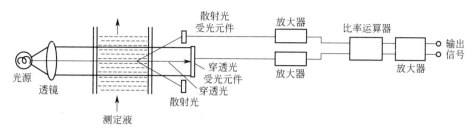

图 6-20　散射光、光穿透测定仪器原理图

（五）积分球测定法

将测定液加入积分球，再向积分球投射光，分别测定投射光所产生的散射光量和全入射光量，利用两者之比与测定液中悬浊物浓度成比例的关系即可测出测定液的浊度。散射光与全入射光是在各自的光出口交替使用光捕集器和反射板收集得到的，仅适用于实验室测定，要连续测定，需在反射板处再加入一个受光元件。

> **思考题**
>
> 1. 浊度监测仪表一般用于哪些水样浊度的监测？
> 2. 浊度监测仪的测定原理是什么？

第六节　总氮、总磷监测仪

一、概述

氮、磷均是生物生长的必需元素，也是湖泊富营养化的关键限制性因子。水体中氮、磷含量超标，可造成藻类的过度繁殖，出现富营养化状态，使水质恶化，并对人居环境及生产生活造成严重危害。随着国内对环境预警监测能力建设投入的加大和水质自动监测技术的日趋成熟，水质自动预警监测系统已在全国得到广泛应用。目前已经形成基本覆盖全国重要水域的自动监测网络。各省市也根据具体情况建设本地的自动预警监测系统，广泛用于各市界断面监测、饮用水源监测、区域补偿监测、预警监测等。目前，总氮总磷在线自动监测仪在性能指标、规范操作等各方面日趋成熟与完善。

二、测定方法及原理

（一）总氮

总氮自动监测仪主要采用紫外吸收法和化学发光法。紫外吸收法以 HJ 636—2012 为基础，将含氮化合物用 $K_2S_2O_8$ 分解并氧化为 NO_3^-，用紫外法测得总氮，该方法受溴化物离子的干扰，化学发光法不受干扰，是自动在线监测的首选。化学发光法是载气将水样带入装有催化剂的反应管中，通过高温（700～900℃）或低温密闭燃烧将含氮化合物氧化为 NO，再与臭氧发生器产生的 O_3 反应，然后测量化学发光强度。因此，总氮自动监测仪一般采用

120℃碱性 $K_2S_2O_8$ 消解-紫外吸收法、60℃ 或 80℃ 碱性 $K_2S_2O_8$ 紫外消解-紫外吸收法、150℃或160℃碱性 $K_2S_2O_8$ 消解-流动注射紫外吸收法、95℃碱性 $K_2S_2O_8$ 紫外电解消解-紫外吸收法和热分解化学发光法。

1. 碱性 $K_2S_2O_8$ 消解-紫外吸收法（120℃）

测定原理：水样中加入 $K_2S_2O_8$ 溶液和 NaOH 溶液，在 120℃ 下加热氧化分解 30min，含氮化合物被分解成 NO_3^-。被消解的水样冷却至一定温度后，分取一部分试样，加 HCl 调节至 pH2~3，然后在 220nm 波长处测量吸光度值，并计算水中总氮浓度值，流程图如图 6-21 所示。

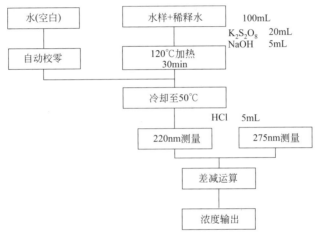

图 6-21　碱性 $K_2S_2O_8$ 消解-紫外吸收法自动监测系统流程图

2. 碱性 $K_2S_2O_8$ 紫外消解-紫外吸收法（60℃ 或 80℃）

测定原理：水样中加入 $K_2S_2O_8$ 溶液和 NaOH 溶液，在 60℃ 或 80℃ 下紫外线照射，含氮化合物被分解成 NO_3^-，被消解的水样冷却至一定温度后，分取一部分试样，加 HCl 调节至 pH2~3，然后在 220nm 波长处测量吸光度值，并计算水中总氮浓度值，优点是可在常压下进行。

3. 碱性 $K_2S_2O_8$ 消解-流动注射紫外吸收法（150℃ 或 160℃）

测定原理：流动注射法是将水样经过载液输送到检测器，此过程中完成加热、添加试剂、分解含氮化合物、显色及定量等步骤。首先载液将水样导入并加入碱性 $K_2S_2O_8$ 溶液，在 150℃ 或 160℃ 的加热环中被加热分解，含氮化合物被分解成 NO_3^-。试样冷却至一定温度后，加 HCl 调节至 pH2~3，然后在 220nm 波长处测量吸光度值，并计算水中总氮浓度值，特点是测定时间大大缩短。

4. 碱性 $K_2S_2O_8$ 紫外电解消解-紫外吸收法（95℃）

测定原理：水样中加入 $K_2S_2O_8$ 溶液和 NaOH 溶液，在 95℃ 下紫外线照射，同时进行电解，含氮化合物分解成 NO_3^-。被消解的水样冷却至一定温度后，分取一部分试样，加 HCl 调节至 pH2~3，然后在 220nm 波长处测量吸光度值，并计算水中总氮浓度值。

5. 热分解化学发光法（700~850℃）

测定原理：取一定量水样，通过载气注入内有催化剂的高温分解炉（700~850℃），将含氮化合物氧化分解成 NO，然后通过臭氧将 NO 氧化成 NO_2，激发态 NO_2 转变成稳定的 NO_2，发出 590～2500nm 波长的光，发射光强度与 N 元素浓度成正比，通过测量发射光强度可检测总氮浓度。该方法的优点是不用试剂、检测时间短，可测定海水。流程图如图 6-22 所示。

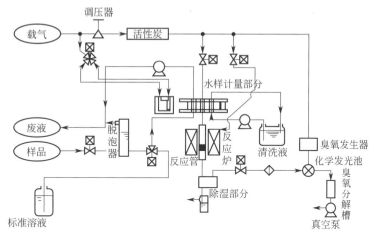

图 6-22　热分解化学发光法总氮自动测定仪流程图

（二）总磷

总磷以国标 GB 11893—89 的钼蓝法为基础，总磷自动监测仪一般采用 120℃ $K_2S_2O_8$ 消解-磷钼蓝光度法、95℃ $K_2S_2O_8$ 紫外消解-磷钼蓝光度法、150℃ 或 160℃ $K_2S_2O_8$ 消解-流动注射-磷钼蓝光度法、95℃ 光催化紫外线照射电分解-磷钼蓝光度法、160℃ $K_2S_2O_8$ 消解-磷钼黄库仑滴定法。

1. $K_2S_2O_8$ 消解-磷钼蓝光度法（120℃）

测定原理：取适量水样，加入 $K_2S_2O_8$ 溶液，在 120℃下加热氧化分解 30min，含磷化合物被分解成 PO_4^{3-}。被消解水样冷却至一定温度后，分取一部分试样，加钼酸铵溶液，再加入抗坏血酸还原生成磷钼蓝，然后在 880nm 波长处测量吸光度值，并计算水中的总磷浓度值。

2. $K_2S_2O_8$ 紫外消解-磷钼蓝光度法（95℃）

测定原理：水样中加入 $K_2S_2O_8$ 溶液和硫酸溶液，在 95℃下紫外线照射，含磷化合物被分解成 PO_4^{3-}。试样冷却后分取一部分，加入抗坏血酸和钼酸铵溶液，显色。然后在 880nm 波长处测量吸光度值，并计算水中的总磷浓度值，该方法的优点是在常压下氧化消解。

3. $K_2S_2O_8$ 消解-流动注射-磷钼蓝光度法（150℃ 或 160℃）

测定原理：流动注射法是将水样经过载液输送至检测器进行检测的方法，期间完成加热、添加试剂、分解含磷化合物、显色及定量等步骤。首先载液将水样导入并加入 $K_2S_2O_8$ 溶液，在 150℃ 或 160℃ 的加热环中被加热分解，水样中含磷化合物被消解成 PO_4^{3-}。试样冷却至一定温度后，加钼酸铵溶液和抗坏血酸溶液，显色反应生成磷钼蓝，然后在 880nm 波长处测量吸光度值，并计算水中的总磷浓度值，特点是测定时间大大缩短。

4. 光催化紫外线照射电分解-磷钼蓝光度法（95℃）

测定原理：取适量水样并加入硫酸，在 95℃ 温度和光催化作用下紫外线照射，同时进行电解，使水样中含磷化合物消解成 PO_4^{3-}。然后向该溶液中加入钼酸铵溶液和抗坏血酸溶液，产生显色反应后在 880nm 波长处测量吸光度值，并计算水中的总磷浓度值，特点是在常压下消解且不需 $K_2S_2O_8$ 试剂。

5. $K_2S_2O_8$ 消解-磷钼黄库仑滴定法（160℃）

测定原理：采用流动注射法，取一定量的水样，加入 $K_2S_2O_8$ 溶液，在消解环中于 160℃ 下加热氧化消解，使含磷化合物消解成 PO_4^{3-}。消解后的试样冷却后在载液的流动过程中加入钼酸铵溶液，生成磷钼黄，用库仑滴定将磷钼黄还原成磷钼蓝，求出还原电量可计算总磷浓度。

三、仪器结构

（一）总氮

1. 紫外检测法

（1）仪器构成　总氮自动监测仪主要构成部分有试剂贮藏部分、计量部分、分解部分、冷却反应部分、吸光度检测部分、控制部分、显示部分、信号输入输出部分和清洗部分等。

① 试剂贮藏部分：存放 $K_2S_2O_8$ 溶液、NaOH 溶液和 HCl 溶液等，一般可存放 2 周的使用量。

② 计量部分：准确计量水样、纯水（稀释水）和试剂。由水样计量部分、稀释水计量部分、$K_2S_2O_8$ 计量部分、NaOH 计量部分和 HCl 计量部分组成。

③ 分解部分：加入氧化剂后加热分解，加热部分主要由温度计、加热器及耐热耐压容器组成。

④ 冷却反应部分：由冷却器、温度计、搅拌器和冷却反应容器组成。分取一定量已冷却适当温度的试样，用 HCl 调节 pH2～3。

⑤ 吸光度检测部分：由光源、吸收池、滤光片（220nm）和检测器组成。

⑥ 控制部分：各部分的控制、传感器的信号处理及测定值计算等。

⑦ 显示、信号输入输出部分：显示控制步骤、控制信号及测定值等。控制信号的输入、数据信号及警报信号的输出等。

⑧ 清洗部分：由清洗水槽、清洗泵构成。清洗各容器、计量管和管路等。

（2）主要性能指标　主要指标包括测定范围、重现性、线性、零点漂移等。

① 测定范围：0～2(5、10、200)mg(N)/L。

② 重现性：±3%FS。

③ 线性：±3%FS。

④ 零点漂移：±3%FS/d。

⑤ 量程漂移：±3%FS。

⑥ 测定周期：4min、15min、30min、60min。

⑦ 输出信号：4～20mA。

2. 热分解化学发光法

（1）仪器构成　总氮自动监测仪主要构成部分有水样计量及导入部分、热分解炉、除湿部分、臭氧发生器、化学发光检测器、排气处理部分、控制部分、显示部分、信号输入输出部分等。

① 水样计量及导入部分：取一定量水样导入热分解炉，有时需增加稀释装置。

② 热分解炉：炉内填有热分解催化剂，同时产生高温达 700～850℃。导入的水样中含氮化合物被氧化分解成 NO，通过载气被送进除湿部分。

③ 除湿部分：除湿部分采用低温除湿，一般采用电子制冷除去载气中水分。

④ 臭氧发生器：产生臭氧，用于化学发光测量。

⑤ 化学发光检测器：干燥后的载气和臭氧在此被同时导入，载气中的 NO 和臭氧反应生成不稳定的激发态 NO_2，转变成稳定的 NO_2 时发光，通过检测器检测。化学发光强度与载气中 NO 浓度有关，浓度越大，信号强度越大。

⑥ 排气处理部分：化学发光检测器排出的气体有臭氧等有害气体，需处理后排放。

⑦ 显示、信号输入输出部分：显示控制步骤、控制信号及测定值等。控制信号的输入、数据信号及警报信号的输出等。

（2）主要性能指标　主要指标包括测定范围、重现性、线性和零点漂移等。

① 测定范围：0～1（2、5、10、4000）mg(N)/L。

② 重现性：±3%FS。

③ 线性：±3%FS。

④ 零点漂移：±3%FS/d。

⑤ 量程漂移：±3%FS。

⑥ 测定周期：5min。

⑦ 输出信号：4～20mA。

（二）总磷

1. 紫外吸收法

（1）仪器构成　总磷自动监测仪主要构成部分有试剂贮藏部分、计量部分、分解部分、冷却反应部分、吸光度检测部分、控制部分、显示部分、信号输入输出部分和清洗部分等。

① 试剂贮藏部分：存放硫酸溶液、钼酸铵溶液和抗坏血酸溶液（抗坏血酸宜在 4℃ 保存）等，一般可存放 2 周的使用量。

② 计量部分：准确计量水样、纯水（稀释水）和试剂。由水样计量部分、稀释水计量部分、硫酸溶液计量部分、钼酸铵计量部分和抗坏血酸溶液计量部分组成。

③ 分解部分：加热氧化分解水样中的含磷化合物。

④ 冷却反应部分：冷却已消解的试样，添加钼酸铵溶液和抗坏血酸溶液显色。

⑤ 吸光度检测部分：由光源、吸收池、滤光片（880nm）和检测器组成。在 880nm 波长处测量吸光度值。

⑥ 控制部分：各部分的控制、传感器的信号处理及测定值的计算等。

⑦ 显示、信号输入输出部分：显示控制步骤、控制信号及测定值等。控制信号的输入、数据信号及警报信号的输出等。

⑧ 清洗部分：由清洗水槽、清洗泵、减压阀和清洗阀构成。清洗各容器、计量管和管路等。

（2）主要性能指标　主要指标包括测定范围、重现性、线性和零点漂移等。

① 测定范围：0～0.5（5、10、200）mg(P)/L。

② 重现性：±3%FS。

③ 线性：±3%FS。

④ 零点漂移：±3%FS/d。

⑤ 量程漂移：±3%FS。

⑥ 测定周期：15min、30min、40min、60min。

⑦ 输出信号：4～20mA。

2. 电位滴定法

（1）仪器构成　总磷自动监测仪主要构成部分有试剂贮藏部分、试剂输送部分、加热消解部分、电量测量部分、控制部分、显示部分、信号输入输出部分和清洗部分等。

① 试剂贮藏部分：存放载液、$K_2S_2O_8$ 溶液、钼酸铵-硫酸溶液等，一般可存放 2 周的使用量。

② 试剂输送部分：按一定的流量输送试剂。由水样、$K_2S_2O_8$ 溶液、载液及钼酸铵-硫酸溶液输送泵组成。

③ 加热消解部分：加热部分主要由密闭阀、温度计、加热器和加热环组成。可在高温（160℃）下氧化消解含磷化合物。

④ 电量测量部分：载液将消解后的试样送入后，与钼酸铵溶液发生显色反应，再加上电压，计算还原所需要的电量。由工作电极、参比电极和指示电极组成。

⑤ 控制部分：各部分的控制和测定值的计算等。

⑥ 显示、信号输入输出部分：显示控制步骤、控制信号及测定值等。控制信号的输入、数据信号及警报信号的输出等。

（2）主要性能指标　主要指标包括测定范围、重现性、线性和零点漂移等。

① 测定范围：0～0.2 (5、10)mg(P)/L。

② 重现性：±5%FS。

③ 线性：±5%FS。

④ 零点漂移：±5%FS/d。

⑤ 量程漂移：±5%FS。

⑥ 测定周期：40min。

⑦ 输出信号：4～20 mA。

思考题

1. 总氮自动监测仪的测定原理是什么？

2. 总磷自动监测仪的测定方法有哪些？

第七节　电导率计

一、概述

水的电导率是衡量水质的一个常用指标，即使是纯水也存在 H^+ 和 OH^- 两种离子。25℃时，高纯水的理论电导率约 $0.0547\mu S/cm$，蒸馏水的电导率约为 $10\mu S/cm$。当水中含有电解质时，由于离子的导电作用，电导率会显著增长。浓度较低的电解质，增加浓度不会影响离解度，电导率和电解质浓度呈线性关系。当电解质浓度过高，由于离解度变化，电解质浓度增加，电导率达到最大值后减小。溶液的电导率还与离子种类有关，同浓度的电解质，电导率也不一样，通常是强酸的电导率最大，强碱和其与强酸生成的盐类次之，而弱酸和弱碱的电导率最小。因此，通过对水的电导率测定，可初步了解水质概况。

目前，电导率计的原理主要有电极法和电磁感应法。电极法适用于电导低的场合，一般水溶液均可使用，电磁感应法则在相对电导率高的场合下使用。

二、测定方法原理及结构

(一) 电极法

电极法是将电极浸泡在溶液中，测定溶液电阻，再求出电导率，比如考劳希电桥测定法。但是，工业应用须能实现长时间的连续测定。所以，须避免由于电极部分的极化作用引起的误差和实现自动补偿测定液温度变化引起的电导率变化，可采用两电极、三电极和四电极或改变电路，采用交流电桥方式和交流电压电流方式。电极数与电路密切相关，电桥电路应用两电极或三电极，电压电流方式用两电极或四电极。采用自动平衡测定电路的电桥方式，由于不受电源电压变动影响，且易于温度补偿，较为常用。近年来，随着电子产品开发，出现了稳压器件和运算放大器，应用广泛，交流电压电流法日渐取代电桥法。

电源采用交流电，可避免电极的极化容量和极化电阻影响，频率多为数百至数千赫兹。还有根据测定电导率的范围可以立即改变电源频率的仪器类型，电极数通常为两个，为了减小在高电导率下（5000～50000μS/cm）测定极化的影响，可采用四电极方式。温度补偿法是用热敏电阻装入电极中，检测液体的温度，作为测定值的补偿。一般补偿值都换算为25℃的电导率，再根据其值进行调整。

工业用测定管的结构有插入式和流通式两种，如图 6-23 所示。

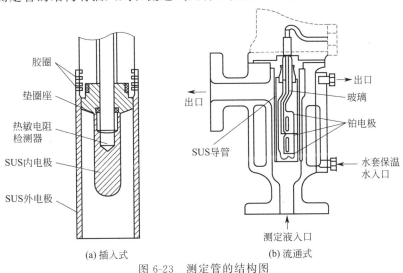

图 6-23　测定管的结构图

不管何种结构，都要充分考虑机械强度，管体主要由不锈钢及树脂材质构成，电极用不锈钢或铂制作。为使电极部分在长期连续测定中尺寸不变，多采用圆柱形筒体外壳。

(二) 电磁感应法

采用电磁感应法为原理的电导率计为电磁浓度计，测定溶液中由电磁感应产生的交流电，可求出溶液电导率。仪器结构与原理如图 6-24 所示。

检测部分的结构如图 6-24(a) 所示，两个变压器用绝缘物质浇铸或覆涂重叠组装，并浸

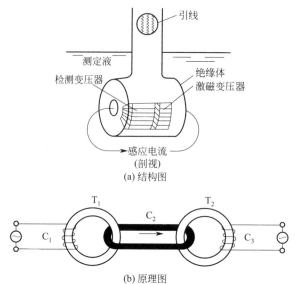

图 6-24 电磁浓度计的结构与原理图

入测定液体，原理如图 6-24(b) 所示。当 T_1、T_2 两个圆环线圈放入测定液时，溶液等效地形成与 T_1、T_2 相交链的一连串回路。一次线圈 C_1 接通交流电，C_2 产生比例于溶液电导率的电流 i，若把 C_2 看成变压器 T_2 的一次线圈，则在 T_2 的二次线圈 C_3 中，也产生比例于 C_2 电流的电动势 e，对应溶液中的电导率值。因此，测定 e 值，就能求出溶液的电导率。

特点是没有电极类的金属部件与溶液接触，耐腐蚀性好，也没有极化现象，可测定高电导率溶液。因此，对盐酸、苏打均适用。但不适合低浓度水溶液的测定，仪器最低测定范围为 $0\sim5000\mu S/cm$。

思考题

1. 电导率计的原理有哪些？
2. 电极法电导率计适用于哪些场合？

第八节　TOC 监测仪表

一、概述

TOC（Total Organic Carbon）定义为"以碳的含量表示水中有机物的含量，结果以碳的质量浓度（mg/L）表示"，是水质有机物污染程度的指标之一。TOC 监测仪可测定水中有机碳的含量，短时间内得到监测结果（通常测定周期为 $4\sim5min$，或连续测定），测定结果可自动记录或将分析信号输出，输往其他工业仪表，TOC 与 BOD、COD 密切相关。

TOC 可用于河流、湖泊、海域和工厂排水水质的日常监测，也可用于排水处理设备运行管理，对排水处理结果和排水处理设备进行评价，在分析室中对水质进行检查分析，对各种工业用水的有机物含量进行管理。

二、测定原理

水样中的有机物与有一定氧气浓度的载气在高温、有催化剂时燃烧生成 CO_2，用非分散型红外线分析仪监测燃烧气体中的二氧化碳（CO_2）浓度，求出水样中有机碳浓度。有机物燃烧的化学反应式如式（6-9）所示：

$$C_a H_b N_c O_d P_e \xrightarrow{nO_2} a CO_2 + \frac{b}{2} H_2O + c NO + \frac{e}{2} P_2O_5 \qquad (6-9)$$

监测水样中溶解的碳酸盐、碳酸氢盐等无机碳化物（IC），燃烧时发生分解反应，生成二氧化碳方程式如式(6-10)和式(6-11)所示：

$$碳酸盐的热分解：MeCO_3 \longrightarrow MeO + CO_2 \qquad (6-10)$$

$$碳酸氢盐的热分解：2MeHCO_3 \longrightarrow Me_2O + 2CO_2 + H_2O(Me 代表金属原子) \qquad (6-11)$$

无机碳化物对 TOC 的测定具有影响，所以应考虑排除碳酸盐、碳酸氢盐影响。

三、仪器结构

根据试样的预处理方法（无机碳化处理），TOC 监测仪可分为单槽路系统和双槽路系统。

（一）单槽路系统

监测仪方框图如图 6-25 所示。

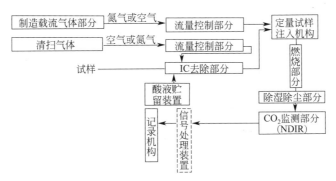

图 6-25　单槽路 TOC 监测仪方框图

连续监测的 TOC 监测仪几乎都采用单槽路系统，各组件如下：

① 气体纯化部分：清除载气和清扫气体中杂质。

② 流量控制部分：根据规定的压力和流量控制载气和清洗气体。

③ 试样定量注入部分：定量采取已去除无机碳化物后的试样，并滴入燃烧部分。

④ 燃烧部分：将有机碳化合物氧化为 CO_2。由电炉、温度调节器以及设置在炉内的催化剂充填管等组成。

⑤ 除湿除尘部分：去除燃烧气体中的水分及粉尘。

⑥ CO_2 检测部分（NDIR）：检测燃烧气体中的 CO_2 浓度。

⑦ 信号处理部分：使 NDIR 的输出电信号与 TOC 浓度保持线性关系，可附加测定量程转换组件。

⑧ IC 去除部分：试样中加入盐酸或硝酸，调 pH2～3，再导入清洗气体，除去 IC。

⑨ 酸溶液贮存部分：为去除 IC，要贮存 1～5 倍于试样量的盐酸或硝酸。

（二）双槽路系统

装置构成部件如图 6-26 所示。

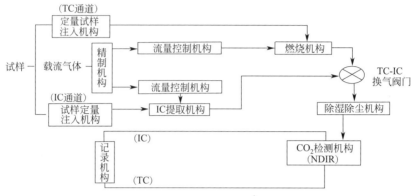

图 6-26　双槽路 TOC 监测仪方框图

双槽路系统 TOC 监测仪主要供实验室使用，各组成部分如下：

① 载气纯化部分：去除载气中的杂质。

② 流量控制部分：根据规定的压力与流量控制载气。

③ 试样定量注入部分：将一定量的试样分别注入燃烧部分和 IC（无机碳化物）去除部分。通常用手动微型注射器注射。

④ 燃烧部分：燃烧滴入的监测水试样，由高温电炉（900～1000℃）、温度调节器及设置于炉内的催化剂充填管等组成。催化剂有铂、氧化铝或氧化钴等。

⑤ IC 提取部分：将充填有浸泡 85％磷酸的石英碎屑反应管加热到 150℃，注入监测水样，在低温下反应提取 IC。

⑥ 除湿除尘部分：去除燃烧生成的气体及 IC 气体中的水分和粉尘等。

⑦ CO_2 检测部分（NDIR）：测定燃烧产生的气体及提取的 IC 气体中的 CO_2 浓度。

⑧ 记录仪：记录 IC 或 TC 的值，从而求得 TOC，TOC＝TC－IC。

思考题

1. TOC 监测仪表的测定原理是什么？

2. TOC 监测仪表可应用于哪些水样的监测？

第九节　TOD 监测仪

TOD（Total Oxygen Demand）即总需氧量。ASTM（美国材料与试验学会）等研究机构将其定义为"使化合物中的元素转变为其最稳定的氧化物时所必需的氧气量"，是水质有机物污染程度的指标之一。TOD 是氧气消耗量的综合指标，TOD 监测仪测定用时较短（通常 3～4min），可自动记录测定值或将测定值的信号输送给工业仪表，测定结果与 BOD、

COD 相关。

TOD 监测仪应用于河流、湖泊、海域、工厂废水等水质的日常监测，还可进行废水处理设备的运行管理，并对废水处理实验与废水处理装置进行评价，也广泛应用于水质分析室。TOD 监测仪的使用可扫描二维码查看。

第九节　TOD 监测仪

第十节　油分、油膜监测仪

油分、油膜监测仪是水质监测领域中重要的分析仪器之一，广泛应用于废油处理设施的排水、原油贮藏罐的清洗排水、油轮压舱水、汽车和发动机试验台排水、炼油厂和重型机械厂排水以及生活污水中的油分测定。油分、油膜监测仪的应用可扫描二维码查看。

第十节　油分、油膜监测仪

第十一节　有害重金属监测仪

环境标准中，危害人们健康的有害重金属有镉、铅、六价铬、砷、总汞、烷基汞等。废水排放标准中，除上述 6 种外，还有铜、锌、可溶性铁、可溶性锰、总铬等共 11 种。近年来，认为硒、锑、钒、锡、镍、钴、铋等也对人类健康有影响。环境标准和废水排放标准中所规定的有害重金属测定仪器有火焰原子吸收分光光度仪及紫外线分光光度仪。有害重金属的自动监测仪在废水管理上的需求很大，但由于预处理复杂，其他成分干扰等技术难题，目前还未得到广泛应用。今后有害重金属分析主要是水质分析和多成分的超微量分析。目前应用最多的是火焰原子吸收分光光度仪，自动监测仪主要是微量汞自动监测仪和六价铬自动监测仪，多成分超微量分析主要应用高频等离子发光分析装置。详细内容可扫描二维码查看。

第十一节　有害重金属监测仪

第七章

大气环境常用监测仪表与设备

第一节 大气基本指标监测仪表

一、概述

大气基本监测指标包括气温、相对湿度、风速、风向。污染物在大气中的扩散、迁移和一系列的物理、化学变化在很大程度上取决于当时当地的气象因素，例如气温和风速会影响大气稳定度，从而影响污染物在大气中的扩散；当无降雨空气相对湿度在 $60\%\sim80\%$ 时，颗粒物的二次生成作用较强，$PM_{2.5}$ 的浓度同相对湿度呈正比关系。当空气湿度大于 80%，容易形成降雨，对空气中的颗粒物有冲刷作用，颗粒物的浓度同空气相对湿度呈反比关系。因此在环境监测过程中，收集当地的大气基本监测指标具有十分重要的意义。

二、气温监测

环境空气基本指标监测系统中，大多采用热敏电阻气温监测仪对环境温度进行监测。

工作原理：当环境温度每变化 $1℃$，热敏电阻的阻值将产生相对大的变化，若将随温度变化的阻值通过电子电路转换成电压变化信号，同时通过电路对电压信号放大，并通过相应的电路措施消除热敏电阻产生的电噪声干扰和非线性影响，可得到精密的随环境温度变化的模拟电压输出。对输出的模拟电压进行采集，并经过数据处理可得环境温度的监测结果。

三、相对湿度监测

环境空气基本指标监测系统中，相对湿度常用的测定仪器有湿敏电阻湿度监测仪、薄膜湿敏电容监测仪。

（一）湿敏电阻湿度监测仪

湿敏电阻的工作原理与上述热敏电阻大致相同，主要将随湿度变化的传感器阻值转换成变化的模拟电压输出，但为消除环境温度对湿敏电阻的检测影响，需通过热敏电阻的检测结果对湿度检测结果进行温度补偿，通常将温度和湿度传感器制作为一个探头，温度和湿度检测电路并放，以便简化电路和相互配合。

（二）薄膜湿敏电容监测仪

薄膜湿敏电容是一种特制电容器，由一个 $1\mu m$ 厚的特制聚合物夹层和薄金属电极组成。当特制聚合物夹层吸收环境空气中的水分子时，在电容两端电极上的电容值将随相对湿度成比例变化,将变化的电容值通过电子电路转换成电压变化信号,同时通过电路对电压信号放大,可得到精密的随环境湿度变化的模拟电压输出。对输出的模拟电压进行采集,并经过数据处理可得到环境中相对湿度的连续监测结果。薄膜湿敏电容对湿度反应非常灵敏,响应滞后时间很短,并且对环境温度的影响可忽略不计。特制聚合物夹层有较高的抗化学性,传感器校准时,浸入水中不受液体影响。

四、风速监测

环境空气基本指标监测系统中,风速监测主要有两种仪器:一种是交流发电传感监测仪;另一种是光电传感监测仪。

(一)交流发电传感监测仪

工作原理:3个碗形风杯镶在等长的金属架上,金属架的中心与交流发电机的转子长轴连接。有风时,风杯凹凸面受到风的压力,推动风杯做水平方向的绕轴旋转,风速不同风杯上受到的压力也不同,风杯转动的快慢直接受风速影响。风杯转动时,连接风杯的交流发电机带动转子磁钢,在发电机的定子线圈中转动,定子线圈上产生交流电势,电势大小与风杯转速相关,与风速成正比。将随风速变化的交流电势转换成电压变化信号,可得到精密的随环境风速变化的模拟电压输出。对输出的模拟电压进行采集,并经过数据处理可得到环境风速的连续监测结果。

(二)光电传感监测仪

光电传感器的结构如图 7-1 所示。

连接 3 个碗形风杯的长轴与切光盘相接,当风杯凹凸面受力,推动风杯做水平方向的绕轴旋转,发光二极管发出的光束被切光盘切割,当切光盘中的透光狭缝转到 U 形光电对管中间的位置,光敏二极管接收到发出的光束,产生较大幅度的脉冲电压;当切光盘中的透光狭缝通过 U 形光电对管,切光盘不透光面转到 U 形光电对管中间位置,光敏二极管接收不到发出的光束,没有脉冲电压产生。由于切光盘的连续转动,光敏二极管产生连续的脉冲波,脉冲频率与风杯转速相关,与风速成正比。将随风速变化的脉冲频率信号转化成电压变化信号,可得到精密的随环境风速变化的模拟电压输出。对输出的模拟电压进行采集,并经过数据处理可得到环境风速的连续监测结果。

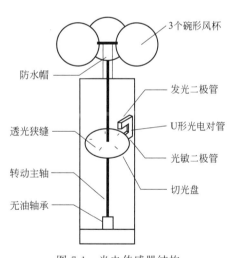

图 7-1 光电传感器结构

五、风向监测

在环境空气基本指标监测系统中,常用的风向仪有接点开关监测仪和多圈电位器调压监测仪,结构如图 7-2 所示。

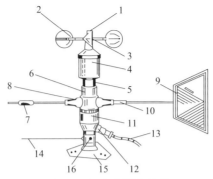

图 7-2 风向监测仪结构

1—风杯压帽；2—风杯；3—风杯固定螺钉；4—风速表；5—风速表固定螺钉；6—风标座；
7—平衡棒；8—平衡杆固定螺钉；9—风向标；10—风向标固定螺钉；11—风向接触器；
12—防水插头座；13—电缆；14—指北杆；15—固定底座；16—指北杆固定螺钉

（一）接点开关监测仪

工作原理：8 个长程接点开关的导电环，按 8 个均匀分布的风向安装在圆盘上。连接风向标的长轴与开关接触簧片相接，当风向标受力，推动风向标做水平方向的绕轴移动，按风向标移动所指的风向位置，接通对应该风向的长程开关。按风向接通不同位置的开关，通过识别不同位置开关的闭合并经数据处理可得到环境风向的连续监测结果。

由于接点开关检测方式存在检测精度低、机械结构复杂及维修不方便等原因，现在较多采用线扰旋转电位器调压监测方式。

（二）多圈电位器调压监测仪

工作原理：特制金属丝缠绕的旋转电位器两端加上固定电压（移动端可 360°旋转），将风向标的长轴与电位器的移动端相接。当风向标受力，推动风向标做水平方向的绕轴移动，风向标所指风向位置不同，电位器移动端所处位置也随风向标移动而改变，移动端对地电压输出改变，输出电压与风向成正比。采集随风向变化的移动端对地输出电压，并经数据处理可得到环境风向的连续监测结果。

思考题

1. 大气基本监测指标有哪些？
2. 常用的风向仪有哪些？

第二节 二氧化硫（SO_2）监测仪表

一、概述

大气环境中 SO_2 是最常见的污染物，是形成酸雨的主因之一，目前已成为全球面临的主要环境问题之一，受到人们的普遍关注。大气中可能形成的含硫化合物有 SO_2、SO_3、H_2S、$(CH_3)_2S$［二甲基硫（DMS）］、$(CH_3)_2S_2$［二甲基二硫（DMDS）］、羰基硫（COS）、CS_2、CH_3SH、硫酸盐和硫酸，主要来自煤和矿物油的燃烧等，对人体健康、植被生态和能见度等都有非常重要的直接和间接影响。因此，对 SO_2 污染物的浓度监测是环境监测中一项重要工作。

测定空气中 SO_2 常用的监测仪表有紫外荧光 SO_2 监测仪、库仑滴定法 SO_2 监测仪、电导式 SO_2 监测仪等。本章节介绍在实际应用中更为广泛的紫外荧光 SO_2 监测仪和库仑滴定法 SO_2 监测仪。

二、测定方法与原理

（一）紫外荧光 SO_2 监测仪

1. 测定原理

SO_2 在 $190\sim230nm$ 的紫外光照射下，产生激发态的 SO_2^*，而其他气体组分和单原子分子基本不变化。当激发态的 SO_2^* 返回基态时释放能量，发射的荧光强度与其自身浓度成正比。利用光电倍增管接收荧光，转换为 SO_2 浓度。

空气中 SO_2 分子与紫外光作用所发生的荧光反应如式(7-1)～式(7-5)所示：

$$紫外激发：SO_2 + h\nu_1 \xrightarrow{I_a} SO_2^* \tag{7-1}$$

$$发射荧光：SO_2^* \xrightarrow{K_f} SO_2 + h\nu_2 \tag{7-2}$$

$$碰撞猝灭：SO_2^* + M \xrightarrow{K_q[M]} SO_2 + M \tag{7-3}$$

$$分解猝灭：SO_2^* \xrightarrow{K_d} SO + O \tag{7-4}$$

$$自猝灭：SO_2^* \xrightarrow{K_q[SO_2]} SO_2 \tag{7-5}$$

式中　　h——普朗克常数；

ν_1——激发光的频率；

ν_2——发射光子的频率；

I_a——紫外光的吸收强度；

K_f——荧光速率常数；

$K_q[M]$——碰撞中间体 M 的离解速率常数；

$K_q[SO_2]$——SO_2 的离解速率常数；

K_d——解离速率常数。

空气中的 SO_2 分子对波长 $190\sim230nm$ 的紫外线吸收最强，同时空气中的 N_2、O_2 及其他污染物引起的猝灭现象很小，可进行式(7-1)、式(7-2)的荧光反应，减少式(7-3)～式(7-5)的猝灭反应，适于荧光分析。

SO_2 分子的荧光反应遵守朗伯-比尔定律：

$$I_a = I_0(1 - e^{-\varepsilon L[SO_2]}) \tag{7-6}$$

SO_2^* 分子返回基态所发射的荧光强度 F 与紫外光的吸收强度 I_a 的关系为

$$F = \frac{GK_f I_0\{1 - e^{1-\varepsilon L[SO_2]}\}}{K_f + K_q[M] + K_d + K_q[SO_2]} \tag{7-7}$$

当浓度较低时，即 $\varepsilon L \leqslant 0.05$，式（7-7）可简化为

$$F = \frac{GK_f I_0 \varepsilon L [SO_2]}{K_f + K_q [M] + K_d + K_q [SO_2]} \qquad (7\text{-}8)$$

G 为荧光室的几何荧光系数；Φ 为荧光效率

$$\Phi = \frac{K_f}{K_f + K_q [M] + K_d + K_q [SO_2]} \qquad (7\text{-}9)$$

则 $F = G\Phi I_0 \varepsilon L [SO_2]$

$$F = K [SO_2] \qquad (7\text{-}10)$$

式中　I_0——入射荧光强度；

　　　ε——荧光物质的吸光系数；

　　　L——光程；

　$[SO_2]$——SO_2 的体积分数；

　　　F——SO_2^* 分子返回基态所发射的荧光强度；

　　　K——平衡常数；

　　　K_f——发射荧光的速率常数；

　　　K_d——分解猝灭常数。

根据式(7-10) 测出荧光强度即可求出 SO_2 浓度。

2. 测定方法

（1）启动前准备　电源开关置于"关"，选择合适量程挡，进样三通阀置于"调零"位置。

（2）启动和调零　接通电源，启动外部泵，调节流量；仪器预热至少 30min，进行零点调节，使仪表指示值归零。

（3）校准　将三通阀置于"标度"位置，通入二氧化硫标准气体；调节电位器，使仪表指示值为标准气体的浓度。

（4）测定　将进样三通阀调节至"测量"位置，抽气进样，进行测量，同时记录大气压力和温度。

（5）结果计算　从记录器上读取任一时间的二氧化硫浓度，将记录纸上的二氧化硫浓度和时间曲线进行积分计算，可得二氧化硫的小时平均浓度和日均浓度。

（二）库仑滴定法 SO_2 监测仪

1. 测定原理

库仑法是根据电解氧化或还原时所需电量来确定物质量的方法，库仑法做定量分析的必要条件是电解电流效率为 100%，电极上只发生相应的电解氧化还原反应，不发生副反应。

库仑滴定仪的核心部分为库仑池。库仑池有三个电极：铂丝阳极、铂网阴极和活性炭参比电极。库仑池由恒流电源供电，电流从阳极流入，从阴极和参比电极流出。参比电极接有电表，用以指示二氧化硫含量，电解液为碱性碘化钾，滴定试剂为电流产生的碘分子。

参比电极提供较为恒定的电位，通过负载电阻和阴极连接，所以阴极电位为参比电极电位和负载电阻电压降之和，约 $200 \sim 350 \text{mV}$。在该电位差下，阳极只能氧化溶液中的碘离子，生成碘分子；阴极只能还原碘分子，生成碘离子。若进入库仑池的气样不含有 SO_2，阳极氧化的碘和阴极还原的碘相等，电流也相等，参比电极没有电流输出。若气样中含有 SO_2，则 SO_2 同碘分子反应，反应如式(7-11) 所示：

$$SO_2 + I_2 + 2H_2O \longrightarrow SO_4^{2-} + 2I^- + 4H^+ \tag{7-11}$$

每个 SO_2 分子消耗一个碘分子，少一个碘分子使阴极少失两个电子，两个电子在参比电极上由炭的还原作用给出 {C（氧化态）$+ne \longrightarrow$ C（还原态）}，维持电极间氧化还原的平衡。根据法拉第电解定律，参比电极电流和二氧化硫关系为：

$$P = \frac{IM}{96493n} \tag{7-12}$$

式中　I——滴定电流；

　　M——SO_2 分子量；

　　n——每个 SO_2 分子参加转换的电子数。

2. 测定方法

（1）启动前准备　加入电解液，更换各种过滤剂和干燥剂，检查仪器电路系统是否正常，气路系统是否漏气。

（2）启动和调零　进样三通阀处在"调零"位置，选择量程。接通电源，调节流量计，待稳定 2h 后，调节"调零电位器"，使仪表指示值归零。选择合适的挡位，进样三通阀旋至"调零"，调节"调零电位器"使仪表指示值归零，每 24h 调零一次，每次 30min。

（3）量程校准　调节渗透管发生装置，使二氧化硫浓度大约是量程的 80%。以 0.25L/min 的流量采集二氧化硫标准气体，直到仪器读数稳定，记录二氧化硫响应值。在二氧化硫分析仪满量程范围内，至少对 5 个二氧化硫浓度点进行校准。

（4）测定　进行预热和稳定，连接气体采样管线进行现场测定。空气样品按照一定的流量，通过聚四氟乙烯管线，抽入仪器，连续测定，读出二氧化硫浓度值，同时记录现场气温和大气压力。

（5）结果计算　在记录器上读取任一时间的二氧化硫浓度，将记录纸上的浓度和时间曲线进行积分计算，可得到二氧化硫的小时平均浓度和日均浓度。

三、仪器结构

（一）紫外荧光法 SO_2 监测仪

紫外荧光法二氧化硫监测仪的结构可分为两部分，结构如图 7-3 所示。

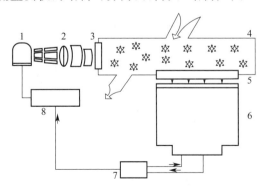

图 7-3　紫外荧光法 SO_2 监测仪结构

1—紫外光源；2—透镜；3—激发光滤光片；4—反应室；5—荧光滤光片；

6—光电倍增管；7—控制电路；8—紫外灯脉冲电源

（1）分析器部分 紫外光源发射的紫外光经激发光滤光片（光谱中心220nm）进入反应室，SO_2分子产生荧光反应，发射的荧光经荧光滤光片（光谱中心330nm）投射到光电倍增管，经信号处理，仪器显示浓度读数。

（2）气路部分 空气样品经除尘过滤器后通过样品阀进入仪器，首先进入渗透除水器内管，干燥后样品再经芳烃切割器，除去烃类进入荧光反应室，反应后的干燥气体经渗透除水器的外管，由泵排出仪器，当仪器进行校准时，零气及标气经零/标阀、样品阀进入仪器。

（二）库仑滴定法 SO_2 监测仪

库仑法二氧化硫监测仪由库仑池、选择性过滤器、活性炭过滤器、进样三通阀、流量计、稳流器、加热器、流量调节阀、薄膜抽气泵和电气线路组成。

思考题

1. 简述紫外荧光SO_2监测仪的测定原理与仪器组成。
2. 简述库仑滴定法SO_2监测仪的测定原理与仪器组成。

第三节 氮氧化物（NO_x）监测仪

一、概述

空气中的氮氧化物以一氧化氮（NO）、二氧化氮（NO_2）、三氧化二氮（N_2O_3）、四氧化二氮（N_2O_4）、五氧化二氮（N_2O_5）等多种形态存在，其中NO_2和NO是主要存在形态，称为氮氧化物（NO_x），主要来源于化石燃料高温燃烧和硝酸、化肥等生产排放的废气和汽车尾气。

NO为无色、无臭微溶于水的气体，在空气中易被氧化成NO_2。NO_2为棕红色具有强刺激性臭味的气体，毒性比NO高4倍，是引起支气管炎、肺损害等疾病的有害物质。目前NO_2为我国环境空气质量标准中的基本监测项目之一，NO_x为其他监测项目之一。

测定空气中NO_x常用的监测仪表有化学发光式氮氧化物监测仪。

二、测定方法与原理

1. 测定原理

化学发光法NO_x监测仪是基于NO和O_3的化学发光反应产生激发态的NO_2^*分子，当激发态的NO_2^*分子返回基态时发射特征光，发光强度与NO的浓度呈线性关系，从而测出NO的浓度。NO和O_3的反应如式(7-13)～式（7-16）所示：

$$激发反应：NO+O_3 \longrightarrow NO_2^* +O_2 \tag{7-13}$$

$$化学反应：NO+O_3 \longrightarrow NO_2 +O_2 \tag{7-14}$$

$$发光反应：NO_2^* \longrightarrow NO_2 +h\nu \tag{7-15}$$

$$猝灭反应：NO_2^* +M \longrightarrow NO_2 +M \tag{7-16}$$

式(7-13) 中激发态的 NO_2^*，在室温下约占 8%，式 (7-16) 的碰撞猝灭反应随系统压力而变，减压状态下可减少分子碰撞概率，式(7-16) 中 M 为碰撞中间体，上述的式(7-13)、式(7-15) 两式为测定 NO 时所利用的反应。

NO 和 O_3 化学发光反应的发光强度可表示为式(7-17)：

$$I = e^{-(K/T)} \frac{[NO][O_3]}{[M]} \tag{7-17}$$

式中　I——化学发光反应的发光强度；

　　　K——平衡常数；

　　　T——温度；

　　$[NO]$——NO 的体积分数；

　　$[O_3]$——O_3 的体积分数；

　　$[M]$——碰撞中间体的体积分数。

若 $[O_3]$ 过量，$[M]$ 为定值，则发光强度 I 与 $[NO]$ 成正比，由光强度可求出 NO 浓度。

氮氧化物 NO_x，通常包括 NO 和 NO_2，如式(7-18) 所示：

$$NO_x \longrightarrow NO + NO_2 \tag{7-18}$$

氮氧化物的发光反应是指其中的 NO 和 O_3 反应。测定 NO_2，需将 NO_2 定量转换成 NO，再利用 NO 和 O_3 的化学发光反应进行测定。目前较多采用钼催化还原反应，如式(7-19) 所示：

$$3NO_2 + Mo \xrightarrow{375℃} 3NO + MoO_3 \tag{7-19}$$

反应转换效率$>96\%$，钼催化剂经再生可反复利用，再生反应如式(7-20) 所示：

$$3H_2 + MoO_3 \longrightarrow Mo + 3H_2O \tag{7-20}$$

2. 测定方法

（1）启动前准备　打开主电源开关，再打开 O_3 发生器电源开关，接通抽气泵，预热 2h 以上。

（2）调零和校准　待稳定后通入不含待测组分的零气，调节零点电位器使读数指零，然后通入浓度为所选量程档满量程 90% 的 NO 标准气，调节跨度电位器使读数指在所通入的 NO 标准气浓度值。对 NO_2 的校准可采用气相滴定法进行。

（3）测定和读数　仪器校准完毕后，可连接气体采样管进行现场连续测定，测定结果由仪器直接显示。

三、仪器结构

化学发光法 NO_x 监测仪基本结构如图 7-4 所示。

干燥空气进入 O_3 发生器，空气中的 O_2 在高压（7000V）电弧放电作用下形

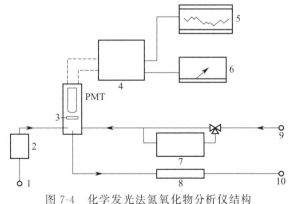

图 7-4　化学发光法氮氧化物分析仪结构

1—干燥空气；2—O_3 发生器；3—反应室；

4—电子线路；5—记录仪；6—指示表；7—转换器；

8—洗涤器；9—样品气；10—废气

成 O_3，恒定流量的 O_3 再进入反应室，同时将稳定流量的空气样品导入反应室。为使气体有效混合，反应室进气管设计成套管式，即样气走内管，O_3 走外管，到达反应室进口，样气被过量 O_3 包围，O_3 与样气中 NO 反应。发出的光由光电倍增管（PMT）检出，经放大由指标表或记录仪器显示 NO 读数。样气流路上设有切换阀，可将样气经转换器再进入反应室，NO_x（$NO+NO_2$）全部转换成 NO。因此，经转换器后实际测定为 NO_x，指标表显示 NO_x 读数。前后两次测定经减法运算器 $NO_x-NO=NO_2$ 计算，指标表显示 NO_2 读数，反应室中反应后的废气（含过量 O_3）经洗涤器除 O_3 后由抽气泵排出。

NO 和 O_3 化学发光反应的发光光谱起始于 600nm，延伸至近红外区，光谱中心在 1200nm，但光电倍增管通常对紫外区敏感，为降低倍增管的暗电流和噪声，提高信噪比，倍增管应在低温下工作，通常装有半导体制冷器。

思考题

1. NO_x 监测仪中 O_3 发生器的作用是什么？
2. 如何提高 NO_x 监测仪的信噪比？

第四节 一氧化碳（CO）监测仪

一、概述

一氧化碳（CO）是空气中主要污染物之一，主要来自石油、煤炭不充分燃烧、汽车尾气和一些自然灾害如火山爆发、森林火灾等。

CO 是一种无色、无味的有毒气体，燃烧时呈淡蓝色火焰。容易与人体血液中的血红蛋白结合形成碳氧血红蛋白，降低血液输送氧的能力，造成缺氧症。中毒较轻时，出现头痛、疲倦、恶心、头晕等感觉；中毒严重时，则发生心悸、昏睡、窒息甚至造成死亡。

测定空气中 CO 常用的监测仪表有非色散红外吸收 CO 监测仪。

二、测定方法与原理

1. 测定原理

基于 CO 对红外光具有选择性吸收（吸收峰在 $4.5\mu m$ 附近），一定浓度范围内，其吸光度与 CO 浓度之间的关系符合朗伯-比尔定律，可根据吸光度测定 CO 浓度。

由于 CO_2 吸收峰在 $4.3\mu m$ 附近，水蒸气吸收峰在 $3\mu m$ 和 $6\mu m$ 附近，且空气中 CO_2 和水蒸气的浓度大于 CO 浓度，故干扰 CO 测定。用窄带光学滤光片将红外辐射限制在 CO 吸收的窄带光范围内，可消除 CO_2 和水蒸气的干扰，还可通过除湿消除水蒸气影响。

2. 测定方法

（1）启动前准备 打开电源开关，预热，稳定后，检查仪器的光强、噪声、自动增益、吸收池的温度、压力、量程选择，响应时间选择等。

（2）调零和校准 一切正常后通入零气，调节零点电位器，使仪表指示值归零。通入浓度为所选量程挡 90% 的 CO 标准气，调节跨度电位器。

（3）测定和读数　校准结束后连接气体采样管路进行现场连续测定，测定结果仪器直接显示。

三、仪器结构

非色散红外吸收 CO 自动监测仪基本结构如图 7-5 所示。

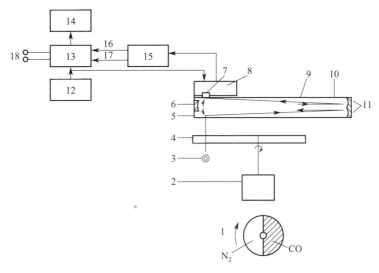

图 7-5　非色散红外吸收 CO 自动监测仪结构

1—相关轮顶视图；2—电机；3—红外光源；4—气体过滤相关轮及斩光器；5—样品入口；6—反射镜；

7—红外监测仪；8—前置放大器；9—多次反射光台及样品台；10—样品出口；

11—反射镜；12—电源；13—微计算机；14—数字显示；15—模拟信号处理调制；

16—样品信号；17—参考信号；18—模拟输出

红外线光源经平面反射镜发射出能量相等的两束平行光，被同步电机带动的切光片交替切断。参比光束通过滤波室（内充 CO_2 和水蒸气，用以消除干扰光）、参比室（内充不吸收红外线的气体，如氮气）射入检测室，其 CO 特征吸收波长光强不变。测量光束通过滤波室、测量室射入检测室。由于测量室内有气样通过，气样中的 CO 吸收特征红外线，使射入检测室的光束强度减弱，且 CO 含量越高，光强减弱越多。

检测室用金属薄膜（厚 $5\sim10\mu m$）分隔为上、下两室，均充等浓度 CO 气体，在金属薄膜一侧固定一圆形金属片，距薄膜 $0.05\sim0.08mm$，二者组成一个电容器，并在两极间加有稳定的直流电压，称为电容检测器或薄膜微音器。由于射入检测室的参比光束强度大于测量光束，使两室中的气体温度产生差异，导致下室中的气体膨胀压力大于上室，使金属薄膜偏向固定金属片一方，从而改变电容器两极间距离，也改变了电容量，由其变化值可得气样中 CO 浓度。采用电子技术将电容量变化转换成电流变化，经放大及信号处理，通过指示表及记录仪显示及记录测量结果。

思考题

1. 常用 CO 监测仪表的测定原理是什么？

2. 如何消除空气中水蒸气和二氧化碳对一氧化碳检测结果的影响？

第五节　臭氧（O_3）监测仪

一、概述

臭氧是氧化性最强的氧化剂之一，空气中的氧在太阳紫外线的照射下或受雷击形成臭氧。臭氧具有强烈的刺激性，紫外线作用下，参与烃类和 NO_x 的光化学反应。同时，臭氧又是高空大气的正常组分，能强烈吸收紫外线，保护人类和生物免受太阳紫外线的辐射。但是，O_3 超过一定浓度，对人体和某些植物生长会产生一定危害。近地面层空气中 O_3 浓度范围为 $0.04\sim0.1\text{mg/m}^3$。测定空气中 O_3 常用监测仪表有紫外光度法 O_3 监测仪。

二、测定方法与原理

1. 测定原理

基于 O_3 分子对波长 253.7nm 紫外线的特征吸收，直接测定紫外光通过 O_3 后的减弱程度（I/I_0），根据朗伯-比尔定律求出 O_3 的浓度，由式（7-21）计算：

$$\frac{I}{I_0} = \mathrm{e}^{-KCL} \tag{7-21}$$

式中　K——臭氧在 253.7nm 处的吸光系数；

　　　C——浓度；

　　　L——光程。

仪器吸收池首先通过不含 O_3 的零气，读数为 I_0。然后通过含 O_3 的空气，读数为 I，可测出 I/I_0。仪器内的 CPU 板遵循朗伯-比尔定律，并对温度、压力进行修正，算出浓度并由指标表显示 O_3 浓度。

紫外光度法 O_3 分析仪设备简单，无试剂，无气体消耗，灵敏度较高，适于低浓度 O_3 连续测定，$1\mu\text{mol/mol}$ 内有良好的线性，响应很快。主要干扰是由于 O_3 很活泼，与很多物质接触易分解，因此对仪器的吸收池、气体管路等的材质要选择惰性材料，特别要避免颗粒物、湿气对仪器光路、气路的污染。紫外光度法 O_3 分析仪原理如图 7-6 所示：

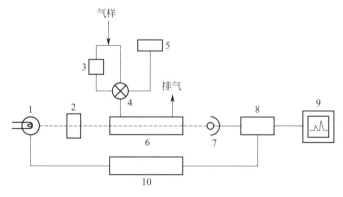

图 7-6　紫外光度法 O_3 分析仪原理图

1—紫外线光源；2—滤光器；3—O_3 去除器；4—电磁阀；5—标准 O_3 发生器；6—气室；

7—光电倍增管；8—放大器；9—记录仪；10—稳压电源

2. 测定方法

（1）启动前准备　打开主电源开关，预热，等待仪器稳定。

（2）调零和校准　待仪器稳定，通入零气，调节零点电位器使读数指零，然后通入浓度为所选量程90％的 O_3 标准气，调节跨度电位器使读数指在所通入的 O_3 标准气浓度值。O_3 标准气来自 O_3 发生器，用低压汞灯（185nm）制造 O_3，由调节光照面积或调节灯电流控制产生稳定浓度的 O_3 标准气，由更高一级精度的紫外光度计定值。

（3）测定和读数　仪器校准完毕后，向仪器中导入空气进行现场连续测定，测量结果由仪器直接显示。

三、仪器结构

紫外光源选用石英罩的低压汞灯，经滤光片提供稳定的 253.7nm 单色光，经反射镜分别投射到吸收池 A 和吸收池 B 中，由光检测器 A、B 分别检出透光强度。气路中装有样品电磁阀及参考电磁阀，并装有除 O_3 转换器。仪器工作时，样品阀处于常开状态，参考阀处于常闭状态。此时 A 池流过不含 O_3 零气，测出 $I_0(A)$，B 池流过的是含 O_3 的空气，测出 $I(B)$。每隔 7s 电磁阀切换一次，即样品阀为常闭，参考阀为常开。此时 A 池流过含 O_3 的空气，测出 $I(A)$，B 池流过零气，测出 $I_0(B)$。经过一个循环周期可测出 A 池的 $I(A)/I_0(A)$，及 B 池的 $I(B)/I_0(B)$，分别求出流经 A 池的 O_3 浓度 $C(A)$ 及流经 B 池的 O_3 浓度 $C(B)$，仪器显示的读数为二者平均值，如式（7-22）所示：

$$C = \frac{C(A) + C(B)}{2} \tag{7-22}$$

从时间分割上将 A 吸收池作为测定池和参考池，B 吸收池作为参考池，可提高测定精度。双光路双气路紫外光度仪如图 7-7 所示。

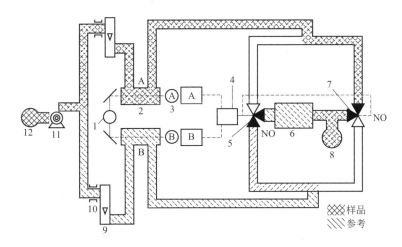

图 7-7　双光路双气路紫外光度法 O_3 分析仪结构

1—光源；2—吸收池；3—检测器；4—数字电路；5—参考电磁阀；6—转换器；7—样品电磁阀；
8—样气入口；9—流量计；10—毛细管；11—泵；12—废气排出

思考题

1. 臭氧（O_3）监测仪的测定原理是什么？

2.如何对臭氧（O_3）监测仪进行调零和校准？

第六节 颗粒物（$PM_{2.5}$、PM_{10}）监测仪

一、概述

空气动力学当量直径≤$10\mu m$的颗粒物，称为PM_{10}，又叫可吸入颗粒物。通常将空气动力学当量直径≤$2.5\mu m$的颗粒物称为$PM_{2.5}$，又叫可入肺颗粒物。

PM_{10}可以通过呼吸道侵入人体，大颗粒通过鼻腔、喉头、气管等上呼吸道时，被器官的纤毛上皮所阻留，经咳嗽、打喷嚏等保护性反射作用排出，小颗粒能进入支气管以至肺泡，特别是$PM_{2.5}$能沉积于肺泡或进入血液及淋巴液内。同时，大量飘浮的细粒子还能吸附空气中的细菌、微生物、病毒和致癌物质，对人体健康危害更大。$1\sim2\mu m$的颗粒物，尤其是小于$1\mu m$的颗粒，与可见光波长相近，对阳光产生散射作用，致使光线穿透力减弱，大气能见度降低。

细颗粒物浓度与自然环境及人为活动有关，污染源基本不变时，气象因素对细颗粒物有很大影响，逆温、静风、高湿度等天气不利于污染物扩散，颗粒物浓度升高。改变能源结构、控制机动车尾气排放、增加绿地面积和减少工地扬尘等防治措施，都可以防治细颗粒物污染。

测定空气中$PM_{2.5}$和PM_{10}常用监测仪表有β射线法颗粒物监测仪、TEOM微量振荡天平法颗粒物监测仪。

二、测定方法与原理

（一）测定原理

1.β射线法颗粒物监测仪

利用β射线衰减量计算采样期间增加的颗粒物质量。当高能量粒子由^{14}C发射，碰到尘粒，能量减退或被粒子吸收，物质放置在发射源^{14}C和监测β射线装置中间，β射线被吸收，能量衰减，导致可监测β粒子数量减少。减少量由β发射源和检测β射线的探测器吸收物质的质量决定。

β射线粒子的衰减量由式(7-23)计算：

$$I = I_0 e^{-\mu_m x} \tag{7-23}$$

式中 I——β射线的衰减强度（带尘样的滤纸带）；

I_0——未经衰减的β射线的强度（清洁滤纸带）；

μ_m——质量吸收系数或质量衰减系数，cm^2/g；

x——截留在滤纸带上颗粒物的单位面积质量，g/cm^2。

其中，x吸收物质质量密度由式(7-24)计算：

$$x = \frac{1}{\mu_m} \ln \frac{I_0}{I} \tag{7-24}$$

测定I和I_0，再计算x。特定时间（ΔT）内，环境空气以恒定流率采入，通过滤纸带

的表面区域 A ，计算 x ，环境粒子浓度由式（7-25）计算：

$$M_c = \frac{10^3 Ax}{Q \Delta T} \qquad (7\text{-}25)$$

式中 M_c ——环境粒子浓度，mg/m^3；

$\quad\quad A$ ——通过滤纸带的尘样截面积，cm^2；

$\quad\quad Q$ ——收集在滤纸带上的粒子物质的流量，L/min；

$\quad\quad \Delta T$ ——采样时间，min。

综上，环境粒子浓度由式（7-26）计算：

$$M_c = \frac{10^3 A}{Q \Delta T \mu_m} \ln \frac{I_0}{I} \qquad (7\text{-}26)$$

2. TEOM 微量振荡天平法颗粒物监测仪

质量传感器内装有振荡空心锥形管，振荡端安装可更换的 TEOM 滤膜，振荡频率取决于锥形管特征和质量。当采样气流通过滤膜，颗粒物沉积在滤膜上，滤膜的质量变化导致振荡频率变化，通过振荡频率变化计算出沉积在滤膜上颗粒物的质量，再根据流量、现场环境温度和气压计算出该时段颗粒物的质量浓度如式（7-27）所示：

$$d_m = K_0 \left[\left(\frac{1}{f_1^2} - \frac{1}{f_0^2} \right) \right] \qquad (7\text{-}27)$$

式中 d_m ——变化的质量；

$\quad\quad K_0$ ——弹性常数（包括质量变换因子）；

$\quad\quad f_0$ ——初始频率；

$\quad\quad f_1$ ——最终频率。

（二）测定方法

1. β 射线法颗粒物监测仪

采样泵通过颗粒物进气管引进样气，恒定流量的环境空气样品经过 $PM_{10}/PM_{2.5}$ 切割器后成为符合技术要求的颗粒物样品气体。监测仪主机通过密封的管道和室外的 $PM_{10}/PM_{2.5}$ 切割头连接，样品进入监测仪主机，颗粒物被收集在可自动更换的滤纸带上，形成尘斑。滤纸带的两侧分别设置了 β 射线源和 β 射线检测器，随着样品采集的进行，滤纸带上收集的颗粒物越来越多，滤纸质量也增加，检测到的 β 射线强度会相应减弱。由于 β 射线检测器的输出信号能直接反应颗粒物（$PM_{10}/PM_{2.5}$）的质量变化，通过分析 β 射线检测器的 $PM_{10}/PM_{2.5}$ 质量数值，结合相同时段内采集的样品体积，最终得出采样时段的颗粒物质量浓度。

当环境湿度相对较大时，为减少湿度对 $PM_{2.5}$ 测量结果的影响，应使用样品动态加热系统，将样品气体的相对湿度调整到 35% 以下。

2. TEOM 微量振荡天平法颗粒物监测仪

TEOM 微量振荡天平法颗粒物监测仪的采样泵通过颗粒物进气管引进样气。恒定流量的环境空气样品（加热后）经过（$PM_{10}/PM_{2.5}$）切割器后，成为符合技术要求的颗粒物样品气体。监测仪主机通过密封的管道和室外的（$PM_{10}/PM_{2.5}$）切割头连接，样品随后进入配置有滤膜动态测量系统（FDMS）的微量振荡天平法监测仪主机。在主机中测量样品质量的微量振荡天平传感器主要部件是一端固定、另一端装有滤膜的空心锥形管，样品气流通过滤膜，颗粒物被收集在滤膜上。在工作时空心锥形管处于往复振荡状态，振荡频率随着滤膜上收集的颗粒物质量变化发生改变，仪器通过准确测量频率的变化得到采集到的颗粒物的质量，然后根据收集这些颗粒物时采集的样品体积计算得出样品浓度。

三、仪器结构

（一）β射线法颗粒物监测仪

β射线法测定颗粒物的系统主要由切割器、采样泵及监测仪主机组成，各部分功能描述如下：

1. 切割器

切割器根据空气动力学原理设计，用于分离不同直径的颗粒物（PM_{10}/$PM_{2.5}$）。使用切割器抽气的流量设定为16.7L/min。

2. 采样泵

以恒定流量（工作点流量）抽取环境空气样品，环境空气样品以恒定流量依次流过采样器入口。

3. 监测仪主机

由机械传动，信号检测与数据处理、数据传输系统、系统控制单元等部分组成。

（二）TEOM微量振荡天平法颗粒物监测仪

TEOM微量振荡天平法颗粒物监测仪主要由切割器、采样泵和监测仪主机组成（为解决平衡温度过高造成颗粒物中挥发性组分损失而导致测量结果偏低的问题，仪器需配有滤膜动态测量系统，以增加监测数值的准确性），各部分功能描述如下：

1. 切割器

切割器根据空气动力学原理设计，用于分离不同直径的颗粒物（PM_{10}/$PM_{2.5}$）。使用切割器抽气的总流量设定为16.7L/min。

2. 采样泵

以恒定流量（工作点流量）抽取环境空气样品，环境空气样品以恒定流量依次流过采样器入口。

3. 监测仪主机

监测仪主机由样气加热系统（TEOM方法对空气湿度的变化较为敏感，为降低湿度影响，对样气和振荡天平室一般进行50℃加热），质量测量硬件系统，信号检测与数据处理、数据传输系统、系统控制单元等部分组成。

4. 滤膜动态测量系统FDMS

配置膜动态测量系统，仪器能准确测量在测量过程中挥发的颗粒物，使最终报告数据得到有效补偿，更接近真实值。

工作流程：来自颗粒物切割器的样品气样进入膜动态测量系统，经过干燥器，样品的相对湿度降到一定范围，随后样品气体会根据系统切换阀的状态流向不同的部件。测量的第一时段，颗粒物样品直接到达微量振荡传感器，样品中的颗粒物被收集在滤膜上，第一时段结束仪器可测得滤膜上颗粒物质量，计算出样品质量浓度；测量的第二时段，系统切换阀将样品气样导入滤膜动态测量系统的冷凝器，样品气体中的颗粒物和有机物等组分被冷凝并被过滤器截留，通过冷凝器后的纯净气体再进入微量振荡传感器，由于气样中不含颗粒物，传感器上的滤膜不会增重，反而因滤膜上的已收集颗粒物中的挥发性或半挥发性颗粒物的持续挥发，而造成滤膜上已收集颗粒的质量减少，第二时段结束时仪器可测得测量周期内挥发掉的颗粒物的质量和浓度，最后仪器用第二时段测得的数据对第一时段测得的数据进行补偿输出测量结果。

思考题

1. $PM_{2.5}$ 和 PM_{10} 常用监测仪表的测定方法有哪些？

2. $PM_{2.5}$ 和 PM_{10} 颗粒物监测仪主要由哪几部分组成？

第七节　挥发性有机物（VOC）监测仪表

一、概述

VOC 指常温下饱和蒸汽压大于 70Pa、常压下沸点在 260℃ 以下的有机化合物，或在 20℃ 条件下，蒸汽压大于等于 10Pa 且具有挥发性的全部有机化合物。大多数 VOC 有毒，部分 VOC 有致癌性；如大气中的某些苯、多环芳烃、芳香胺、树脂化合物、醛和亚硝胺等有害物质对机体有致癌作用或者产生真性瘤作用；某些芳香胺、醛、卤代烷烃及其衍生物、氯乙烯等有诱变作用。多数挥发性有机物易燃易爆、不安全。挥发性有机物在阳光照射下，与大气中的氮氧化物、烃类化合物发生光化学反应，生成光化学烟雾，危害人体健康和作物生长；光化学烟雾的主要成分是臭氧、过氧乙酰硝酸酯（PAN）、醛类及酮类等，刺激人们的眼睛和呼吸系统，危害人们的身体健康且危害作物生长。卤烃类 VOC 可破坏臭氧层，如氯氟碳化物（CFCs）。测定空气中 VOC 常用的监测仪表有便携式傅里叶红外仪。

二、测定方法与原理

1. 测定原理

当波长连续变化的红外光照射被测目标化合物分子时，与分子固有振动频率相同的特定波长的红外光被吸收，将照射分子的红外光用单色器色散，按其波数依序排列，并测定不同波数被吸收的强度，得到红外吸收光谱。根据样品的红外光谱和标准谱图库中定量标准物质的光谱在特征波数上的吸收峰进行定性分析；根据特征吸收峰的峰面积响应值与标准图库中对应的标准物质吸收峰的峰面积响应值之比来进行半定量分析。

2. 测定方法

（1）启动前准备　仪器进气口前安装聚四氟乙烯气路管、防尘滤芯和采样除湿装置，并保证气路气密性完好。准备蓄电池，确保电量充足。使用高纯氮气对气路管和仪器气室进行清洗。检查仪器的工作状态，确保光源强度、干涉图高度、样品室温度等参数达到测试要求。

（2）调零　用高纯氮气对仪器进行零点校准，保存背景谱图。基于采样泵流量和样品室容积合理计算并设置采样时间，保证气样能够充满样品室。

（3）样品采集　启动采样泵，采集待测气体样品，待气样充满样品室后结束采样。为增加样品采集和分析结果的代表性，每次分析至少连续采集 5 个样品，选择其中测定值最高的作为最终结果。

（4）样品分析　打开样品傅里叶红外吸收光谱文件，通过工作软件扣除水和二氧化碳干扰，再进行样品谱图分析。通过工作软件对样品中目标化合物和标准谱图库中的定量标准物质吸收光谱图进行自动匹配，根据匹配结果拟合度高低，进一步进行人工谱图分析比对，最终得出定性分析结果。根据样品谱图定性分析结果，通过工作软件自动计算样品中挥发性有机物的半定量结果。样品分析完成后，用高纯氮气对气室进行清洗。

（5）结果计算　仪器定量结果以标准状态下样品的质量浓度表示。当仪器显示单位为 $\mu mol/mol$ 时，需换算成标准状态下的质量浓度。

思考题

1. 大气中的 VOC 都包括哪些污染物？
2. 挥发性有机物（VOC）监测仪的测定原理是什么？

其他环境监测常用仪表与设备

第一节　土壤与固体废物监测仪表

一、概述

（一）土壤监测

当进入土壤的污染物质量和速度超过土壤能承受的容量和净化速度时，就会破坏土壤环境的自然动态平衡，使污染物的积累逐渐占据优势，引起土壤的组成、结构、性状改变，功能失调，质量下降，导致土壤环境污染。土壤监测是指通过对影响土壤环境质量因素的代表值的测定，确定环境质量（或污染程度）及其变化趋势。一般包括布点采样、样品制备、分析方法、结果表征、资料统计和质量评价等技术内容。

土壤的常规监测项目一般分为两类，第一类是基本项目，有 pH 和阳离子交换量；第二类是重点项目，有镉、铬、汞、砷、铅、铜、锌、镍、六六六、滴滴涕，监测频次为每三年一次。

（二）固体废物监测

根据《中华人民共和国固体废物污染环境防治法》，固体废物是指在生产、建设、日常生活和其他活动中产生的丧失原有利用价值，或者虽未丧失利用价值但被抛弃或者放弃的固态、半固态和置于容器中的气态的物品、物质以及法律、行政法规规定纳入固体废物管理的物品、物质。

固体废物按化学性质分为有机废物和无机废物；按形状分为固体废物和泥状废物；按危害性分为一般固体废物和危险固体废物；按来源分为工业固体废物、矿业固体废物、生活垃圾和农业固体废物。

固体废物的监测内容有危险废物的毒性试验鉴别以及固体废物的监测分析。危险特性的必测项目包括：易燃性、腐蚀性、反应性、浸出毒性、急性毒性、放射性。选测项目为：爆炸性、生物蓄积性、刺激性、感染性、遗传变异性、水生生物毒性。固体废物的监测分析中的项目包括：有机质、总铬、汞、pH、镉、铅、砷、全氮、全磷、全钾等。

因土壤与固体废物在监测项目上有所重合，监测仪表基本相似，故列为一节叙述。

二、测定仪器原理与结构

其中有关重金属、氮、磷的测定除下述仪器外，也可参照第五章中的测定方法。有关下列仪器的其他内容可参照第二章。

（一）原子吸收光谱仪

原子吸收光谱仪可测定多种元素，如镉、铬、铅、铜、镍的含量，测定方法有火焰原子吸收分光光度法、石墨炉原子吸收分光光度法和 KI-MIBK 萃取原子吸收分光光度法。

火焰原子吸收分光光度法测定样品中铜、锌、镍元素含量。铜的特征谱线为 324.7nm、锌的特征谱线为 213.0nm、镍的特征谱线为 232.0nm。

石墨炉原子吸收分光光度法测定样品中铅和镉含量。铅的特征谱线为 283.3nm、镉的特征谱线为 228.8nm。

KI-MIBK 萃取原子吸收分光光度法测定样品中铅和镉含量。铅的特征谱线为 217.0nm、镉的特征谱线为 228.8nm。

（二）气相色谱仪

气相色谱仪适合有机氯、有机磷以及农药等的测定。

（三）高效液相色谱仪

高效液相色谱仪适用于多环芳烃等的测定。

思考题

1. 土壤与固体废弃物中重金属元素的检测一般用到哪些仪器？
2. 土壤与固体废弃物中有机污染物的监测一般用到哪些仪器？

第二节　声环境监测仪

一、概述

随着近代工业的发展，环境污染也随之产生，噪声污染就是环境污染的一种，对人们的生活影响极大。噪声污染与水污染、大气污染和固体废弃物污染被看成是世界范围内四个主要的环境问题。物理上噪声是声源做无规则振动时发出的声音；环保角度上，凡是影响人们正常学习、生活、休息等的一切声音，都称为噪声。

声环境监测是通过对影响环境声质量因素的代表值的测定，确定声环境质量（或污染程度）及其变化趋势，也可以表示为用科学的方法监测和测定代表环境质量及发展变化趋势的各种数据的全过程。

声环境监测的过程为：现场调查→监测计划设计→优化布点→数据采集→数据分析与处理→数据表达→综合评价。声环境监测按监测目的分为监视性监测、特定目的监测和研究性监测。

二、测定方法与原理

（一）声级计

声级计是用于环境噪声监测的声学测量仪器。根据《电声学声级计　第 1 部分：规范》

（GB/T 3785.1—2010），声级计测量的是人耳听觉范围的声音，按照性能分为两级：1 级和 2 级。1 级声级计和 2 级声级计主要是允差极限和工作温度范围不同，2 级规范的允差极限大于或等于 1 级规范。标准规定在 1kHz 频率处，对 1 级声级计的允差为 ±1.1dB，2 级声级计为 ±1.4dB。1 级声级计的工作温度范围为 −10～50℃，2 级声级计的工作温度范围为 0～40℃。环境噪声测量时通常要求测量仪器精度为 2 级及以上。

（二）环境噪声自动监测仪

《环境噪声自动监测仪》（JJG 1095—2014）又称环境噪声自动监测终端，通常由户外传声器单元（包括传声器、前置放大器、风罩、雨罩、防鸟停装置等）、信号处理、数据记录、发送以及显示单元等组成，可实现无人员值守、24 小时连续的环境噪声自动监测。监测仪按性能分为两个等级：1 级和 2 级。

监测仪的 A、C、Z 频率计权及相应的最大允许误差如表 8-1 所示。

表 8-1　频率计权和最大允许误差

标称和频率/Hz	频率计权/dB			最大允许误差/dB			
	A	C	Z	1 级		2 级	
31.5	−39.4	−3.0	0.0	±2.0		±3.5	
63	−26.2	−0.8	0.0	±1.5		±2.5	
125	−16.1	−0.2	0.0	±1.5		±2.0	
250	−8.6	0.0	0.0	±1.4		±1.9	
				使用消声箱或多频声校准器	使用现场检定用声场装置	使用消声箱或多频声校准器	使用现场检定用声场装置
500	−3.2	0.0	0.0	±1.4	±1.8	±1.9	±2.4
1000	0.0	0.0	0.0	±1.1	±1.4	±1.4	±1.8
2000	+1.2	−0.2	0.0	±1.6	±2.0	±2.6	±3.3
4000	+1.0	−0.8	0.0	±1.6	±2.0	±3.6	±4.5
8000	−1.1	−3.0	0.0	+2.1；−3.1	+3.5；−4.5	±5.6	±7.0
12500	−4.3	−6.2	0.0	+3.0；−6.0	+3.8；−7.5	+6.0；−∞	+7.5；−∞
16000	−6.6	−8.5	0.0	+3.5；−17.0	+4.4；−21.3	+6.0；−∞	+7.5；−∞

三、仪器结构

（一）声级计

（1）防风罩（风球）　户外测量时，传声器应加防风罩，减少风噪声影响。

（2）传声器延长线　手持式声级计的传声器一般直接连接在主机上，在传声器和主机间安装延长线可延伸测量范围，如布设传声器在高空或窗外 1m 处等。

（3）三脚架及延长杆　声级计测量时应固定在三脚架上。如使用延长线监测时，可使用延长杆固定传声器。

（4）户外监测箱　具有防风防雨、电力保障、坚固安全等特点，在户外监测特别是连续昼夜监测时使用较便利。

（二）环境噪声自动监测仪

《环境噪声自动监测仪检定规程》（JJG 1095—2014）应具有制造商的名称、产品名称、型号和序列号，制造计量器具许可证或进口计量器具许可证的标志和编号及监测仪的准确度等级。

监测仪应附有使用说明书，说明书应给出符合本规程要求的技术指标、监测仪的使用条件以及对应的参考方向；规定进行校准检查频率上示值调整所需的声校准器型号和调整数据；规定使用的所有型号的传声器和为传声器安装的相关附件（如风罩、雨罩及防鸟停装置等）；提供在参考环境条件下从参考方向上入射正弦平面行波响应或无规入射声响应对应的调整数据。除上述外，监测仪不应有机械损伤、操作失灵等现象。

四、选用条件

（一）常规功能

① 根据环境温度和湿度选择测量仪器，环境温度和湿度超过仪器的允许使用温度和湿度范围时，测量结果无效。

② 测量指数时间计权声级的常规声级计，可测量 F、S、I 时间计权的瞬时声级和最大声级。

③ 测量时间平均声级的积分平均声级计，可测量一段时间的连续等效声级 L_{eq}，适用于声环境质量监测和工业企业、社会生活等各类噪声的排放噪声监测。

④ 测量声暴露级的积分声级计（或称声暴露计）。

⑤ 具有噪声统计分析功能的噪声统计分析仪，可测量累计百分数声级 L_N。

⑥ 具有测量倍频带声压级功能的声级计，适用于测量结构传播固定设备室内低频噪声。

⑦ 测量机场周围区域飞机噪声，可记录飞行事件的时间历程并按《机场周围飞机噪声测量方法》（GB/T 9661）中处理飞机噪声信号得到评价量。

（二）其他功能

① 可打印监测时间、测量声级等信息作为原始数据留存。随着技术发展，声级计还可通过移动无线通信等新数据通信方式直接上传测量数据至服务器，节省人工记录时间，并可记录更多现场信息。

② 环境噪声监测标准对气象条件均有限制，声环境常规监测中对点位有严格要求。因此，声级计增加了 GPS、天气数据同步测量或记录功能。

环境噪声监测中常使用便携式手持声级计，对于长期固定点监测使用环境噪声自动监测设备。

思考题

1. 可用于声环境监测的仪表有哪些？

2. 在现场监测中，如何选用声环境监测仪表？

第三节 生态环境监测

一、概述

生态环境是指影响人类生存与发展的水资源、土地资源、生物资源以及气候资源数量与质量的总称，是关系到社会和经济持续发展的复合生态系统。其质量标志着区域社会经济可持续发展的能力以及社会生产和人居环境稳定可协调的程度。生态环境问题是指人类为其自身生存和发展，在利用和改造自然的过程中，对自然环境进行破坏和污染所产生的危害人类生存的各种负反馈效应。

生态环境监测技术是对生态系统中的指标进行具体测量和判断，获得生态系统中某一指标的关键数据，通过统计数据反映该指标的状况及变化趋势。生态监测的技术路线包括以下内容：生态问题的提出、生态监测台站的选址、监测的对象、方法及设备、生态系统要素及监测指标的确定、监测场地、监测频度及周期描述，一些特殊指标可按目前生态站常用的监测方法。

生态监测具有着眼于宏观的特点，是一项宏观与微观监测相结合的工作，对于结构与功能复杂的宏观生态环境进行监测，必须采用先进的技术手段。

二、测定方法与原理

目前生态环境监测将遥感手段与地面监测相结合，从宏观和微观角度来全面审视生态质量状况。遥感技术运用现代光学、电子学探测仪器，不与目标物相接触，从远距离将目标物的电磁波特性记录，通过分析揭示出目标物本身的特征、性质及其变化规律。

遥感技术通常使用绿光、红光和红外光三种光谱波段进行探测。绿光段一般用来探测地下水、岩石和土壤的特性；红光段探测植物生长、变化及水污染等；红外段探测土地、矿产及资源。此外，还有微波段，用来探测气象云层及海底鱼群的游弋。

三、应用方面

可通过遥感所获得的植被信息的差异来分析图像上并非直接记录的生态环境信息，如水体资源、气候资源、矿藏、地质构造、自然历史环境演变遗留的痕迹等。陆地表面的70％为植被所覆盖，植被是陆地生态系统的基本组成成分，也是陆地生态环境中重要的资源。

植被是遥感图像反映的最直接的信息，是遥感对地观测的主要对象，也是人们研究的主要对象。作为地理环境重要组成部分的植被，与一定的气候、地貌、土壤条件相适应，受多种因素控制，对地理环境的依赖性最大，对其他因素的变化反应也最敏感。

遥感为宏观、迅速、动态地获取区域土地覆盖状况提供了可能。土地利用覆盖变化也是环保监测的重要领域，土地覆盖及其变化情况对地表生物、气候、水文等过程均具有直接影响，是反映生态系统变化的重要指标和参数。土地利用/覆盖变化遥感监测被大量地应用于生态环境保护的多个领域。

例如，作为我国农业遥感应用的代表，由中国科学院资源环境局主持的"黄土高原遥感专题研究"项目，在林草资源遥感调查、土壤侵蚀定量遥感调查、土地类型遥感综合研究、草场生物量的遥感估算、农业作物光谱特征及其应用基础研究以及黄土区暴雨与下垫面关系的遥感分析等许多方面取得了大量成果，为黄土高原的综合治理提供了全方位的技术支持。

　　除上述外，遥感技术还可对生态环境质量以及生物多样性等进行评价。生态系统质量遥感监测指标体系如表 8-2 所示：

表 8-2　生态系统质量遥感监测指标

自然生态系统类型	指标	参数需求
森林草地	生物量	自然生态系统植被类型
		NDVI
		调查样地各类生态系统实测生物量
	净初级生产力	自然生态系统植被类型
		光合有效辐射
		平均温度
		蒸散量/陆地表面水分指数(LSWI)
		NDVI/EVI
	植被覆盖度	纯植被像元的 NDVI 值
		完全无植被覆盖像元的 NDVI 值
荒漠	干旱指数	LST
		NDVI
	荒漠面积变化率	NDVI
		反照率
湿地	湿地面积	生态系统分类数据
	水体富营养化程度	水体磷、氮含量

思考题

1. 生态环境监测的原理是什么？
2. 生态环境监测的指标有哪些？

第九章

自动化技术在环境监测中的应用

第一节　大气环境监测中的应用

一、大气环境监测技术发展

随着工业化、城市化进程的快速推进，国内经济高速发展。进入 20 世纪 90 年代，原油消耗量急剧增加，城市开始出现复合型污染，呈现多尺度、大面积的区域性污染，主要体现为由一次污染物向二次污染物转化。

2012 年环境保护部发布的《环境空气质量标准》（GB 3095—2012）增加了 $PM_{2.5}$ 的年均限值和日均限值以及 O_3 的 8 h 浓度限值，并且 PM_{10} 和 NO_2 的浓度限值加严。近几年，全国各地环境空气污染问题依然严峻，其中，颗粒物污染和酸雨依然是影响环境空气质量的主要原因。

为对空气质量的优劣程度进行评价，给人们的日常生活提供安全保障，大气环境自动监测具有重要意义。环境空气自动监测即在监测点位采用连续自动监测仪器对环境空气质量进行连续的样品采集、处理和分析。

由于我国在环境空气质量自动监测领域起步相对较晚，发展速度缓慢，早期采用人工采样实验室分析法对大气污染进行监测。直到 20 世纪 80 年代，开始引进国外的较为先进的大气污染自动监测设备，国内开始推广使用，并逐渐取代传统的人工监测方法。1999 年以后，我国召开环境保护会议将大气远程自动监测系统作为今后工作的重点提上议程，此后各大城市加强对大气远程自动监测系统的研制。

随着计算机技术、传感器技术等的快速发展，大气自动监测系统也得到快速发展。截止到目前，很多大城市已经利用大气远程自动监测系统成立了大气环境质量监测日报、预报工作，而且随着监测系统研制力度的加强，在线监测系统在各大城市陆续建立。监测项目上，要求根据《环境空气质量标准》（GB 3095—2012）开展 SO_2、NO_2、CO、O_3、PM_{10} 与 $PM_{2.5}$ 等基本项目的监测并具备实时在线发布的能力。

目前，国家环境自动监测网已建成城市空气监测网、区域空气监测网、空气背景监测网以及沙尘天气监测网等，还有省级和市级空气自动监测网络。由于自动监测方法相对手工监测具有可靠性高、抗干扰能力强，维护简单且可长期连续自动监测等优点，其监测方法、仪器设备日趋成熟，我国环境空气质量监测站已普遍应用。

二、大气环境自动监测系统

大气环境自动监测系统主要包括监测站点选取、监测子站建设、监控中心和应用层。

（一）监测站点选取

监测站点选取应符合以下几点原则：

1. 代表性

站点具有良好的代表性，能客观反映一定时空范围内空气质量水平及变化规律，客观评价区域环境空气质量，为公众提供空气状况健康指引。

2. 可比性

同类型监测点设置条件尽量一致，使各个监测点数据具有可比性。

3. 整体性

空气质量评价应考虑城市自然地理、气象等综合环境因素，以及工业布局、人口分布等社会经济特点，从整体出发，合理布局，使监测点之间相互协调。

4. 前瞻性

结合城乡建设规划考虑监测点的布设，使监测点能适应城市发展变化。

5. 稳定性

监测点位置一旦确定，原则上不再变动，以保证监测数据的连续性和可比性。

（二）监测子站建设

监测子站的任务主要有两个，对环境空气质量进行连续监测和向监控中心实时传输监测数据和设备工作状态信息。

1. 空气质量监测

利用监测子站的各类在线监测设备，比如：重金属在线检测仪、大气 VOC_s 在线检测仪和 TVOC 检测仪等对当前空气环境进行实时采集和监测，系统可对采集后的气体进行检测和分析，分析气体中的成分和浓度，同时进行校准，对分析后的结果进行实时传输。

2. 数据传输

分析结果以及在线监测设备工作状况等数据，通过 GPRS 或其他方式传输至在线监测系统平台——监控中心，实现监测的连续性和实时性。

（三）监控中心

通过无线通信设备收集各子站的监测数据和设备工作状态信息，并对取得的监测数据进行判别、检查和储存，对监测仪器进行远程诊断和校准。

（四）应用层

根据监控中心的数据生成数据报表，展示空气质量和其他有害气体的种类和浓度，还能进行空气质量预警和对有害气体超标发出警报。通过在线监测系统平台，为环境保护部门和政府提供数据和决策支撑，为民众提供权威的空气质量预报。

大气自动监测系统示意如图 9-1 所示。

三、大气环境自动监测系统应用

【案例9-1】某城市环境空气质量监测均匀划分成若干个监测网格，通过网格化微型空气

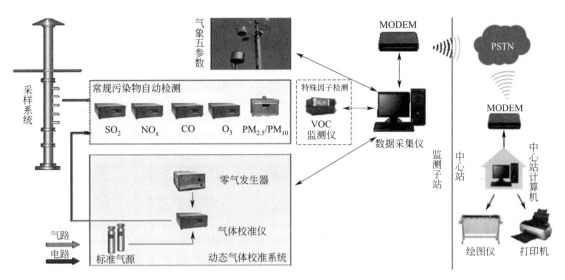

图 9-1 大气自动监测系统示意图

质量监测站、微波辐射计、大气颗粒物监测激光雷达，将近地面监测技术与地基遥感监测技术有效结合，构建"点-面-域"三位一体的大气立体网格监测系统，实时采集监测区域的大气环境质量数据，通过 Zigbee-GPRS 无线传输到中心节点进行统计分析，数据分析结果最终以服务的方式推送至城市中心平台，为环境质量监测、执法、管理和应用提供数据支撑。

基于 Zigbee-GPRS 技术的大气环境网格化监测系统主要由大气环境要素测量系统、数据传输系统、数据存储与处理系统、显示与控制系统组成。

某城市构建基于 Zigbee-GPRS 的区域大气环境立体网格化监测系统（图 9-2）和典型城市环境空气自动监测数据应用平台示意图（图 9-3），搭建环境空气质量联网监测管理平台，

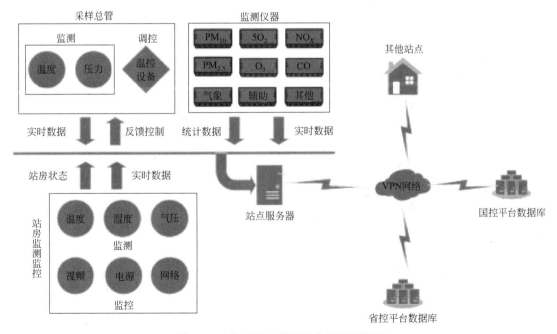

图 9-2 大气环境立体网格化监测系统图

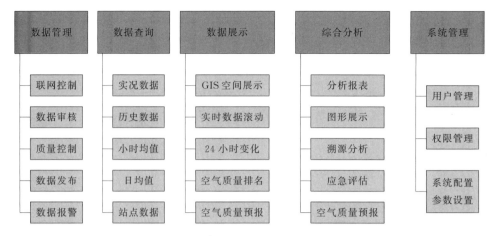

图 9-3 典型城市环境空气自动监测数据应用平台示意图

全面监测区域大气环境状况，收集和汇总区域环境空气数据，分析研判大气污染物时空变化规律及主要来源，指导调度各级环境质量网格平台及时处置各类环境问题，为环境监管和行政决策提供技术支撑。

【案例9-2】青岛市环境保护局将监测区域均匀划分成若干个监测网格，通过大气网格化微型监测站、微波辐射计、大气颗粒物监测激光雷达，将近地面监测技术与地基遥感监测技术有效结合，构建"点-面-域"三位一体的大气立体网格监测系统，实时采集布设区域的大气环境数据，通过 NB-IoT 无线传输到云平台进行分析，数据分析结果最终以服务的方式推送至演示终端软件，为环境监控、执法、管理和应用提供数据支撑。

基于 NB-IoT 技术的大气环境网格化监测系统主要由大气环境要素测量分系统、数据传输分系统、数据存储与处理分系统、显示与控制分系统组成，网络终端拓扑和网格化监测系统终端与路灯结合示意如图 9-4、图 9-5 所示。

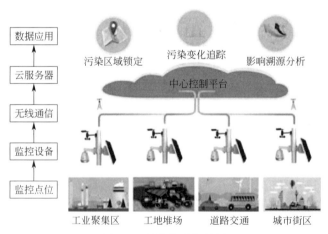

图 9-4 网络终端拓扑图

青岛市环保局通过构建基于 NB-IoT 的区域大气环境立体网格化监测系统，全面监测区域大气状况，辨析大气污染物的时空分布特征及主要来源；建立大气污染快速溯源解析能力，为区域空气质量改善提供全方位的数据支持。

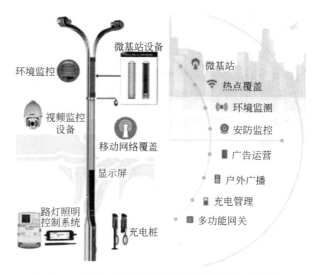

图 9-5　网格化监测系统终端与路灯结合示意图

思考题

1. 我国大气环境自动监测网络有哪些？

2. 大气环境自动监测系统中，子站和中心站的任务有何区别？

3. 大气环境自动监测系统中，监测站点选取的原则是什么？

第二节　地表水监测中的应用

一、地表水环境监测技术发展

水质自动监测技术最早起源于国外，如 1959 年美国对俄亥俄河进行水质自动监测；1960 年纽约州环保局对本州水系建立水质自动监测系统；20 世纪 70 年代初期欧美和日本等发达国家对河流、湖泊等开展水质自动在线监测。

为实时掌握地表水体环境质量、解决水体污染纠纷、进行污染事故预警，20 世纪 90 年代，我国开始引进水质自动监测技术。1999 年起，分别在松花江、长江和黄河等开展地表水水质自动监测站的试点工作，共建设 10 个水质自动监测站。水质在线监测技术开始在我国广泛应用。

近几年，江苏、浙江、河南和四川等地发展很快，在河流交界处与饮用水源地建设了很多水质自动监测站。据不完全统计，截至 2018 年底，全国地表水水质自动监测站的数量已达到 2000 多个。

水质自动监测目的包括：利用水质在线连续自动监测系统，及时准确地了解突发性环境污染事故带来的影响，为有关部门解决突发事故提供准确、可靠的科学依据；对江河湖泊等地表水体常规指标进行连续自动监测，可掌握水体质量现状和发展趋势；对特定水体增加特征污染物指标监测；为国家相关部门制定各类法规和规划、全面开展保护工作提供依据；为国家政府机构开展水环境质量评价、预测及进行环境科学研究提供基础资料。

随着电子、信息技术的发展，水质自动监测也不断进步。科技方面，加大水质自动监测中特异性指标和综合性指标检测方法和自动监测仪器开发。管理方面，加强水质自动监测仪器行业标准等各类规范，做到标准和规范覆盖水质自动监测全流程，逐步实现水质监测的现代化、智能化、精准化，实现从现状监测到预测预警的历史性转变。

二、地表水环境监测系统

地表水水质自动监测控制系统是综合应用自动控制技术、通信技术、计算机技术等对自动监测站进行监控和管理。在该系统控制下，地表水水质自动监测站能够自动完成水样采集、水样预处理、水样分配、水质分析、数据传输等任务。

（一）水样采集系统

采水系统一般包括采水构筑物、采水泵、采水管道、清洗配套装置、防堵塞装置和保温配套装置等。其功能主要是确保将采样点的水样引至站房，为系统提供连续、稳定的水样，满足配水系统和检测系统的需要，采水系统建设需要根据具体情况具体分析。

（二）水样预处理及配水系统

水样预处理及配水系统负责完成水样的一级、二级预处理，按照分析仪器要求进行水样再分配，保证系统长期稳定运行。

（三）检测系统

检测系统是自动监测系统的核心部分，由各项自动监测仪器和辅助设备组成，完成对水样的各项指标检测分析。

（四）数据传输系统

数据传输系统包括数据采集和通信传输两个模块。数据采集模块进行采集整理自动化监测仪器分析得到的数据，然后通过通信传输模块，以无线传输模式传到监控中心。

（五）监控中心

通过无线通信设备收集各子站的监测数据和设备工作状态信息，并对取得的监测数据进行判别、检查和储存，对监测仪器进行远程诊断和校准。

（六）应用层

根据监控中心的数据生成数据报表，展示地表水各项水质指标浓度，还能进行地表水质量预警和针对指标超标发出警报。

地表水水质自动监测系统示意如图9-6所示。

三、地表水水质监测系统应用

江苏省环保厅基于地表水水质自动监测系统构建了一套水质自动监测预警系统。预警规则为：运维人员进行核实，环保部门加强监控（一级预警）；运维人员核实后，环保部门短

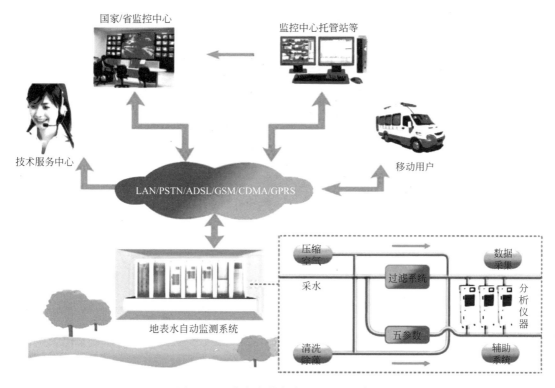

图 9-6　地表水水质自动监测系统示意图

信预警（二级预警）；水质明显异常，核实确认后报送纸质版快报（三级预警）。该预警规则在捕获水质异常信息、预警污染事故等方面发挥了重要作用。

　　该预警系统主要由两部分组成，分别是地表水水质自动监测系统和水环境监控预警系统。水质自动监测系统由采水系统、预处理系统、配水系统、仪器分析和辅助系统等组成，监测数据上传到水环境监控预警系统，根据预警规则对数据进行分析评价，从而为监控中心工作人员提供处理方案，能有效避免水质安全事故的发生。预警系统的水质自动监测系统示意如图 9-7 所示。

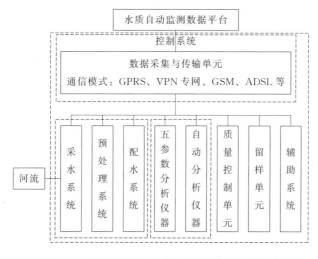

图 9-7　预警系统的水质自动监测系统示意图

水质监控预警的处置机制如图 9-8 所示。

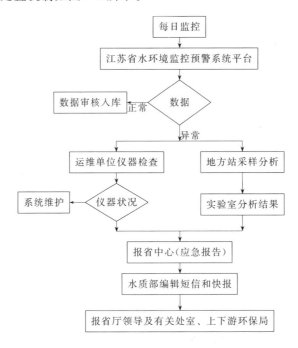

图 9-8　水质监控预警处置机制

2010 年 1 ～ 8 月，安徽入江苏的梅渚河某水质自动站氨氮等指标多次发生异常波动，其中氨氮浓度最高达 73.55mg /L，河面出现大量白色物质，多处可见死鱼。氨氮、总氮浓度值如图 9-9 所示。

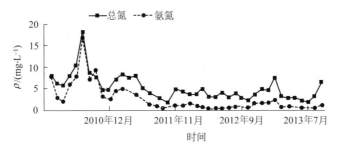

图 9-9　氨氮、总氮浓度值

江苏省水环境预警平台及时发出预警信息，在水站运维单位现场核实、当地环境监测部门采样分析确认后，江苏省环境监测中心发出 30 余期应急监测快报。由于梅渚河两岸水产养殖户较多，当水体受污染时，当地环保局根据省环境监境中心的监测快报，第一时间通知各养殖户，大大减少了水产养殖户的损失。

思考题

1. 为什么要进行地表水环境监测？
2. 地表水环境监测系统由哪些部分组成？

第三节　污水处理中的应用

一、污水处理自动化控制技术发展

我国污水处理产业发展较晚，直到改革开放前，我国污水处理需求主要以工业和国防尖端使用为主。改革开放后，社会经济高速发展，人民生活水平显著提高，拉动国内污水处理需求。

污水处理量逐年增加，相应的排放标准也不断提高。在现行《城镇污水处理厂污染物排放标准》（GB 18918—2002）下，为提高污水处理厂效率，降低污水处理成本，在污水处理中借助自动化控制系统对污水处理工艺进行智能化调整，确保各个工段维持在最佳状态，进而提升污水处理效率和质量。

自动化控制技术是基于物联网络基础，将控制设备、检测元件、执行器件与计算机连接起来，通过计算机进行信息管理和采集，实现远程监控、过程控制、故障诊断、集中调度等功能于一体的智能生产控制系统。目前，自动化控制技术有 DCS、FCS、SCADA、PLC等，在污水处理上应用广泛。

相比于国外，国内污水处理厂自动化控制技术起步较晚。国外自动化控制技术无论是大型污水处理厂，还是小型氧化塘，都完成了由计算机控制的自动一体化控制系统建设。国内污水处理厂直到 20 世纪 90 年代之后才开始引进自动化控制技术，但多直接引用国外的一整套自控系统和设备，缺乏国内自主研发或创新的自控系统。

经过多次技术升级，目前我国污水处理厂最为先进的自动化控制系统是用工业以太网配合 FCS 作为系统网络。该处理系统以 PLC 控制站为核心，特点是性能高、准确性高、控制系统可靠。我国城市污水处理采用的是集中式处理方法，需要建设大型污水处理厂，自动化控制技术能大大提升污水处理的效率和质量。

自动化控制系统通过计算机实时监测和控制污水处理中各个工段，对于各个工段的水质进行检测并记录。污水处理一段时间后，计算机可根据出水水质数据调整相应的参数，提升污水处理效率和质量。

二、污水处理厂自动化控制系统

污水处理厂自动化控制系统指借助中央控制系统、区域监控系统、现场测控系统、保护系统对污水处理过程中的各类参数进行实时、在线采集，合理调节污水处理参数，实时监测，确保污水处理各工段维持最佳运行状态。

污水处理厂自动化控制不同于大气和地表水在线监测，不仅能实现进出水和各处理阶段实时监控，还能通过反馈系统实现对各阶段进行调节控制，相比地表水监测系统更加智能化、复杂化和自动化。

（一）中央控制系统

中央控制系统不仅包含数据处理器，还有相应的监控工作站。可使用服务器、交换机共同构建计算机局域网，经光纤、交换机与各处的现场控制场站进行连接，用于传输各类数据。在中央控制系统当中设有模拟屏、操作站、通信控制计算机、监控系统等多个部分。通过控制室可实现对整个污水处理工艺进行在线监测和控制。

(二) 区域监控系统

区域现场监控系统使用光纤、现场总线等和各个监测站点进行通信，对主要的污水处理设备、设施进行本地监控、远程监控和现场控制。

(三) 现场测控系统

污水处理厂的现场测控系统主要适应数字化现场总线分布式控制模式，整个污水处理厂受系统自动化管控，可靠性好。即使中央控制系统出现故障，各个现场站点仍可根据已有模式进行独立运转。

对于各处工艺设备的监控主要包括：运行/停止（启/闭）状态、A/M状态、故障状态、紧急停车状态、报警状态、控制器运行/故障状态、自动运行/停止（启/闭）控制等内容。

(四) 保护系统

污水处理厂自动化控制系统中还设有保护系统，如防雷系统、过压保护、接地保护等。保护系统根据系统需求，对各系统电源进行防护。对于自动化控制系统中的通信端口、仪表电源、模拟信号端口、摄像机端口等都要设置有效的防雷过压保护元件。

污水处理厂自动化控制系统示意如图9-10所示。

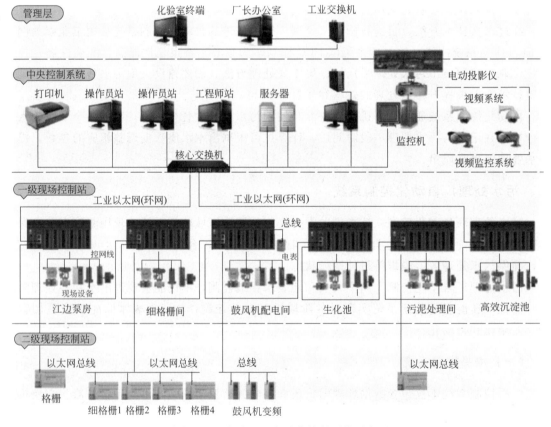

图 9-10 污水处理厂自动化控制系统示意图

三、污水处理厂自动化控制应用

【**案例9-3**】西安市某污水处理厂采用先进的微孔曝气氧化沟工艺，将现代化理念融入自动控制系统设计当中，采用"集中控制、分散管理"的方式，以"无人值班、少人值守"为目的，实现现代化污水处理厂的自动化管理。污水处理自动化控制系统采用高性能 PLC 可编程序控制器，构成安全稳定的网络控制系统，具有"分散控制、集中管理、数据共享"的特点，实现全生产过程全自动化的目的，如图 9-11 和图 9-12 所示。

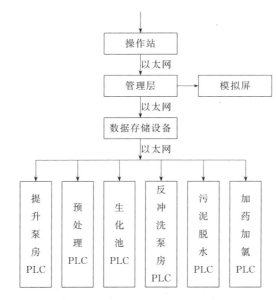

图 9-11　污水处理自动化控制系统架构图

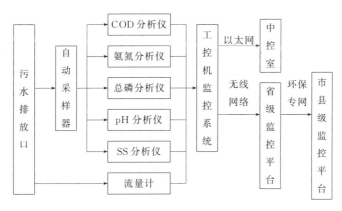

图 9-12　废水在线监控系统示意图

在线监控系统是利用现代化的在线自动监测设备，无间断、连续地对污染源企业污染物排放情况进行实时监控的一种方式，被称为"自动化控制系统的眼睛"。主要包括自动采样器、流量计、分析仪、工控机监控系统。

该系统实现了对城市污水的自动采样、流量及主要污染因子的在线监测，实时监测数据通过无线传输卡发送至省监控平台，再由省监测平台转发至市县监控平台，实现监测数据

24 小时连续、自动传输，省、市、县环保部门实时掌握了城市污水排放情况及污染物排放总量，为打好污染防治攻坚战提供可靠依据。

【案例9-4】 甘肃酒钢污水处理厂采用先进的 V 形滤池工艺技术，使用可靠性高及稳定性好的自动控制系统，实现 V 形滤池的自动控制。酒钢污水处理厂 V 形滤池控制系统采用"集中管理、分散控制"的控制模式，控制系统硬件采用罗克韦尔作自动化 RSlogix5000 系列处理器及 IO 模板组成主站，采用 Controlnet 网络实现与远程机架及滤池就地 PLC 系统的通信，实现风机、水泵和空压机的状态采集，协调 9 座滤池的反冲洗，根据需要控制风机水泵。

上位 HMI 画面采用 Rs View32 软件通过工业以太网实现与滤池公共 PLC 系统的通信，实现上位数据采集，设备状态动画监视、操作、报警、历史报警、趋势记录。网络拓扑如图 9-13 所示。

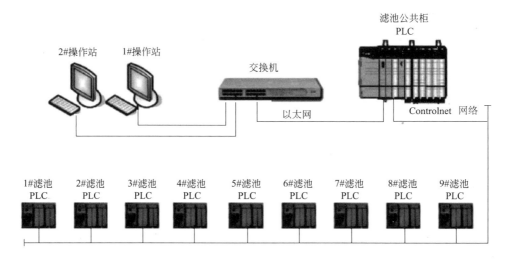

图 9-13　网络拓扑图

滤池自动控制分两部分：滤池就地 PLC 控制系统和滤池公共 PLC 控制系统。滤池就地 PLC 控制系统主要功能有：滤池控制参数设置及初始化、滤池设备的手自动控制程序、滤池状态监测，如 9-14 所示。滤池公共 PLC 系统主要功能有：系统初始化、手动控制程序、风机水泵站控制程序、滤池 PLC 上行下行数据处理、参数设置、滤池的反洗申请排队功能，如图 9-15 所示。

环境自动监测技术以其自动化的特点远优于传统手动监测技术，近几年不仅在水、大气方面有所应用，还覆盖了固态污染物、噪声和土壤，在环境监测领域应用广泛。随着光学、电子、信息技术的进步，环境自动监测技术已实现多监测参数实时、在线、自动化监测以及区域动态遥测。根据社会发展需要，环境自动监测技术向大数据综合信息评价技术方向发展，需进一步提高仪器检测精度，增加可监测污染物组分，发展基于区域立体遥测技术的区域排放监测，构建自动化监测体系。

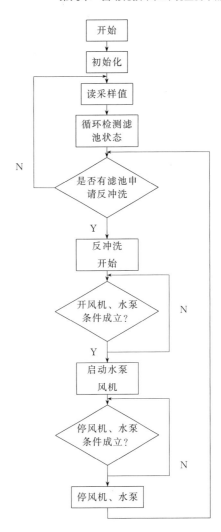

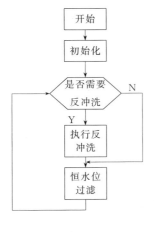

图 9-14　滤池就地 PLC 控制系统图　　　图 9-15　滤池公共 PLC 控制系统

思考题

1. 我国污水处理厂的自动化控制系统采用的是哪种技术？其特点是什么？
2. 与大气和地表水在线监测相比，污水处理厂自动化控制系统有何特点？

第四篇

环境监测方案制订及综合评价

第十章

环境监测方案制订

　　环境空气质量监测目的是：通过对环境空气中主要污染物进行定期或连续监测，判断空气质量是否符合环境空气质量标准或环境规划目标的要求，为空气质量状况评价提供依据；为研究空气质量的变化规律和发展趋势，开展空气污染的预测预报，以及为研究污染物迁移转化情况提供基础资料；对污染源的污染物排放量和排放浓度监测，判断污染物的排放是否符合排放标准，为环保执法提供依据；为政府环保部门开展空气质量管理及修订空气质量标准提供依据和基础资料。其方案的制订可扫描二维码查看。

第十章　环境监测方案制订

第十一章

环境监测结果综合评价

　　根据环境质量评价目的的不同，可选择不同的评价类型。正确地、全面地认识环境的范围、内容和功能，分析污染形成的原因、演化及其影响因素。准确地选择评价参数是评价成败的关键。一般地说，应根据评价目的、类型的不同来选择评价参数，实际上评价参数的选择是正确认识环境的延伸。环境监测结果综合评价的详细内容可扫描二维码查看。

第十一章　环境监测结果综合评价

第十二章

环境监测方案实施案例

　　环境监测实习是环境监测课程的实践教学环节之一。这一环节是在环境监测课堂教学和实验课训练完成的基础上，单独设立的实习课，该环节也是环境监测方案制订与实施的重要过程。本章以某高校环境工程和环境科学专业的环境监测实习为例，介绍环境监测方案的制订及环境监测方案的实施过程。内容可扫描二维码查看。

第十二章　环境监测方案实施案例

附录一　"环境监测实验"课程教学大纲

　　"环境监测实验"是环境工程专业本科生独立设置的一门专业基础实验课，属于集中实践教育教学模块，是必修课。"环境监测实验"课程教学大纲详细内容可扫描二维码查看。

附录一　"环境监测实验"课程教学大纲

附录二　"监测实习"课程教学大纲

　　"监测实习"是在环境工程专业本科环境监测和环境监测实验课程完成的基础上，独立设置的专业实践教学环节，属于集中实践教育教学模块，是必修课。"监测实习"课程教学大纲详细内容可扫描二维码查看。

附录二　"监测实习"课程教学大纲

参考文献

[1] 华东理工大学，四川大学.分析化学.7版.北京：高等教育出版社，2018.

[2] 武汉大学.分析化学.6版.北京：高等教育出版社，2018.

[3] 尚庆坤，杨丽，王广，等.分析化学.2版.北京：科学出版社，2020.

[4] 邢其毅.基础有机化学.4版.北京大学出版社，2016.

[5] 胡坪，王氢.仪器分析.5版.北京：高等教育出版社，2019.

[6] 黄承志.基础仪器分析.北京：科学出版社，2018.

[7] 胡育筑.分析化学习题集.3版.北京：科学出版社，2019.

[8] 苏立强，郑永杰.色谱分析法.2版.北京：清华大学出版社，2017.

[9] 朱明华，胡坪.仪器分析.4版.北京：高等教育出版社，2008.

[10] 陈浩.仪器分析.3版.北京：科学出版社，2019.

[11] 陈恒武.分析化学简明教程.北京：高等教育出版社，2010.

[12] 奚旦立.环境监测.5版.北京：高等教育出版社，2019.

[13] 黄一石，吴朝华.仪器分析.4版.北京：化学工业出版社，2020.

[14] 周群英，王士芬.环境工程微生物学.4版.北京：高等教育出版社，2015.

[15] 王国惠.环境工程微生物学.北京：科学出版社，2010.

[16] 周少奇.环境生物技术.北京：科学出版社，2019.

[17] 刘约权.现代仪器分析.北京：高等教育出版社，2015.

[18] 戴树桂.环境化学.北京：高等教育出版社，2006.

[19] 李卫平.典型湖泊水环境污染与水文模拟研究.北京：中国水利水电出版社，2015.

[20] 张林生.水的深度处理与回用技术.3版.北京：化学工业出版社，2016.

[21] 孙成.环境监测实验.2版.北京：科学出版社，2018.

[22] 尚建程，桑换新.突发环境污染事故典型案例分析.北京：化学工业出版社，2019.

[23] 罗彬，张巍，曹攀.空气质量自动监测系统运行管理技术手册.成都：西南交通大学出版社，2018.

[24] 王子东，邵黎歌.水环境监测与分析技术.北京：化学工业出版社，2016.

[25] 罗彬，张丹.水质自动监测系统运行管理技术手册.成都：西南交通大学出版社，2019.

[26] 杨宏晖，曾向阳，陈克安.声环境监测.北京：电子工业出版社，2015.

[27] 王立章.土壤与固体废物监测技术.北京：化学工业出版社，2014.

[28] 孙辰.乙酰化滤纸层析——荧光分光光度法测定清洁水中苯并［a］芘.环境保护，1985，2：22-25.

[29] 张丽妍，张旭，刘强，等.用 HPLS-MS/MS 法同时测定清开灵颗粒中 5 种成分的含量.药物服务与研究，2017，17（4）：279-282.

[30] 孙宗光，陈光，齐文启，等.总氮、总磷自动监测仪的进展.现代科学仪器，2003，5：12-17.

[31] 贾智海，基于 NB-IoT 的区域大气环境立体网格监测系统设计.仪器仪表与分析监测，2019，1：40-43.

[32] 钟声，崔嘉宁，王经顺，等.江苏省水质自动监测预警规划的设计与应用.环境监控与预警，2016，8（2）：9-12.

[33] 陈化川.V 形滤池自动化控制系统在酒钢污水处理厂的应用.甘肃冶金，2017，39（6）：101-103＋105.